U0035628

「天朝」艦隊

亞丁灣護航鍛鍊出的21世紀中共海軍

黃丞佑・著

推薦序　從國家戰略檢視亞丁灣護航

如何進行解放軍研究？這是個複雜的問題！

自1927年8月1日成軍以來，人民解放軍經過了近90年的演進，早已擺脫成軍之際「小米加步槍」的特色，在歷經數次現代化後，已大幅提升其軍事投射能力，如今已成為軍事強權之一。但自1988年赤瓜礁海戰以後，解放軍並無任何實戰經驗，這也是外界質疑其實力的主要原因。直到2008年中共開始派出艦隊前往亞丁灣護航，無論是從軍事、外交、經濟等角度觀察，皆引起各方討論成為熱門話題。

黃丞佑同學，淡江戰略所畢業，在《「天朝」艦隊：亞丁灣護航鍛鍊出的21世紀中共海軍》著作中，發揮所長深入探討亞丁灣護航問題。從解放軍對亞丁灣任務的源起開始討論，並從各種角度對其演變與日後的影響做出分析，更嘗試對其日後的效益做出探討。其論點與見解更超越海軍軍種戰略的層面，而從一個國家戰略的角度對亞丁灣護航做出整體的檢視。其內容詳實，見解不凡，為從事中共軍事研究者必備之參考，祝福黃同學能持續精進，也期待作者下一本著作。

前國防部副部長

淡江大學國際事務與戰略研究所退休教授

推薦序　滿腹文章貫斗牛、標名光耀武學中

1405年鄭和下西洋是歷史上的壯舉，也是中國歷史上少數發揚海權的光輝時刻。600多年後2008年的解放軍海軍展開了亞丁灣護航行動，背後雖然有其政治外交與軍事上的意涵，但對解放軍海軍而言這是一個重大的突破。特別是在2022年此行動持續維持進行，已有超過40批護航艦隊前往亞丁灣執行任務。有別於最初軍方不願意前往執行任務，現在前往亞丁灣護航對解放軍海軍將領而言是一個晉升的「終南捷徑」，同時期對解放軍海軍而言不是只有單純的遠洋行動，其也會在航行途中與各國進行聯合軍演，綜觀而言此行動開啟了解放軍海軍走向遠洋的大門。

需注意的是近年來，中國對於解放軍相關資料的管控更加限制，許多軍演的資料與相關研究分析都無法輕易取得。亞丁灣護航是解放軍少數公開的海外演訓，在其與外軍進行聯合軍演的同時，也是外界觀察其戰力與表現的最佳時機。這也再次證明亞丁灣護航此議題的重要性，吾人可從艦型、位置、路線、甚至帶隊將領深入探討，藉此分析從2008年以來至今解放軍海軍的變化。這些都是在本書中可以尋得的重要研析。

2022是一個烽火之年，除年初的俄烏戰火至今仍無決定性的突破；8月隨著美國眾議院議長裴洛西來台，解放軍對台進行大規模的軍演，意圖對我國產生威懾之效。對國人而言，「忘戰必危」此一古語正是當前最好的寫照，知己知彼更是中國傳統兵學之圭臬，也是當前國人最需要補強的部分。全民國防除身體力行之外，更重要的是軍民一體的國防事務知識化，觀點可能有所不同，但論證的經過卻是互相可以學習的部分。畢竟沒有經過調查，其發言內容自然經不起考驗。

黃丞佑是在下自學生時期一路相伴的同門至交。與其亦師亦友風雨同路教學相長多年，如今見其除成家立業外，更在此兵戎相見之年出版此書，實屬難得，更證明其掌握文武平衡的能力。期望此書只是期中研究發表，更是未來揮灑情研風采的開端。

淡江大學國際事務與戰略研究所　助理教授

中華戰略前瞻研究協會　研究員

林穎佑

驚聲　T1210研究室

導言

2022年8月2日美國眾議院議長裴洛西（Nancy Patricia Pelosi）來台訪問，中共斷然宣布在8月4至7日於台灣周邊進行聯合軍事演習，使亞太地區再次籠罩在台海危機的陰影中。此次演習有別於1996年台海飛彈危機，中共海軍派出十餘艘艦船逼近我周邊24浬鄰接區，[1] 對我實施軍事威懾並模擬進行海上封鎖。中共海軍大膽的行動，源自於對其軍事實力的自信；隱藏在背後的這份自信，則源自於中共海軍30餘年的建設與成長。

前中共中央軍委副主席劉華清上將於1985年為中共海軍確立了海軍的戰略論述與思想，並替海軍擘畫長遠建軍藍圖，此後，「建立一支全球化的遠洋海軍」遂成為中共海軍的願景與目標。在劉華清的領導下，中國終於走出「陸權」與「海防」的傳統思維，開始將「海權」的思想注入海軍的血液中，也讓中共海軍開始構築成為繼英國皇家海軍（Royal Navy）及美國海軍後，下一個海軍強國的遠大夢想。經過多年的摸索與累積，自2006年起中共各式國造艦船如「下餃子」般接連下水成軍，使中共海軍坐擁海軍總噸位數全球第二大的地位，[2] 將19世紀的海上強權「英國皇家海軍」遠遠拋諸在後。2021年3月美國有線電視新聞網（CNN）引用「美國海軍情報局」（Office of Naval Intelligence, ONI）的分析報告指出，2015年中共海軍戰鬥艦艇約為255艘，到了2020年底已成長至360艘，顯示在短短的20年間，中共海軍戰力規模已成長至原來的三倍。美國海軍情報局更進一步推估，2024年時中共海軍將擁有約400艘作戰艦艇，一舉超越美國，坐擁

[1] 〈中共軍演逼近24浬海域　國防部：納入防衛想定〉，《台視新聞網》。檢索日期：2022.08.28。https://news.ttv.com.tw/news/11108080003400W/amp

[2] 〈中國第三航母福建艦下水　新電磁彈射技術挑戰美國〉，《亞洲週刊》。檢索日期：2022.08.28。https://www.yzzk.com/article/details/軍事/2022-26/1655955730089//中國第三航母福建艦下水%E3%80%80新電磁彈射技術挑戰美國

全球規模最大的海軍。[3] 中共得以打造這支龐大艦隊，是倚靠強大的工業實力與造艦能力；但使這支艦隊能夠突破島鏈的束縛，則源自於中共海軍在亞丁灣護航所鍛鍊的能力。

中共海軍自2008年12月起，派遣艦船編隊遠赴印度洋彼端的非洲東岸，為往來亞丁灣海域的船舶實施護航，使其不受索馬利亞海盜襲擾和劫掠。14年的護航任務使中共海軍真正由近海走向了遠洋，也促使其提前面對「遠洋海軍」海外軍事部署的問題與困境。從任務執行模式、艦船選派與編隊組建、海外補給港的選擇，到與外軍的交流合作，都為這支年輕的海軍帶來革命性的影響與改變。當中共的艦隊已經將西太平洋海域「遠海航訓」視為常態訓練時，[4] 我們必須回頭看看在亞丁灣護航的這些年，中共海軍獲得什麼能力、累積什麼經驗，以及建立什麼樣的自信。隨著中共吉布地的首座海外基地啟用，打破中共過去一再宣稱不會建設海外基地的誓言，使國際社會開始意識到中共海軍潛在的威脅與影響，以致2022年中共與太平洋島國所羅門群島（Solomon Islands）簽署安全合作協議，[5] 即被澳洲視為對南太平洋地區的嚴重威脅，更被國際間解讀為中共希望藉此將海軍推向第二島鏈，使其艦船在西太平洋及南太平洋有更多的影響力的作為。

2022年中共海軍對世界產生的威脅與影響，源自1985年中共海軍戰略論述與思想的確立。亞丁灣護航任務是中共海軍從思想走向實踐的重要鏈結，它讓中共海軍跳脫紙上談兵的空談，從任務中摸索如何建立一支全球化的遠洋海軍。回首14年的護航任務，當年中共亞丁灣護航行動中的許多做法與模式或許隨著國際政治環境的變動人事已非，但這無法抹滅亞丁灣護航任務對中共海軍發展的重要性。羅馬並非一天造成，要了解中共海軍如何做到今日的成就，就必須回頭檢視過去的歲月中他們經歷了哪些挑戰與變革。在感嘆中共海軍已成為亞太地區新興的海上強權之時，我們尤其應該去探討他們如何看待「海權」這個嚴肅議題。若你對中共海軍有所了

---

[3] 〈CNN：中國已建成世界最大規模海軍〉。《洞傳媒》。檢索日期：2022.08.28。https://taiwandomnews. com/%E8%BB%8D%E4%BA%8B/6316/

[4] 〈中共海軍艦隊穿越蘇拉威西海　遠征西太平洋實戰演練〉，《中時新聞網》。檢索日期：2022.08.28。https://www.chinatimes.com/realtimenews/20210607005853-260409?chdtv

[5] 〈中國與所羅門群島證實簽署安全協議　美澳新表達擔憂〉，《BBC中文網》。檢索日期：2022.09.10。https://www.bbc.com/zhongwen/trad/chinese-news-61162142

解，那你一定要閱讀本書，書中可以提供你中共海軍發展過程中所經歷的改變與成長；若你對中共海軍感到陌生，那你更要閱讀本書，本書將讓你認識那個企圖對我實施軍事威懾與海上封鎖，將與美國分庭抗禮的中共海軍。

黃丞佑
2022.09.26

楔子

明永樂三年六月十五日（西元1405年7月11日），大明欽差正使總兵太監——鄭和，奉旨率領艦船二百餘艘及水、陸官兵兩萬七千餘人，自南京太倉瀏家港啟航，前往西洋諸國宣揚天朝國威，為神州的古老帝國拉開海上史詩的序章。鄭和在世先後七次率領艦隊出訪南洋諸國，其足跡踏遍中南半島及環印度洋國家外，最遠甚至到達今日的葉門亞丁港及非洲東岸的索馬利亞。此一前無古人的壯舉，更使鄭和在世界航海史中，為中國寫下了光輝燦爛的篇章。然而在明宣德五年（西元1430年）鄭和第七次下西洋後，朝廷斷然停止了遠航任務。自此，中國遠離了海洋也遠離了世界，再次將自己封閉在廣大的神州大陸上。物換星移、歲月如梭，「天朝」在沉寂五百多年後，因海寇襲擾百姓再次派遣艦隊出使西洋。西元2008年12月26日，中共海軍南海艦隊參謀長杜景臣少將，率領中共亞丁灣護航編隊艦船3艘及海軍官兵800餘人，自海南三亞港啟航，前往亞丁灣海域打擊索馬利亞海盜。此一護航行動開啟了近代中國海軍遠海軍事任務的新篇章，也讓「天朝」艦隊的旗幟再次迎風飄揚在海平線的彼端。

作為一個依賴土地為生的陸權古國，在100多年前被列強自海上敲開門戶，並開啟對海上力量的認識後，中國人才慢慢從陸權的觀念走向海洋。自1985年起，建立新時代的海軍和尋求海洋利益，成為中共國防戰略思維的一大突破。惟受制於海軍實力和國際局勢的現實，中共海軍在對外發展的道路上受到諸多阻力。因國際打擊索馬利亞（編按：索馬利亞的中國譯名為索馬里，後文資料來源若為中國，將在來源處維持原中國譯名）海盜行動的熱潮，使中共在2008年12月決定跟上國際主流的步伐，派遣部隊前往亞丁灣。中共首次的海外用兵，打破過去的觀念與堅持，也開啟我對中共亞丁灣護航議題的關注。2021年正值中共執行亞丁灣護航任務13週年，本書希望透過分析與比較，對這13年來中共亞丁護航任務進行深入的探討。

海洋為商業貿易的重要通道，公元前14、15世紀的腓尼基人靠著精湛的航海技術與海上貿易優勢，活躍於北非、希臘和地中海各島嶼之間。15世紀大航海時代，葡萄牙人、西班牙人靠著優異的航海技術開拓了新世紀的航海時代。緊接在西班牙和葡萄牙人之後，荷蘭與英國人透過海上貿易的興起與海外殖民地的拓展，不但建立起龐大的國際貿易通道，也組建了強大的海上軍事力量。從西方海權爭奪的歷史中發現，海權的爭奪與陸權的爭奪有著根本性的差異。有別於為占有土地而產生的地面作戰，海權的爭奪與經濟和貿易的維護有著密不可分的連結。19世紀的海權之爭，正是為了海外殖民地與維護商業利益的爭奪而產生的戰爭。因此，研究一個國家海軍行動與海權發展時，勢必得將國家政策與國家利益作全面的研究與分析。

中國是依賴土地生存的農耕民族，食、衣、住、行都與土地密不可分。當人和土地越緊密結合，社會體制的管理和運作就越依賴這種緊密結合的關係，如此農耕社會的生活才能正常進行。一旦社會過分商業化，則會破壞人和土地的緊密關係。所以，商業經濟在古代中國永遠是農業經濟的附庸，商業規模受到嚴格限制。[1]雖然中國歷代在沿海地區也有小規模的海上貿易活動，但多侷限於個人或地區性的商業行為。加上明、清兩代朝廷的海禁政策壓制，中國長期以來未曾具有國家規模層級的海上貿易活動。另外，從國家防衛的角度觀察，中國歷朝歷代威脅多來自邊塞的部族，因此建軍備戰皆以土地爭奪的陸戰為考量。對海洋的經營及海上貿易線的維護，甚至是海防的觀念都相當薄弱。直到清朝末年，西方國家以商業利益為名，在船堅炮利的強勢叩關下，開啟了古老帝國封閉的市場。天朝經歷了史無前例的慘敗後，開始正視來自海上的威脅。可惜此時中國徒具「海防」的觀念，對海權與貿易之間的關係毫無概念。對海軍的認知也僅侷限於將其視為國土防衛延伸的海上要塞，關於海軍與海上利益的互動關係更是一無所知。追根究底，中國長期在思想、環境與政府政策等諸多要素的影響下，無法如西班牙、葡萄牙、荷蘭與英國等西方

[1] 倪樂雄，《文民的轉型與中國海權》（北京：新華出版社，2010），頁37-38。

國家一樣，在政府的主導下發展國家極具規模的海洋貿易。因此海上交通線的建立與維持，對中國政府而言自然不是最為重視的課題，當然更不可能建立一支強大的海軍。

自清末以來海軍（水師）長期被視為是陸軍的附庸，充其量不過是扮演著國土防衛前緣的「海防」角色，這個情況在中共海軍建立初期依然存在。1985年底劉華清正式提出以「近海防禦」取代「近岸防禦」的海軍戰略構想。強調在積極防禦的作為下，殲敵於近海至海岸之間。因此在海軍兵力建設、武器發展、兵力部署及戰場準備，皆以近海和防禦兩大領域為著眼點。[2]自此刻起，中共海軍才逐漸擺脫陸軍附庸的地位，開始擁有自己的戰略思維。劉華清在提出「近海防禦」的海軍戰略論述後，更進一步提出發展「三階段海洋戰略」。第一階段的規劃中，中共海軍在2000年必須能夠掌握「第一島鏈」內的「制海權」。第二階段涵蓋的戰略性海域則包含了在2020年能掌控「第二島鏈」範圍內的水域及大半西太平洋的制海權。最後的第三階段目標，則是在2050年建立一支全球化的遠洋海軍，[3]使中國成為一個真正的海權國家。

2008年索馬利亞海盜劫掠行動的頻次逐漸升高，使索馬利亞海域成為全球最危險的水域。隨著情況急遽惡化，嚴重影響全球航運和經貿流通。迫使聯合國安全理事會在2008年6月緊急做出第1816號決議。該決議重點除關切、譴責索馬利亞海盜的劫掠行為，對國際海運安全造成的威脅外。更進一步指示，依據《聯合國憲章》第七章的規範，在尊重索馬利亞過渡政府領土、主權完整的前提下，同意各國可派遣武裝力量進入該地區打擊海盜。[4]在聯合國的授權下，各個國家和國際組織經過評估後，相繼派遣海軍前往該海域執行護航和巡邏。中共於2008年12月26日也由南海艦隊組建了第一批「海軍亞丁灣護航編隊」，遠赴亞丁灣執行護航任務。這次的護航行動是中共海軍首次執行海外軍事任務，也是首次參與國際性軍事行動。有別

2　林穎佑，〈解放軍海軍現代化下的戰略〉（新北市：淡江大學國際事務與戰略研究所，2008），頁36。
3　伯德納・柯爾（Bernard D. Cole）著，吳奇達、高中一、黃俊彥譯，〈中共的海軍戰略〉，《下下一代的共軍》（台北：國防部史政編譯局，2001），頁367-378。
4　聯合國安全理事會第1816（2008）號決議。檢索日期：2015.08.10。http://www.un.org/zh/sc/documents/resolutions/08/s1816.htm

於海外遠訪、長航訓練及聯合演習，亞丁灣的護航行動是對中共海軍能力的實質檢驗。也是自1988年中、越「赤瓜礁海戰」以來，最接近實戰的軍事行動。

鑑於上述原因，促使我對「中共亞丁灣護航任務」進行深入的探討與研究。本書分別就派遣原因、執行模式、改變及影響等四個面向進行探討。並針對以下幾個問題作深入的分析與探究：

一、中共為何出兵亞丁灣實施護航

中共在改革開放後，已逐漸躍升為亞洲的區域強權。身為安理會常任理事國，中共在國際事務的參與上雖多有批判與議論，但仍欠缺積極的實踐與執行。尤其在國際性軍事行動的參與上，中共一直抱持著保留與保守的態度。此次亞丁灣護航行動，是中共派員加入聯合國維和部隊外，首次參與的大規模國際軍事行動。原本堅持「韜光養晦」的共軍，為何會轉向昭告天下「逐鹿中原」、決定派遣艦隊遠赴亞丁灣執行護航任務？促使中共中央做出這個決定，是受到何種因素的驅使？本書希望藉由外部的國際環境、內部的國家考量及海軍的能力限制等角度探討，分析中共出兵亞丁灣的原因。

二、中共如何實施艦隊護航

長久以來，中國海軍的建立著眼點，始終侷限在陸權國家的國土防衛思維中。除明成祖時代的鄭和寶船艦隊外，自古以來中國未曾真正組建過龐大的遠洋海軍。海軍受到陸權思維的影響，長期以來始終遵從著「近岸防禦」的戰略指導。中共海軍主力更是以小型艦艇，搭配岸基航空兵及陸基反艦飛彈所組成的「海防」體系。直到劉華清提出「近海防禦」戰略思維後，[5]中共開始大力推動海軍建設，以建立一支能掌握至第二島鏈區域內的海軍為目標。此時的中共海軍才逐漸跳脫「海防」

5 劉華清，《劉華清回憶錄》（北京：解放軍出版社，2005），頁343。

的框架，走向「海權」的思維。亞丁灣護航行動是中共首次以「海上運輸線」與「海事安全」為目的所執行的軍事行動。從最初海軍的質疑與擔心，到後來的中共中央靈活的操作與應用，可以看出海洋經營及海權的思維，已逐漸成為中共高層海洋利益爭奪的重要影響要素之一。

「航向遠洋」看似容易，實則不然。要在陌生的海域獨立執行軍事行動，不論是指揮作戰、通信與導航、後勤補給及危機處理等，都是嚴肅且嚴苛的考驗。這對一個具有二級海軍（二級海軍：軍艦總噸位介於30與60萬噸之間，擁有遠洋能力但無法經常性出沒在世界上各大海洋，以英國及法國海軍為代表）[6]實力的國家都顯吃力，何況是甫從三級海軍（三級海軍：為區域性海軍，軍艦總噸位在10萬噸以下，有能力在海洋戰區執行任務）[7]逐步朝二級海軍邁進的中共海軍？缺乏遠洋作戰和海外行動的經驗，中共如何從無到有執行護航呢？操作的過程中，中共海軍與其他國家的護航編隊在思維、做法與願景上有何不同呢？

三、海軍實施護航後職能角色的轉變

中共從執行護航任務中獲取的經驗，對海軍未來發展勢必產生「反饋」及「反思」的作用。尤其展現在遠洋作戰的執行、海軍在非戰爭軍事行動中的行動準據和海軍在國家政策執行中的角色與定位。海軍是國際軍種，本身具有高度「機動性」與「外交性」。因此，海軍除了是海權的捍衛者外，往往也被視為是國力展現的有效工具。這種特質在具體的展現上又可歸納為「實質性」與「象徵性」兩種功能。中共如何透過亞丁灣的護航行動，將海軍的特質與護航的行動相互結合，並運用海軍釋放出政府希望對國際表達的訊息？這種相互結合的成果，是否又會影響到艦隊護航的執行模式？

6 譚傳毅，《現代海軍手冊——理論與實務》（台北：時英出版社，2000），頁85。
7 譚傳毅，《現代海軍手冊——理論與實務》，頁85。

四、護航行動產生的影響

任何的軍事行動都有其背景環境與目的，當原始的目的與環境經過實際的行動後所產生的影響，往往是各界始料未及的。中共基於主觀與客觀考量，派遣艦隊執行亞丁灣護航，對中共在內政、外交、經貿和軍事等各層面，又帶來何種影響與衝擊呢？對於中共國家戰略的考量上，又產生那些激盪呢？亞丁灣護航行動是中共海軍首次海外大規模的軍事行動，也是「天朝」中國歷史上，繼大明帝國三寶太監鄭和率領寶船七次下西洋後，最大規模的海外軍事任務。此次行動對中共中央、中共海軍、區域情勢甚至是全球政治版圖造成的衝擊與影響，更是全球密切關注的焦點。本書就中共亞丁護航行動為主軸，逐一揭開古老帝國繼承者海上軍事行動的神祕面紗。

目次

第壹章　亞丁灣護航的歷史背景

人類海洋貿易的歷史最早可追朔至公元前14、15世紀，當時腓尼基人靠著精湛的航海技術與海上貿易優勢，活躍於北非、希臘和地中海各島嶼之間。15世紀大航海時代（Age of Discovery），葡萄牙人和西班牙人靠著優異的航海技術開拓了新世紀的航海時代，也拉開歐洲帝國主義與海外殖民的序幕。緊接在西班牙和葡萄牙人之後，荷蘭與英國人透過海上貿易的興起與海外殖民地的拓展，不但建立起龐大的國際貿易通道，也組建了強大的海上軍事力量。當時的歐洲商人與貴族，透過便捷的海上交通與海外殖民地的擴張獲取龐大的利益與資源，同時也建立起以海洋貿易為核心的經濟活動。海洋貿易的高經濟利益固然帶來了繁榮與富庶，卻也同時存在著莫大的風險與威脅。除了必須面對大自然的挑戰，更須面對敵對勢力競爭者與海盜的掠奪與攻擊。即便是科技發達的21世紀，這種外在的風險依然無法根除，仍持續威脅著海上貿易的運作。

2008年往來亞丁灣海域、西印度洋、紅海及非洲東岸海域的船隻，接二連三遭到索馬利亞海盜劫持並勒索鉅額贖金，造成各國極大的損失，使亞丁灣這個印度洋進入地中海的重要門戶，頓時成為世界最危險的水域。隨著遭劫持船隻數量不斷攀升，國際間逐漸凝聚起同仇敵愾的氛圍，而決定派遣艦隊保護商船和打擊海盜，進而形成今日多國艦隊巡弋亞丁灣海域的盛況。本章首先就索馬利亞海盜的產生與影響做更入的探討與分析；繼而探討面臨索馬利亞海盜肆虐，聯合國的決議與國際間採取的行動。

一、索馬利亞海盜

索馬利亞海盜的源起，必須追朔到索馬利亞（以下簡稱：索國）長期內戰造成的無政府狀態。因種族、政治權力分配等問題，導致索國境內軍閥林立。各個團體為爭奪索國政治主導權，引發了無止息的內戰，使索國人民長期處於戰火的蹂躪中。更因無有力的中央政府來維護國家海域的權益，以致各國漁船時常入侵索國海域，大肆非法捕撈甚至是傾倒核廢料，[1]導致索國漁民生活更加艱困。在無法滿足生存的必要條件下，索國人民漸漸轉向以海上掠奪為業，以謀取暴利的方式求得溫飽與生存。

（一）索馬利亞海盜的成因

索馬利亞位於非洲東北海岸的索馬利亞半島，北臨亞丁灣海域，西北與吉布地（Djibouti）相臨；東南瀕印度洋，南接肯亞（Kenya），西臨衣索比亞（Ethiopia）。全國總面積約637,657平方公里，人口約1,025萬人。[2]索馬利亞位處亞丁灣進入紅海的隘口，是印度洋經蘇伊士運河通往的中海的重要門戶。與眾多非洲國家一樣，索馬利亞長期以來因水源、土地與糧食需求，造成部族之間的爭奪與衝突。15世紀大航海時代揭開序幕後，歐洲掀起一股海外殖民風潮。繼新大陸拉丁美洲陸續被殖民後，充滿天然資源的非洲大陸也淪為帝國主義下的犧牲品。當時歐洲列強劃分殖民範圍，是以各國勢力範圍與利益多寡作為出發點，各國係依所需利益與實力，經過多次折衝與談判後強行劃分而成，過程中並未考量固有部落的勢力及族群活動範圍等因素，往往導致原本仇視的部族在統治者的壓迫下被迫成為同胞。加上殖民者為有效管理殖民地人民，常忽視甚至刻意助長這種對立的氛圍，使殖民地內種族之間的矛盾與衝突逐漸加深。當第二次世界大戰結束後非洲興起民族自覺的風潮，殖民地陸續脫離殖民母國控制獨立建國。然而，獨立後的國界卻仍舊依據當時殖民母國勢力邊界劃分，加上地方軍閥割據且無強而有力的中央政府進行統治。使各新興國家內部種族衝突與爭鬥不斷，進而發展成長期內戰，甚至是發生像「盧安達大屠殺」[3]般的種族滅絕悲劇。

---

1 〈奧運開幕式被白岩松調侃的索馬利亞海盜的背後故事〉，《環球——每日頭條》。檢索日期：2016.08.08。https://kknews.cc/zh-tw/world/5x533k.html

2 〈索馬利亞聯邦共和國〉，《中華民國外交部全球資訊網》。

3 盧安達在1890至1962年，先後由德國（1890-1918）及比利時（1918-1962）殖民，期間殖民者利綜觀索馬利亞的政治史即可發現，索馬利亞這個國家長期處於動盪與紛亂的環境中。13世紀時索馬利亞政治上為一傳統的封建帝國，自1840年開始英國、義大利及法國等歐洲強權相繼入侵瓜分索馬利亞，開啟了為期120年的殖民統治。第二次世界大戰後，英、義被迫於1960年同意「英屬索馬利亞」和「義屬索馬利亞」獨立，而原來分別隸屬的兩地也在同年7月1日合併成立「索馬利亞共和國」正式脫離殖民的歲月。1969年穆罕默德・西亞德・巴雷（Maxamed Siyaad Barre）推翻了第二任總統阿卜迪拉希德・阿里・舍馬克（Omar Abdirashid Ali Sharmarke）成為索國第三任總統後，為鞏固其政治勢力穩定和發展，而建立了一個摒除其他種族和政治勢力的獨裁專制政權，並將「索馬利亞共和國」更名為「索馬利亞民主共和國（Somali Democratic Republic）」。[4]由於西亞德政府採取高壓統治，迫使其他部族與政治勢力為求生存而陸續挺身反抗。1991年「索馬利亞聯合國會」（United Somalia Congress, USC）發動政變推翻西亞德政權後，國內各方政治勢力紛紛崛起，形成軍閥割據的局面。自此，索馬利亞開始陷入長年的內戰狀態中。1992至1993年聯合國曾為解決索馬利亞南部的饑荒問題，派出以美國為首的多國維和部隊介入索馬利亞內戰，企圖藉聯合國的力量恢復瓦解的索馬利亞中央政府，以順利進行糧食和人道物資救助的任務。但該計畫在美國特種部隊於摩加迪休（Mogadishu）的軍事行動失利且美國士兵遭俘、遊街示眾的畫面轉播到全世界後宣告終止。聯合國及美國的勢力陸續從索馬利亞撤出，索國依然維持在無政府狀態的內戰中。2000年「索馬利亞全國和會」在東非的吉布地召開，會議中通過了過渡憲章與組建過渡政府的決議。然而此決議遭到各方軍閥反對，以致無法實現，索馬利亞依然處於分裂的狀態中。2004年「索馬利亞過渡政府」

用相對少數的圖西族人統治為數眾多的胡圖族人，使得的種族之間的對立不斷加深。1962年盧安達獨立後，因兩族長期的仇恨與矛盾受到政府對圖西族「種族歧視」政策的利用，種族衝突產生的內戰接連不斷。1994年4月6日因同屬胡圖族的盧安達總統：朱韋納爾・哈比亞利馬納（Juvénal Habyarimana）及蒲隆地（Républiquedu Burundi）總統：西普里安・恩塔里亞米拉（Cyprien Ntaryamira）座機遭不明分子擊落，引發由極端胡圖族人所組成的盧安達臨時政府，對圖西族及政治上較溫和的胡圖族人發動了種族屠殺，造成約50至100萬人死亡，200萬人流離失所。

4 Tidus Lin著，〈氏族、軍閥與海賊：非洲之角的三國演義〉，《洞見國際事務評論網》2014年8月12日。檢索日期：2015.07.20。http://www.insight-post.tw/insight-report/20140812/8812

（Transition Federal Government, TFG）在肯亞成立，2005年政府遷返索馬利亞辦公，惟因無力對抗占據首都摩加迪休的軍閥，只能在索國西南部的臨時首都拜多亞（Baidoa）運作和辦公。「911事件」後美國政府在亞洲、中東及非洲等地發動全球反恐戰爭（Global War on Terror）。在清剿恐怖主義活動的過程中，因懷疑索國內部的武裝勢力為「蓋達組織」（Al Qaeda）提供庇護與支援，美國再次將注意力放到「非洲之角」（Horn of Africa）索馬利亞。希望介入索國內戰，以防範親恐怖主義的武裝團體掌握該國政權，進而滋長恐怖組織的發展。2006年10月在美國的慫恿與支持下，位於索國西邊的衣索比亞出兵攻打索馬利亞的武裝團體「聯合伊斯蘭法庭」（Islamic Courts Union, ICU）。2007年聯合國安全理事會通過第1744號決議，[5]授權非洲聯盟在索馬利亞部署維和部隊以穩定當地局勢。同年3月「索馬利亞過渡議會」批准過渡政府從臨時首都拜多亞遷返索國首都摩加迪休，索馬利亞再次脫離軍閥割據的局面，回歸中央政府的治理。[6] 2008年8月在聯合國的調解下，索馬利亞過渡政府與反對派「索馬利亞再解放聯盟」（Alliance for the Re-Liberation of Somalia, ARS）簽署了《吉布地和平協議》（*Djibouti Peace Agreement*），確立了儘快結束過渡狀態並且進行改選的和平共識，並於2018年8月20日必須結束臨時政府的統治狀態。[7]2009年索馬利亞反對派領導人謝赫．謝里夫．謝赫．艾哈邁德（Sheikh Sharif Sheikh Ahmed）在吉布地舉行的索馬利亞總統選舉中獲勝，成為索馬利亞合法的領導人。2012年艾哈邁德宣布將索馬利亞政體改為邦聯制，並將國號改為「索馬利亞邦聯共和國」（The Federal Republic of Somalia），成為國際唯一認可的索馬利亞合法政府。自此，索馬利亞內戰逐漸平息、趨於穩定，同時也結束了長達21年的無政府狀態。[8]

5 〈第1744（2007）號決議〉，《聯合國安全理事會》。檢索日期：2015.07.20。http://www.un.org/zh/sc/documents/resolutions/07/s1744.htm

6 〈索馬里議會批准政府遷回首都〉，《新華網》。檢索日期：2015.07.20。http://news.xinhuanet.com/world/2007-03/13/content_5837458.htm

7 許家翎著，〈失敗國家索馬利亞的和平序章？〉，《台灣非洲研究論壇》。檢索日期：2015.07.20。http://africataiwan.org/opinion/detail1.php?o_id=35&o_country=Somalia

8 〈索馬利亞聯邦共和國〉，《中華民國外交部》。檢索日期：2015.07.20。http://www.mofa.gov.tw/Mobile/Country_DetailData.aspx?s=5B78EEBCE18CBE9F

自1960年索馬利亞獨立後，因種族紛爭與政治勢力對抗造成的長期內戰，導致國內政治、經濟與社會長期的動盪不安。連帶而來的饑荒與貧困，使索馬利亞人民的生存條件更加嚴峻。國際社會雖然想伸出援手，卻因索國的內戰狀態而力有未逮。根據世界銀行（World Bank）的數據顯示，2004年索國國民平均壽命為47歲，5歲以下的嬰幼兒死亡率高達22%左右。[9]顯示被禁錮在永無止歇內戰下的索馬利亞人民，必須在死亡邊緣苟延殘喘生活已成為索馬利亞無法擺脫的歷史宿命。

（二）索馬利亞海盜的威脅

長期陷入內戰的索馬利亞，導致人民流離失所無所依靠，名義上的中央政府又流亡在外，使百姓生活在飢餓與死亡的恐懼中。生活困頓的索馬利亞百姓，為了逃離險惡的環境鋌而走險，紛紛投入海盜集團的麾下，步上了刀口舔血的掠奪人生。憑藉著對地緣環境的熟識、有效的分工、強大的火力和現代科技的輔助，讓索馬利亞海盜在短短數年內，躍升為全球最危險的海盜集團。我們接著將進一步分析，索馬利亞海盜是如何成為各國政府欲澈底殲滅的海上煞星。

1、索馬利亞海盜的崛起

因索馬利亞歷經長達21年內戰和無政府狀態，國內資源幾乎都受到各地區軍閥控制。許多軍閥在爭奪的過程中任由部隊搶劫、占領土地，以擴張自身實力。也因為內戰的爆發，索國人民失去穩定的工作環境，使索馬利亞人民長期處於飢餓與恐懼的生活中。索國的濱海漁業活動，也因漁民固有漁場缺乏中央政府管理與保護，導致許多國家的漁船趁機進入索國領海捕魚、傾倒工業廢棄物甚至是核廢料，使漁民賴以維生的漁業活動不再。索國百姓在戰亂與饑荒的威脅下無法透過正常的經濟活動獲得穩定收入，遂利用該國特殊的地理位置掠奪往來波斯灣、亞丁灣與印度洋的船隻，勒索高額贖金以獲得可觀收入。根據2011年的調查發現，一名海盜年收入

9 〈索馬利亞國家概況〉，《中國新聞網》。檢索日期：2015.07.20。http://big5.chinanews.com/gj/zlk/2014/01-17/488.shtml

7萬9千美元（約新台幣230萬元），比索國人均收入500美元高出150倍。[10]在龐大利益誘惑下，使索國人民紛紛加入海盜的行列。

索馬利亞海盜最初並未被受到國際重視，尤其在2008年前零星的海盜劫持事件中，多將目標著眼在索馬利亞周邊海域作業的國際遠洋漁船和少數貨輪。如2005年我國的「中義218號」及「新連發36號」和「承慶豐號」遠洋漁船接連在索國外海劫持，並勒400至700多萬元的鉅額贖金；2007年「慶豐華168號」遭脅持，歷經5個多月的斡旋，在船東付出600萬元代價後才將船隻和人員贖回。[11]這些劫持案件雖受各船隻所屬國的重視，但並未引起世界的關注。只因當時國際間對海盜的關注，仍停留在東南亞航運頻繁的麻六甲海峽（Strait of Malacca）水域。直到2005年6月27日索馬利亞海盜在索國首都摩加迪休東北方向162浬（約300公里）的海面上，劫持了受「聯合國世界糧食組織計畫署」（World Food Programme, WFP，以下簡稱：「聯合國世界糧食計畫署」）委託，為索馬利亞提供人道救援物資的糧食運送船「山洛號」（MV Semlow）貨輪，並向船公司提出50萬美元的贖金後，[12]索馬利亞海盜的問題才逐漸引起國際社會的重視。2008年9月25日烏克蘭籍貨輪「法伊娜號」（MV Faina）在索馬利亞附近海域遭到劫持。據烏克蘭官方資料顯示，法伊娜號原定由烏克蘭駛往肯亞的蒙巴薩港（Mombasa），船上載運了包含33輛俄製T-72型戰車、榴炮及輕型武器在內，總重量高達2,320噸準備出口給肯亞的武器設備。因擔心索馬利亞海盜會將武器轉售給非洲的恐怖組織或是作為內戰使用，使此次的劫持事件受到國際的高度關切，美國與俄羅斯先後均派遣軍艦前往監控。[13]該起案件也讓國際社會意識到，索馬利亞海盜所造成的威脅不僅僅是造成商業上的財

---

[10] 〈索馬利亞海盜年收入7.9萬美元〉，《大紀元報》。檢索日期：2015.06.28。http://www.epochtimes.com/b5/11/4/18/n3231406.htm

[11] 〈與索國海盜斡旋1年半，台漁船旭富一號獲釋〉，《大紀元報》。檢索日期：2015.08.12。http://www.epochtimes.com/b5/12/7/18/n3637927.htm%E8%88%87%E7%B4%A2%E5%9C%8B%E6%B5%B7%E7%9B%9C%E6%96%A1%E6%97%8B1%E5%B9%B4%E5%8D%8A-%E5%8F%B0%E6%BC%81%E8%88%B9%E6%97%AD%E5%AF%8C%E4%B8%80%E8%99%9F%E7%8D%B2%E9%87%8B.html

[12] 〈印度洋海嘯救災船遭海盜劫持〉，《BBC新聞網》。檢索日期：2015.08.12。http://news.bbc.co.uk/chinese/trad/hi/newsid_4630000/newsid_4638200/4638241.stm

[13] 〈海盜猖獗劫軍火，俄美戰艦急赴索馬里「剿匪」〉，《新華網》。檢索日期：2015.08.12。http://news.xinhuanet.com/mil/2008-10/03/content_10143763.htm

物損失，更有可能成為引發地區緊張及危機的不確定因素之一。2008年11月16日沙烏地阿拉伯籍油輪「天狼星號」（Sirius Star）在肯亞外海約450浬海面上遭到劫持。該油輪長330公尺，重達31萬8,000噸，最多可裝載約200萬桶原油（為沙烏地阿拉伯每日石油產量的四分之一），總價值高達2億美元。[14]最後在船公司付出300萬美元贖金後，天狼星號於2009年1月獲釋。[15]此一劫持事件讓國際社會注意到，索馬利亞海盜的活動範圍已不再侷限於非洲沿海，而是有逐漸往公海推進的趨勢。另外，攻擊的目標從過去的漁船與貨輪，躍升到高價值的巨型油輪，造成的經濟損失也大幅上升。

2、索馬利亞海盜的犯案特點

索馬利亞海盜之所以能有恃無恐在交通頻密的亞丁灣海域作案，並在短暫的幾年內異軍突起、壓過其他海域海盜的風采，成為位居世界第一的新興勢力，除索馬利亞海盜具備異於其他海盜的強大重裝火力與擅長運用高科技裝備等主要特色外，最關鍵的是他們還具有極為嚴密的組織分工。分析索國海盜我們可以發現以下幾個特點：

（1）熟稔當地環境

索國海盜成員原來大多為當地漁民，對索馬利亞海域甚至是非洲東沿岸的地理環境、水文與氣候都相當熟稔。這些先天上的背景優勢，有利於海盜在規劃作案時機時擁有最佳的行動條件，大幅增加劫持船隻的成功率。此外，在犯案時間點上也發現，索國海盜並不侷限在視線不明的夜間犯案，反而常常挑選在白天，推測也是因為對周遭環境的熟稔使然。

---

14 〈海盜所劫巨型油輪「天狼星號」已接近索馬里〉，《中新網》。檢索日期：2015.08.12。http://www.chinanews.com/gj/fz/news/2008/11-18/1454137.shtml

15 〈索馬里海盜劫30萬噸油輪〉，《BBC新聞網》。檢索日期：2015.07.12。http://www.bbc.com/zhongwen/trad/world/2009/11/091130_somali_pirates_tanker

（2）成員多具有專業軍事訓練背景

在長達21年的內戰中，各地區的軍閥培養了大量的武裝部隊。當各地方政權領導者無法持續提供優渥的生活條件給部屬時，許多受過軍事訓練的軍人紛紛投入「海盜」這個風險高，卻具有極高報酬的工作中。因職業軍人的加入，使索馬利亞海盜無論是戰鬥能力、組織拓展和行動規劃都優於傳統由散兵游勇組成的海盜。也使索馬利亞海盜在行動、組織能力上具有極高的優異性。加上1990年代即有軍閥以「索馬利亞海岸警衛隊」的名義，打著保護索馬利亞海洋權益的口號，襲擊在索國海域違規作業的外國漁船的紀錄。[16]因此，不排除在近期發生的海盜襲擊事件中，許多海盜組織根本就是地方軍閥的武裝部隊所組成，由軍閥指揮所屬部隊作案。其目的就是為了籌措經費，以擴大自己的政治實力與武裝力量。

（3）強大的武裝力量

索國海盜在武裝力量上除持有AK-47自動步槍外，還配備了反坦克火箭及「火箭推進榴彈」（Rocket-propelled grenade, RPG）等重型武器，可直接對目標實施威嚇或攻擊。另外，這些海盜集團在出海作案時通常都會搭乘配備GPS全球定位系統的船隻，並攜帶衛星通訊設備，除可作為導航與精確定位外，亦透過衛星通訊系統實施長程通訊與指揮。依靠遠端通訊，索馬利亞海盜可以在陸上的基地指揮200浬外的海盜船，甚至能在800浬外劫持大型油輪。[17]

（4）高度組織化與行動力

索馬利亞海盜在作案過程中展現出極高的組織性與行動力。通常他們採用大型船隻作為「母船」，載運人員及小艇到索馬利亞外海、亞丁灣是甚至是公海，再利用小艇對目標發動攻擊（此種作法有點類似特戰部隊對海上敵艦執行滲透、特攻任

[16] 劉軍，〈索馬里海盜問題探析〉，《現代國際關係》，2009年第01期（北京：現代國際關係雜誌編輯部，2009），頁26。

[17] 劉軍，〈索馬里海盜問題探析〉，頁26-27。

務的模式）。由於母船通常是由大型漁船或是貨輪改裝，甚至有時候會將挾持中等待交付贖金的船隻作為作案母船。2009年4月6日我國籍的「穩發161號」遠洋漁船，於印度洋塞席爾（Seychelles）海域合法作業時遭索馬利亞海盜劫持並勒索贖金。該船在扣留期間即被作為海盜母船出海作案，並與美軍戰艦、直升機對峙長達2個月。直到2010年2月11日，由英國談判專家搭乘直升機在海上交付贖金才獲得釋放。[18]正因如此，在無法有效辨別海上船隻意圖的情況下，索國海盜便能輕易駛近目標船隻附近，再利用快艇搭載武裝人員發動突襲。成功控制船隻後，便將船隻拖回基地停泊，並嚴密監控人質行動。再向船公司和家屬勒索額贖金，直到收到贖金後才將人、船釋放。

索馬利亞海盜之所以能從貧窮、落後的索馬利亞崛起，於短時間內躍升為國際間人人聞之色變的黑暗煞星，除嚴密的組織、精良的武器設備和對當地環境與地形的熟稔等外部因素外。在他們內心裡那種急欲脫離貧窮、遠離飢餓與死亡陰影的渴望，或許才是促使索國海盜不顧性命也要投入掠奪人生的動力來源。

小結

索馬利亞因長期處在內戰與無政府狀態造成社會結構根本性的失衡，使索國人民不得不走上海上劫掠的道路。索馬利亞海盜因為先天的特殊背景，加上占有鄰近國際重要水道的優越地理位置，得以在短時間內成為全球最強大、最具規模的海盜集團。根據「聯合國國際海事組織」（International Maritime Organization, IMO）統計，自2008年以來索馬利亞附近海域已經發生120多起海上搶劫事件，超過30艘船隻遭劫，600多名船員遭到綁架。截至2008年12月底，索馬利亞海盜仍然控制著10艘船隻和200多名人質；2009年海盜襲擊事件計214起，至少劫持了47艘船隻；到了2010年共劫持船舶49艘，占全球船舶被劫總數的92%，劫持人質約1,016人次，截至2010年底，仍有28艘船隻和638名人質被索馬利亞海盜扣押。[19]索國海

[18] 〈被海盜擄走11個月穩發161號回來了〉，《自由時報》。檢索日期：2015.08.30。http://news.ltn.com.tw/news/society/paper/377399

[19] 〈聯合國安理會授權延長打擊索馬里海盜行動〉，《新華網》。檢索日期：2015.09.05。http://big5.huaxia.com/zt/js/08-069/2668763.html

盜的活躍使索馬利亞海域成為全球最危險的水域，但受制於索馬利亞中央的無政府狀態，加上長期流亡在外的名義合法政府「索馬利亞過渡政府」無力解決海盜問題，促使國際社會開始提出派遣兵力對抗海盜的意識與想法。

二、聯合國決議與國際行動

隨著索馬利亞海盜活動範圍逐漸擴大、犯案頻次也日益攀升，對國際經濟活動造成嚴重的威脅。當索國海盜已成為當代重要的非傳統安全問題後，「聯合國安全理事會」（United Nations Security Council，以下簡稱：聯合國安理會）不得不積極介入，召集成員國研擬因應對策。考量索馬利亞內部軍閥割據的無政府狀態，且過渡政府無法有效執行統治權來解決海盜叢生的情況。聯合國安理會於2008年做出第一份關於解決索馬利亞海盜問題的第1816號決議，同意成員國可以採取一切手段，協助索馬利亞過渡政府打擊海盜。該決議開啟國際介入索國海盜問題的序幕，也讓「非洲之角」頓時成為各國海軍展現力量與國際交流的重要海域。以下就針對「聯合國決議」及「國際行動」做進一步的說明。

（一）聯合國決議

隨著索馬利亞海盜問題日益惡化，且索馬利亞過渡政府無力管轄與處置。聯合國安理會2008年6月2日做出第1816號決議（索馬利亞情勢：授權打擊海盜與武裝劫船行為）。決議文重點除關切、譴責索馬利亞海盜的劫掠行為對國際海運安全造成的威脅外。更進一步指示依據《聯合國憲章》第七章的規範，在尊重索馬利亞過渡政府領土、主權完整的前提下，同意各國在經索馬利亞過渡政府許可並通報聯合國安理會後，可派遣武裝力量進入該地區協助索國政府打擊海盜。[20]由於決議文中具涉及索國主權的關鍵性授權，使該決議案被視為聯合國對索馬利亞海盜宣戰的第一份正式文件，也是各國海軍出兵亞丁灣打擊海盜的重要依據。繼第1816號決議案

[20] 〈第1816（2008）號決議〉，《聯合國安全理事會》。

後，聯合國安理會更針對索馬利亞海盜的發展情勢及各國的派兵情況，陸續做出第1838號決議（索馬利亞情勢：根據《聯合國海洋法公約》打擊沿海海盜和武裝劫船行為）、第1846號決議（索馬利亞情勢：延長打擊海盜授權期限）、第1851號決議（索馬利亞情勢：加強打擊海盜行為授權）及第1897號決議（索馬利亞情勢：將有關打擊索馬利亞海盜的授權延期至2010年12月）等關於打擊索馬利亞海盜的重要決議文，其要點如下：

1、第1816號決議[21]

2008年6月2日聯合國安理會通過第1816號決議，該決議文首先確認索馬利亞領海和索馬利亞周邊公海的海盜武裝劫船事件，使索馬利亞的情勢更加嚴峻，且該情況對當地、國際和平與安全構成強烈威脅。因此聯合國安理會根據《聯合國憲章》第七章採取了16項行動。其中第2項為敦促各國和索馬利亞過渡政府合作，共同執行打擊海盜行動。第3項呼籲各國與國際海事組織應密切合作，共同分享海盜的相關情資。第5項則希望國際海事組織與各國要呼應索馬利亞和周邊國家的請求給予技術支援，以提升這些國家維護海上安全的能力。而第7至第9項明確指出，聯合國安理會對各國出兵打擊索馬利亞海盜的授權。文中並指出自第1816號決議通過之日起的6個月內，過渡聯邦政府在事先知會祕書長的情況下，各國與過渡聯邦政府合作打擊索馬利亞沿海海盜和武裝搶劫行為的原則：

- **得進入索馬利亞領海，以制止海盜及海上武裝搶劫行為，但在做法上應同相關國際法允許的在公海打擊海盜行為行動一致。**
- **以相關國際法允許的在公海打擊海盜行為的行動相一致的方式，在索馬利亞領海內採用一切必要手段，制止海盜及武裝搶劫行為。**
- **至於第8與第9項則針對上述的授權做出保障第三國船舶無害通過的權利，並針對已涉及干預主權管轄的授權加以說明，明確表示該決議之內容僅適用於索馬利亞情勢，不可作為國際慣例看待。**

---

21 〈第1816（2008）號決議〉，《聯合國安全理事會》。

該決議文是聯合國安理會第一份對索馬利亞海盜問題提出的明確決議，具有極重要的歷史地位。該份決議更打破了自1648年《西伐利亞條約》（*Peace of Westphalia*）簽訂以來，外國勢力不得干涉他國國家主權行使的原則。雖然在決議文中已說明該權力僅限於索馬利亞情勢，不得作為國際慣例視之，但已在聯合國和國際政治的歷史上，留下了極為重要的先例與紀錄。

2、第1838號決議[22]

2008年10月7日聯合國安理會通過第1838號決議，該決議文除重申原第1816號決議中聯合國譴責索馬利亞海盜行為的立場外，並再次呼籲有能力的國家與區域組織應派遣軍艦及軍機採取必要的手段，積極參與打擊海盜工作。該決議並修正第1816號決議中打擊海盜範圍設定在索馬利亞領海範圍內的限制，將執行範圍擴大至沿岸周邊公海。最後一個重點則是提醒組織軍隊前往索馬利亞海域打擊海盜的國家與組織，依然要協助保護聯合國世界糧食計畫署糧食運送船。這也是首次將聯合國世界糧食計畫署人道物資運送船航行安全，列入打擊海盜的任務範疇中。

3、第1846號決議[23]

2008年12月2日聯合國安理會通過第1846號決議，該決議文除重申前述的第1816號決議與第1838號決議中的相關事項外，更明白表示歡迎「北大西洋公約組織」（North Atlantic Treaty Organization, NATO，以下簡稱：北約）與「歐洲聯盟」（European Union, EU，以下簡稱：歐盟）組織艦隊參與打擊海盜，並保護聯合國世界糧食計畫署糧食運輸船的任務，且授權各國的執法部隊可以扣押及處置被用於或有充分理由懷疑被使用在索馬利亞沿海，從事海盜行為和海上武裝搶劫行為的船隻、艦艇、武器及其他相關裝備。此外，該決議文最重要的第10項決議中，將打擊海盜的授權時間延長至第1846號決議生效後的12個月，也意味著聯合國

---

22 〈第1838（2008）號決議〉，《聯合國安全理事會》。檢索日期：2015.09.12。http://www.un.org/zh/sc/documents/resolutions/08/s1838.htm

23 〈第1846（2008）號決議〉，《聯合國安全理事會》。檢索日期：2015.09.12。http://www.un.org/zh/sc/documents/resolutions/08/s1846.htm

授權各國部隊執行打擊海盜的時間，可延長至2009年12月。

4、第1851號決議[24]

2008年12月16日聯合國安理會通過第1851號決議，該決議案係於「天狼星號」油輪事件後做出的決議。決議文中特別提到，從天狼星號遭劫持的地點可看出，當前船舶遭受索馬利亞海盜襲擊的位置已逐漸遠離索馬利亞沿海區域。顯示海盜作案範圍已有逐漸擴大之趨勢，要求各國須嚴加注意相關情勢的變化。另表明歡迎歐盟的軍隊在索國海域執行代號「亞特蘭大行動」（Operation Atalanta）的軍事行動，以打擊索馬利亞沿海的海盜，並保護往來索馬利亞航線上的各國船舶。

5、第1897號決議[25]

2009年11月30日聯合國安理會通過第1897號決議，該決議文除強調聯合國安理會持續關切海盜和海上武裝劫船行為外，更指出劫持行動已從索馬利亞海域擴大到西印度洋海域。並重申1982年12月10日簽屬的《聯合國海洋法公約》（*United Nations Convention on the Law of the Sea,* UNCLOS，又稱：海洋法公約）中，適用於打擊海盜和海上武裝掠奪行為的相關法律條文，並要求各國持續協助索馬利亞政府打擊海盜，以維持區域和平穩定。此外，接受索馬利亞過渡聯邦政府的委託，將第1846號決議及第1851號決議授權的執行時間再延長12個月，直到2010年12月。

自第1897號決議後，聯合國安理固定於授權時間到期前，再次發布最新的授權決議文，以延長打擊海盜任務的授權時間。聯合國安理會之所以如此謹慎且不厭其煩地追加授權，以作為各國部隊的執法依據，其原因係來自各國艦艇進入索馬利亞海域執行打擊海盜行動時，恐造成外國勢力侵犯索馬利亞領海主權及干涉國家內政之疑慮，進而形成未來的國際慣例。此次打擊海盜是經由索馬利亞過渡政府向聯合國提出請求，委由聯合國安理會做出正式決議，並由索馬利亞政府授權，方使各國

---

24 〈第1851（2008）號決議〉，《聯合國安全理事會》。檢索日期：2015.09.12。http://www.un.org/zh/sc/documents/resolutions/08/s1851.htm

25 〈第1897（2009）號決議〉，《聯合國安全理事會》。檢索日期：2015.09.12。http://www.un.org/chinese/aboutun/prinorgs/sc/sres/09/s1897.htm

部隊可合法進入索國海域協助打擊海盜。正因有聯合國安全理事會的決議作為依據，各國軍隊才得以「師出有名」進入索馬利亞海域執行任務。此種由當事國同意、並由聯合授權，再由聯合國會員國派遣武裝力量進入該國領海執法的模式，已逐漸成為聯合國安理會面臨海盜劫掠等非傳統安全議題時的典範之一。

（二）國際行動

自聯合國安理會做出第1816號決議，授權會員國可提供援助及派遣部隊前往索馬利亞海域，協助索國政府打擊海盜後。各會員國陸續表態支持聯合國決議，並研擬各種應對機制與措施，相繼投入打擊索馬利亞海盜的行動。成員國除以國家為單位參與行動外，重要的區域性國際組織也先後召集會員國，以組織的名義投入打擊海盜的行動。各國詳細的護航與打擊海盜行動模式，將在後續章節中作詳盡說明。以下初步就國際間面對索馬利亞海盜問題，所採取的各項舉措及建立的各種機制做簡單的概述：

1、派遣艦隊打擊海盜

自聯合國安理會作出授權打擊索馬利亞海盜的決議後，成員國陸續派遣艦隊協助索馬利亞過渡政府打擊海盜。從執行模式進行分類，概可分為「獨立執行護航」與「聯合執行護航」等兩種模式：

（1）獨立執行護航國家：

係以國家為部隊的發動主體，獨自派遣所屬艦艇前往索馬利亞海域執行打擊海盜及護航任務。具代表性的獨立執行護航國家計有：印度、俄羅斯、日本與中共等國。

（2）聯合執行護航國家：

參與打擊海盜的國家派遣所屬艦艇，加入由國際組織或單一國家所組建的「聯合特遣艦隊」，以聯合艦隊名義或所屬國際組織為發動主體，前往亞丁灣執行打擊海盜及護航任務。各個艦隊則依據不同的任務與目的，分別從事護航與打擊海盜等任務。目前主要的聯合艦隊計有：美國所領導的「150聯合特遣艦隊」（Combined Task Force 150, CTF 150）[26]與「151聯合特遣艦隊」（Combined Task Force 151, CTF 151）[27]、北約組建的「508特遣艦隊」（Combined Task Force 508, CTF 508）[28]及歐盟所率領的「465特遣艦隊」（Combined Task Force 465, CTF 465）[29]。各國艦艇加入聯合特遣艦隊後，即接受聯合艦隊最高指揮官的管轄與指揮，艦隊指揮官一職則由艦隊成員國輪流擔任。以現實環境而言，各國受制於自身海軍實力差異及多數國家海軍欠缺遠洋後勤補給能力，使加入聯合特遣艦隊與他國共同行動，成為參與打擊索馬利亞任務的主流。具代表性的聯合執行護航國家計有：美國、法國、英國、德國、韓國、北約成員國、歐盟成員國及其他海軍實力較弱的國家。

2、建立海盜情報交換機制

海盜具有高度機動性、良好的隱蔽和偽裝性，並占據極佳的地理優勢。使各國執法單位打擊海盜時，必須面對與正規作戰截然不同的環境和戰術戰法。不論是海軍部隊或是海上保安的執法單位，面對海盜時除須具備性能優異的艦艇、高識別度的偵蒐設備及精良的武器外，最重的是能有足夠的海盜情報及往來船舶的詳細資訊，方能縮短識別時間以減少人員誤判機率。但要獲得精確的海盜動態情報，光靠單一國家是難以達成的。因此，建立海盜動態情報交換機制，使各國部隊透過交換機制有效掌握亞丁灣海域往來船舶的屬性與動態，將有利縮短部隊辨識與驗證的時間。

隸屬「國際商會」（International Chamber of Commerce, ICC）的「國際海事局」（International Maritime Bureau, IMB）及國際海事局下轄的「海盜情報

---

26 〈亞丁灣的多國聯合艦隊〉，《鳳凰網》。檢索日期：2015.09.10。http://news.ifeng.com/mil/special/intnavy/

27 〈亞丁灣的多國聯合艦隊〉，《鳳凰網》。

28 〈海軍第十一批護航編隊指揮員與北約508特混編隊指揮官互訪交流〉，《中國日報》。檢索日期：2015.09.10。http://www.chinadaily.com.cn/micro-reading/mil/2012-04-28/content_5788873.html

29 〈中國海軍護航編隊與歐盟編隊達成反海盜合作共識〉，《中國新聞網》。檢索日期：2015.09.10。http://www.chinanews.com/mil/2012/11-03/4299415.shtml

中心」（Piracy Reporting Centre, PRC），[30]負責24小時監控、掌握全球海盜活動動態，並提供免費的查詢資訊讓大眾使用。歐盟則針對索馬利亞海盜問題，設立了海事安全與海盜資訊的通報機構：「非洲之角海事安全中心」（The Maritime Security Centre-Horn of Africa, MSCHOA）。該中心對往來東非海域的船舶實施監控與識別，並將最新的海盜資訊提供給維護海域安全的執法部隊及往來船舶使用。「非洲之角海事安全中心」更與北約下轄的「北約航運中心」（NATO Shipping Centre, NSC）密切合作，相互交換所掌握的海盜情資，以有效支援各國部隊打擊海盜、海上臨檢及護衛船舶等任務。

有別於「傳統安全」環境中「敵軍目標」的明確性，索馬利亞海盜在目標認定上有著模糊性的特點，以致在打擊海盜過程中，對目標的辨識成為執法者必須面對的首要課題。各國除了派遣艦艇進入索馬利亞海域實際執行打擊外，情報的交流與共享，才是能有效打擊海盜的成功關鍵。各國在既有體制上加入新建立的作業機制，使各執法團隊能充分掌握各方資訊，對海盜做出即時且適切的應處。此次對抗索馬利亞海盜行動，是後冷戰時期軍事力量介入「非傳統安全」威脅的經典案例，也是國際社會繼兩極對抗、區域衝突及全球恐怖主義後，首次面對犯罪行為的武裝力量威脅。因無前例可循，各國執法團隊只能從摸索中建立起制度與行動準據。而這樣的運作模式，也成為日後執行類似行動的參考依據。

（三）小結

「海盜」是個從古至今無法根絕，且困擾各國政府的棘手問題。只要有海上經濟活動的一天，海盜的身影便無所不在。過去各國政府多採用招安、授權等手段安撫並拉攏海盜為政府所用，形成國家的海上武裝力量。自1856年克里米亞戰爭（Crimean War）結束後，參戰國在《巴黎宣言》（*Declaration of Paris*）中決議廢止私掠船（privateer）制度，[31]使國家授權的海上劫掠行為正式走入歷史。自此

[30] 〈IMB Piracy Reporting Centre〉，《國際海事局》。檢索日期：2015.09.10。https://icc-ccs.org/piracy-reporting-centre

[31] 私掠船：得到本國政府的許可狀，對別國船舶和貨物進行海盜式劫掠活動的私人船舶，掠奪品則全部或部分歸掠奪者。16世紀末到19世紀初，西班牙、葡萄牙、荷蘭、法國、英國等爭奪海外殖民地

「海盜」（piracy）被視為純粹的犯罪行為，並不再有免究責的特例。依據《聯合國海洋法公約》中對海盜行為的定義，凡從事下列行為中的任何一項，即構成了海盜罪：

- **私人船舶或私人飛機的船員、機組成員或乘客，為私人目的對下列物件所從事任何非法的暴力、扣留及任何掠奪行為：**
  1. **在公海上對另一船舶或飛機，或對另一船舶或飛機上的人或財物。**
  2. **在任何國家管轄範圍以外的地方對船舶、飛機、人或財物。**
  3. **明知船舶或飛機成為海盜船舶或飛機的事實，而自願參加其活動的任何行為。**
  4. **教唆或故意便利前項所述行為的任何行為。**[32]

《聯合國海洋法公約》中明確指出，海盜是在「國家管轄範圍」以外之的公海海域中，所從事的非法暴力掠奪行為，突顯出海盜行為的認定並不受固定區域、特定國家管轄等條件限定，而是依據其所從事行為來判定。也因為不受特定區域限制，海盜的問題往往無法由單一國家單獨處裡，而是需要國際力量通力合作，方能阻止海盜行為的擴散。由於索馬利亞海盜主要活動區域並非在公海，而是在索馬利亞政府管轄的海域內。因此，各國得以派兵執行打擊索馬利亞海盜的前提，正是索馬利亞過渡政府的授權。聯合國為此也特別通過決議案，使各國擁有出兵的法源依據。這種史無前例的授權模式，是新興威脅下所產生的結果。打擊索馬利亞海盜行動，也成為後冷戰時期第一個由聯合國安理會透過決議，授權會員國執行的「非傳統安全」軍事行動。成功為日後面對類似案例時，建立起良好的國際合作典範。

時曾頻繁使用。1856年《巴黎海戰宣言》規定永遠廢除私掠船制度後，私掠船即被視同海盜船。張序三主編，《海軍大辭典》（上海：上海辭書出版社，1993），頁1192。

[32] 〈聯合國海洋法公約〉，《聯合國》。檢索日期：2015.09.10。http://www.un.org/zh/law/sea/los/article7.shtml

三、結論

因為遭索馬利亞海盜劫持的船舶，無論是數量和質量都遠遠高過其他地區，迫使各國不得不派遣部隊投入打擊海盜的行動。亞丁灣打擊海盜行動是史無前例的典範，各國政府和國際海事機構罕見地展開全方位的合作，從情報分享到司法互助，逐步建立共同打擊海盜行準據。此外，聯合國安理會接受索馬利亞過渡政府委託，以間接授權的方式呼籲成員國派遣部隊協助打擊海盜，更代表聯合國安理會已將索馬利亞海盜的問題，視為對國際社會的重大威脅，也透露出非傳統安全威脅，已逐漸成為影響國際安全的重要課題。

索馬利亞因連年內戰，使國內長期處在無政府狀態，因而造就了索馬利亞海盜的崛起。各國在聯合國授權下出兵打擊海盜，雖然已具有顯著的成效，但僅只能暫時遏止海盜犯案率的上升，而無法澈底消弭海盜人口的成長。關鍵因素在於海盜產生的原因，係源自於索馬利亞國內的經濟與社會問題。只要索國內部的動盪未歇，海盜人口勢必繼續成長。釜底抽薪的辦法，還是要透過索馬利亞政府改善國內的貧困與動盪，使人民的生活回歸正軌，才能讓為求生計鋌而走險的索國人民，澈底擺脫成為海盜的悲慘宿命。2012年索馬利亞重新由統一的中央政府掌政，使百廢待舉的索國社會重新露出一絲曙光。索馬利亞邦聯共和國政府是否能在內政上有所作為，使索馬利亞人民恢復內戰前的生活？這將關係著索馬利亞海盜是否能逐漸消弭、使亞丁灣海域恢復平靜的關鍵因素。

第貳章　艦隊派遣成因

自2008年6月2日聯合國安理會發布第1816號決議，同意各國派遣部隊協助索馬利亞政府打擊海盜後，聯合國會員國及國際組織陸續派遣部隊投入打擊海盜行動。2008年9月美、英、法、俄等4個聯合國安理會常任理事國，陸續表示將派遣部隊參與打擊索馬利亞海盜行動。唯獨中共對是否派遣部隊前往亞丁灣參與行動，仍遲遲未表達明確態度。2008年12月20日中共國防部新聞事務局舉行新聞發布會，國防部發言人胡昌明大校正式宣布：「中共海軍將於12月26日派遣由2艘驅逐艦和1艘綜合油彈補給艦組成的護航編隊，前往亞丁灣執行打擊索馬利亞海盜任務。」[1]這是中共官方首次正式表達，願意派兵參與亞丁灣打擊海盜的行動。在國防部公開宣告參與護航行動後，中共常駐聯合國代表張業遂更於12月23日分別向聯合國祕書長潘基文（Ban Ki Moon）與安理會當月輪值主席報告，表示中共已決定派遣海軍艦艇赴索馬利亞海域實施護航，[2]使中共成為繼美、英、法、俄後，第5個加入打擊亞丁灣海盜任務的安理會常任理事國。此舉除代表中共願意參與聯合國的安全行動外，同時象徵著打擊索馬利亞海盜是聯合國安理會的共同意志。中共對出兵亞丁灣的態度，從原先的隱晦不明到積極參與，甚至後期更大力宣傳其成效。究竟在決策的過程當中，是哪些因素與考量促成中共出兵的決定呢？以下將就「國際因素」、「國家因素」和「海軍能力」等三個面向，作進一步的分析與說明。

---

1 〈中國決定派軍艦赴索馬里執行護航任務26日啟航〉，《中國政府網》。檢索日期：2015.10.10。http://www.gov.cn/jrzg/2008-12/20/content_1183652.htm

2 〈中國向聯合國通報海軍艦艇赴索馬里海域護航決定〉，《新華網》。檢索日期：2016.1.18。http://news.xinhuanet.com/world/2008-12/23/content_10544918.htm

一、國際因素

任何國家的對外決策，不外乎受到外部和內部兩大因素的影響。外部影響通常來自國際體系的運作、外國政府的決策和國際輿論等因素影響。中共為聯合國安理會常任理事國，在安理會中具有舉足輕重的地位。中共在聯合國許多重大決策的攻防中，常與俄羅斯站在同一陣線對抗以美國為首的西方國家。但此次安理會通過派兵打擊海盜的決議，卻是聯合國安理會授權採取軍事行動上少有的意見一致。雖然國際上通過了打擊索馬利亞海盜的意志，但中共對實際付諸行動表現出躊躇不決。這與國際上「中國威脅論」（China threat theory）觀點的蓬勃發展有絕對性影響。自1989年以來中共秉持鄧小平「韜光養晦」的戰略指導，[3]對內積極發展經濟；對外在國際事件上則鮮少展露自己真正的實力，尤其是軍事上刻意保持著低調與內斂（除了1996年對台灣採取文攻武嚇，引發美國派遣航艦戰鬥群介入）。亞丁灣護航任務是中共對外決策中，罕見派遣部隊從事國際軍事行動的決策。就外部因素造成的影響，可從「威脅中國海運」、「國際呼籲與刺激」及「積極的國際參與」等幾個面向進行探討。

（一）威脅中國海運

中國大陸經濟的快速成長，主要是受全球化下的國際貿易所賜，而全球化體系的建立，自由的海上運輸是關鍵因素之一。使用相較於陸上、空中運輸更為便宜的海運，並透過廣大且不受限制的海洋將貨物進行流通，串聯起世界經濟的供需鏈路。也因為海上交通的便利性，強化了國與國之間的利益結合，成為一個環環相扣、密不可分的經濟體系。因此，全球化的本質可謂與海洋密不可分。[4]近年中國大陸的進出口貿易總額已逼近3兆美元，約占國內生產毛額50%。過去十年來，中共持續以國內生產毛額年增率兩倍數的幅度成長。其中，單就對海上貿易的依賴程

---

3 〈鄧小平留下豐富外交遺產「韜光養晦」至今仍有現實意義〉，《國際線上》。檢索日期：2016.1.25。http://big5.cri.cn/gate/big5/gb.cri.cn/42071/2014/08/22/2225s4662911.htm

4 傑佛瑞・提爾（Geoffrey Till）著，李勇悌譯，《21世紀海權》（台北市：國防部史政編譯室，2012），頁20。

度而言，海上貿易占中國大陸國內生產毛額的45%，遠高過美國對海上貿易20%依賴度的比例，[5]顯示中國大陸對進出口貿易的依賴日益增加，也意味著海上交通已成為中共不可忽視的媒介。海上運輸因具備龐大的酬載能量與高度便利性，使海運成為世界最重要的交通運輸和經濟流通管道。當海洋經濟日益趨向全球化市場時，國際航運的連動性將更緊密牽動著各國的經濟發展。各國政府在面對全球化下的海洋經濟活動時，逐漸將維護國家與獨立的海洋能力，進一步提高至維持或增加本地在全球化市場中的占有率。中共官方近年也積極表現出全面建設海洋經濟的決心，並協助建立起世界最大的商船隊（Merchant Fleet）及所需的港口、運輸、造船等基礎設施，以提高海洋運輸在國際上的優勢。[6]從各個面向觀察顯示，中共的經濟貿易已呈現出對海洋運輸的高度依賴，使得處於經濟與政治高速發展中的中共，需要一個安全和穩定的航運環境作為政經發展的後盾。

由於航運的便利促成了全球化的形成，也代表每一艘商船的受益已不僅是船公司或所屬國家單一的利益得失。在全球化的經濟體系下，商船的每一次商業行為往往牽動著所屬船務公司的獲利、跨國企業的盈虧、一個國家財政的延伸、甚至左右著一個國家的成長。當船舶遭受攻擊時，除了受到直接攻擊的受害者外，在交錯複雜的經濟關係中，往往很難分辨最大的受害者是誰。因此，索馬利亞海盜對航運造成的威脅，難以就單一國家的利益得失做出確切評估。正因全球化體系的威脅多來自於海上，促使「海權」（sea power）逐漸成為全球化進程的核心要素。海軍也成為直接及間接「保護全球化體系」的重要力量之一。[7]索馬利亞海盜的肆虐，造成全球航運市場的恐慌與威脅，也間接影響到中共的經濟利益。當各國無法倚靠自身力量或美國強大的軍事影響力來維持航運安全時。唯有透過國際合作模式，共同維護全球化體系的穩定，方能維持海上經濟體系的正常運作。中共既然是國際化下的受益者，自然也受到國際體系連動的牽絆。當全球航運穩定遭受破壞時，中國航運業也無法置身事外。派遣艦隊赴索馬利亞海域參與打擊海盜行動，除了直接協助

[5] 龔培德（David C. Gompert）著，高中一譯，《西太平洋海權之爭》（台北：國防部政務辦公室，2015），頁113。

[6] 傑佛瑞・提爾（Geoffrey Till）著，李勇悌譯，《21世紀海權》，頁159。

[7] 傑佛瑞・提爾（Geoffrey Till）著，李勇悌譯，《21世紀海權》，頁24-25。

維護通路與市場在全球化體系中的安全運作外，也間接保障了中共經濟發展的命脈與基石。

（二）國際呼籲與刺激

隨著改革開放政策為中共帶來經濟的快速成長，中共在國際的影響力也逐漸上升。雖然中共仍以開發中國家自居，但就經濟、軍事和國際等各層面影響力而言，中共已是當今綜合國力成長幅度最快的國家，這樣的成長也逐漸威脅到美國全球領導的地位。2005年9月前美國副國務卿佐立克（Robert B. Zoellick）在「美中關係全國委員會」（National Committee on U.S.-China Relations）所發表的〈中國往何處去〉演講中，提出「中共應成為國際體系中『負責任的利益相關者』（responsible stakeholder），承擔大國應具備的態度與責任」的論述，為中國的崛起做了全新的定義與詮釋。[8]「負責任的利益相關者」也被寫入美國2006年《國家安全戰略報告》，正式成為美國官方的對中新定位。[9]從「中國威脅論」到「中國責任論」（China's responsibilities），中共的國際定位隨著國際環境變化而改變。當「中國責任論」逐漸成為西方世界對中共對話的主流看法時，中共也藉由這個論述來試圖消弭「中國威脅論」的衝擊。當中國責任論成為主流的顯學時，中共對於展現大國風範的一舉一動更加重視，派兵前往亞丁灣打擊海盜，也成為中共無法迴避的議題。進一步分析其成因可發現，「國際社會的呼籲」與「政治角力的刺激」等兩大因素，即為促成中共出兵亞丁灣的原因。

1、國際社會的呼籲

西班牙首相羅德里格茲・薩巴德洛（Jose Luis Rodriguez Zapatero）於2008年4月接受西班牙電視台訪問時談到，中共及其他在索馬利亞海域從事漁業活動的亞洲國家，應參與由聯合國支持的打擊海盜軍事行動。他表示：「目前同樣在索馬

---

8 〈佐利克訪華呼籲中國承擔國際責任〉，《中評社》。檢索日期：2016.1.24。http://www.zhgpl.com/crn-webapp/doc/docDetailCreate.jsp?coluid=0&kindid=0&docid=100089487

9 〈大國形象：「威脅」已過時「責任」領風騷〉，《文匯報》。檢索日期：2016.1.24。http://paper.wenweipo.com/2011/12/21/ED1112210015.htm

利亞海域捕魚的中共、日本、韓國及法國應該加入這個國際聯合武裝力量」。[10]西班牙首相的發言，是國際上最早公開呼籲中共派遣軍隊協助打擊亞丁灣海盜的聲音。同年11月24至25日德國海軍總監（相當於我國海軍司令）沃爾夫岡‧諾爾廷將軍（Wolfgang Nolting）赴北京訪問期間，中共國防部長梁光烈和海軍司令員吳勝利在中、德海軍友好合作議題進行探討時，提出德國願意與中共海軍合作，共同打擊索馬利亞海盜。[11]這是歐洲軍方領導人首次公開表示支持中共參與打擊索國海盜行動，也是歐盟及北約成員國首次提出就索國海盜議題與中共海軍的合作意願。據12月17日媒體報道，索馬利亞駐中大使莫罕默德‧阿威爾（H. E. Mr. Mohamed Ahmed Awil）在接受《中國日報》專訪時表示，希望中共儘快派出艦隊參與國際社會聯合打擊海盜的行動。[12]從2008年4月西班牙首相的公開呼籲，到12月17日索馬利亞駐華大使的邀請，在在顯示出對中共參與打擊索馬利亞海盜行動的支持。尤其在歐盟（北約）成員國相繼呼應及當事國大使的主動邀請下，中共以「被動」受邀的姿態出兵，除大幅降低了軍事擴張的威脅感外，也展現出其身為世界大國的地位與態度。

2、政治角力的刺激

2008年9月23日俄羅斯海軍總司令維索茨基（Vladimir Vysotsky）接受媒體訪問時表示，俄羅斯將於近期派兵參與打擊索馬利亞海盜行動。[13] 9月25日一艘載有33輛俄製坦克的烏克蘭籍貨輪「法伊娜號」在索馬利亞海域遭到劫持，俄羅斯海軍發言人於9月26日表示在軍火船遭劫之前，俄羅斯海軍已經從波羅的海艦隊抽調（DDG-873）「無畏號」（Bezboyaznennyy）飛彈驅逐艦前往索馬利亞海域，執

---

10 〈西班牙首相提議中國海軍參與打擊索馬里海盜〉，《環球網》。檢索日期：2016.1.24。http://mil.huanqiu.com/china/2008-05/102392.html

11 〈德國海軍司令邀請中國聯手打海盜〉，《人民網》。檢索日期：2016.1.24。http://military.people.com.cn/BIG5/8221/72028/135250/8438346.html

12 〈索馬里駐華大使：「我們歡迎中國海軍打擊海盜」〉，《中廣網》。檢索日期：2016.1.25。http://fan.cnr.cn/gate/big5/www.cnr.cn/military/tebie/smlhd/smlztmtpl/200812/t20081226_505188501.html

13 〈俄海軍總司令說俄近期將參與打擊索馬里海盜〉，《環球網》。檢索日期：2016.1.25。http://mil.huanqiu.com/world/2008-09/235077.html

行保護俄羅斯船舶航行安全的任務。[14]同一時間美國、歐盟也派遣艦艇前往該海域與俄羅斯海軍共同追緝這艘遭劫的軍火船。該事件突顯出國際政治上立場相異的俄羅斯與西方集團，在遭到索馬利亞海盜議題時也不得不採取合作的態度。同年10月16日印度海軍開始派遣艦艇前往索馬利亞海域巡邏，[15]11月20日印度政府正式宣布對索馬利亞海盜「宣戰」，並將增派兵力支援原派駐在該海域的（F-44）塔霸號（Tabar）飛彈巡防艦，必要時甚至會增派至4艘艦艇在該海域巡弋。印度政府「海運、道路運輸及公路部」（Ministry of Road Transport and Highways）更在新聞聲明中表示：「印度呼籲聯合國採取緊急措施，對航行阿拉伯海及亞丁灣國際海域的所有船舶，無論船籍或是船員國籍屬何國家，應一律給予安全保護」。[16]該聲明除表示印度支持並願意承擔聯合國安理會的決議外，更有別於俄羅斯和其他國家出兵以保護本國船舶安全為目的，率先提出不對受保護船舶身分和國籍加以限制的政策。此舉也顯示出印度海軍長期以來將印度洋視為內海，並積極經略印度洋海權的決心，更突顯出印度急欲展現一個新興大國的影響力與實力。[17]面對傳統戰略夥伴「俄羅斯」與潛在競爭對手「印度」相繼投入打擊索馬利亞海盜行動，無論是身為世界強權應展現的「態度」亦或是經略印度洋的積極「作為」，中共明顯都失去先機，落入被動的態勢中。尤其面對印度展現積極且開放的姿態，同為新興強權的中共更有輸不得的壓力。俄羅斯與印度的態度，代表傳統西方集團以外的聲音，也是代表亞洲國家的意志。身為亞洲大國的中共若再不表態，將失去在國際重大海事安全議題上的話語權，而這也是促使中共決定出兵亞丁灣重要的因素之一。

躍升為世界區域強權的中共，已無法如過往以開發中國家身分自居。當其政治、外交和區域影響力隨著經濟發展逐步提升時，國際體系權力競逐下的義務也隨

---

14 〈美派戰艦追蹤遭劫軍火船　俄派軍艦打擊海盜活動〉，《人民網》。檢索日期：2016.1.25。http://military.people.com.cn/BIG5/42969/58519/8120709.html

15 〈印度海軍在亞丁灣挫敗海盜襲擊油輪〉，《新華網》。檢索日期：2016.1.26。http://news.xinhuanet.com/world/2009-12/08/content_12607795.htm

16 〈印度向索馬里海盜宣戰　增派飛彈驅逐艦赴亞丁灣〉，《中新網》。檢索日期：2016.1.26。http://big5.cri.cn/gate/big5/gb.cri.cn/19224/2008/11/21/3525s2333513.htm

17 李春益，〈印度海軍戰略發展對亞太安全的影響〉，《國防大學八十六週年校慶基礎學術研討會論文集》（桃園：國防大學，2011年），頁25。

之而來。在歐洲國家和索馬利亞大使的呼籲下，中共找到「潛在權力競爭者」以外的支持聲，為出兵亞丁灣找到有力的背書。而印度和俄羅斯的出兵，更促使中共不得不審慎思考出兵的利益得失。此決定除關係著中共海軍在印度洋的利益及話語權外，也影響著中共在界海事安全議題上的影響力。

（三）積極的國際參與

中共自1971年繼承中華民國在聯合國安理會常任理事國的席位後，正式成為世界五強，也開始以世界大國的姿態面對國際。但當時正值文化大革命，中共無論在經濟發展、社會穩定和軍事力量等各方面可謂百廢待舉，綜合國力與其他四強相比差距甚遠，對國際事務的涉入也是力有未逮。1980年代鄧小平開始實施改革開放政策，中共才改變鎖國與封閉的態度與世界接軌，並開始參與國際事務。1988年9月中共表示：「維持和平行動已經成為聯合國維護國際和平與安全的有效手段，有助於緩和地區衝突及和平解決事端，中共願意對維護和平行動做出貢獻」。[18]同年12月在第43屆聯合國大會中一致通過，同意接納中共成為「維護和平行動特別委員會」（United Nations Peacekeeping Force）成員。1991年中共正式派遣部隊參與聯合國在柬埔寨的維和行動，協助當地政府道路維修、營房建設和機場維護等工程保障任務，該行動為中共首次參與的維和行動。1997年起中共加入聯合國維和行動的待命安排，並在1999年正式以「聯合國維和部隊」（United Nations Peacekeeping Force）的身分參與聯合國維和行動。爾後中共逐漸成為聯合國維和部隊的重要成員之一，並持續積極派遣共軍與警務人員組成的維和部隊，在非洲、歐洲、亞洲和美洲等地執行維和任務。[19]聯合國的維和行動，也成為中共所參與國際事務的主要舞台之一。

2008年中國已經是世界第三大經濟體，僅次於美國與日本，[20]亮麗的經濟成績

---

18 謝啟美、王杏芳主編，《中共與聯合國——聯合國成立五十週年》（北京：世界知識出版社，1995），頁88。

19 〈中國參與聯合國維和大事記〉，《新華網》。檢索日期：2016.1.26。http://news.xinhuanet.com/ziliao/2003-04/02/content_810710_5.htm

20 童振源，〈中國經濟發展之全球風險與挑戰〉，《九鼎月刊》，第22期（澳門：九鼎傳播有限公司，2009.8），頁35。

使中共在世界的影響力直逼美國。但受「中國威脅論」的影響，中共在軍事發展上仍刻意保持低調與沉默。隨著「中國責任論」的興起，扮演一個「負責任的利益相關者」遂成為中共面對世界和西方國家時的全新定位。2008年中共之所以毅然響應聯合國安理會出兵亞丁灣決議，「中國責任論」的影響可謂關鍵重點。在利益權衡的考量下，參與亞丁灣的打擊海盜任務，對中共而言有以下幾點益處：

1、負責任大國態度

身為聯合國安理會常任理事國的世界五強之一，中共除了在維和部隊派遣上表現較為積極外，鮮少實際參與聯合國的安全行動。尤其過去面對在美國領導下的聯合國授權的軍事行動，中共多持反對或是不介入的態度（包含1991年的波斯灣戰爭和1992年聯合國索馬利亞行動皆然）。此次聯合國決議授權派遣部隊介入索馬利亞海盜問題後，各會員國先後派遣部隊進入索國海域。中共若派兵參與行動，一方面是以實際行動展現聯合國常任理事國的態度，另一方面更是呼應「中國責任論」的論述，並可淡化「中國威脅論」帶來的指責。

2、國際利益衝突低

索馬利亞海域雖為連結印度洋與地中海的重要隘口，也是世界各國遠洋漁業的重要漁場之一，但該地區仍是長期遭世界遺忘的角落。由於該地區並不產石油，也欠缺高價值天然資源，主要的武裝衝突僅是索馬利亞國內軍閥割據下的內戰，以及索國與鄰近國家的利益糾紛。大國在該地區利益重疊度低，主要焦點仍以海運安全為主。中共若決定派遣部隊參與打擊索馬利亞海盜行動，不易與美國等其他強權產生利益衝突和猜忌。尤其在長期的戰略夥伴俄羅斯也宣布出兵亞丁灣並獲得國際認同後，[21]更確定若中共出兵亞丁灣，將不會觸及敏感的國際利益衝突問題。

[21] 〈俄軍將參與打擊索馬里海盜〉，《中國青年報》。檢索日期：2016.1.27。http://zqb.cyol.com/content/2008-09/24/content_2369946.htm

3、聯合國正式授權

2008年的打擊索馬利亞海盜行動，是聯合國安理會授權下的非戰爭軍事行動。由於行動的發起者是聯合國安理會而非單一國家，除行動具有「名正言順」的依據外，在動機上也被視為是涉及國際間「共同利益」而產生的行動，不易淪為服膺特定國家利益而出兵的聯想。中共在這樣的背景下派兵參與亞丁灣的軍事行動，可避免遭國際輿論指責別有居心和權力擴張，更可避免陷入「中國威脅論」的泥淖。中共在經濟成長帶動下逐漸成為世界強權，隨之投入國際事務的意願逐漸提高。一方面是希望透過參與國際事務發揮潛在的影響力，另一方面也是藉由積極投入國際事務，來消弭興起過程中帶給國際社會的不安與不確定感。

（四）小結

隨著中共在經濟、政治與國際影響力的逐漸擴大，慢慢威脅到舊時代強權國家的利益。隨之而起的「中國威脅論」，也對中共崛起的過程中帶來國際社會的憂慮與阻力，更使其在國際社會中背負著許多質疑與指責。「中國責任論」的出現，適時為中共提供了一條解脫的道路，也使其有更多機會學習如何融入國際體系。就實務面而言，出兵索馬利亞是藉由穩定世界航運的大環境，來保障中國航運與經濟發展的小環境。但就意涵面而言，則是透過響應聯合國安理會決議的呼籲，展現身為「負責任的利益相關者」的態度。

二、國家因素

一個國家的對外政策除了受到國際體系與國際環境的牽動外，國家利益的考量也是重要的評估指標之一。中共長期以來以開發中國家自居，在冷戰時期就與其他開發中國家就有密切的經濟合作與交往；自經濟改革開放後，國力與經濟能力逐漸增強。除傳統的金援外交之外，中共開始藉由投資、貸款、爭取開發權及經營權的方式，與開發中國家建立密切的外交與經濟關係。其中，在非洲地區的開發與投資一直是中共經貿合作與開發的重點。除經濟貿易的實質利益外，中共因不具宗教文化衝突和殖民歷史的包袱，比起歐美國家更受到當地政治勢力的歡迎，使中共在非洲地區的政經影響力日益漸增。基於上述經濟利益與政治的考量，中共需要一個穩定的非洲經濟市場和海上通路。此外，繼外國船舶在索馬利亞海域遭襲擊後，香港、中國大陸籍船舶接連遭到挾持和襲擊，國內也逐漸出現希望中央派遣海軍前往索馬利亞打擊海盜的呼聲，使中共中央不得不正視出兵索馬利亞的考量。

（一）經濟戰略

中共在非洲地區的經貿發展，經過多年的苦心耕耘已展現出豐碩的成果。根據中共國務院2010年12月公布的《中國與非洲經貿》中指出，1950年代年中共透過經濟援助的方式與非洲國家建立貿易關係，之後逐漸擴大合作領域、加深貿易夥伴關係。2000年「中非合作論壇」成立後，中共更透過該平台加速對非洲地區的投資的增長幅度。中共在非洲地區的投資範圍遍及49個國家，包含南非（South Africa）、尼日（Niger）、尚比亞（Republic of Zambia）、蘇丹（Republic of the Sudan）、阿爾及利亞（People's Democratic Republic of Algeria）和埃及（Egypt）等國家。投資範圍也從早期的經濟援助拓展到礦產開採、金融、製造、建築、旅遊、農林牧漁業等項目。1950年中非之間的雙邊貿易額僅1,214萬美元。2008年時首次突破1,000億美元，是歷年最高的比例。其中，中共對非洲出口額為508億美元，自非洲進口額則為560億美元。[22]2009年中共對非洲地區的貿易投資規模已超越美國，成為非洲最大的貿易夥伴。[23]從官方公布的數據中顯示，2000至2008年間，中非貿易年平均成長率高達33.5%，其成長幅度為中共對外貿易總額的2.2%至4.2%；為非洲對外貿易總額的3.8%至10.4%。[24]顯示非洲地區的經濟利益，已成為中共不可或缺的重要資產。

[22] 〈中國與非洲的經貿合作〉，《中華人民共和國國務院新聞辦公室》。檢索日期：2016.1.26。http://www.gov.cn/zwgk/2010-12/23/content_1771638.htm

[23] 〈中國非洲投資踢到大鐵板　自利比亞大規模撤僑三・六萬人只是開始〉，《財訊快報》。檢索日期：2016.1.26。http://www.investor.com.tw/onlineNews/freeColArticle.asp?articleNo=471

[24] 〈中國與非洲的經貿合作〉，《中華人民共和國國務院新聞辦公室》。

中國大陸境內雖然蘊藏豐富的天然資源，但欠缺充足的天然油源一直是中共國家發展中最大的隱憂。隨著經濟快速起飛消耗了大量能源，導致在國內油源枯竭後，中共開始尋求海外油源供給的管道。因石油需求量龐大，在無法自給自足情況下，自1993年起中共開始向海外採購石油，成為石油的進口國。[25]由於中共欠缺大量的戰備儲存量（以2008年為例，中共的石油戰備儲存量僅30天，而鄰近的日本則擁有161天的戰備存量），[26]石油供應來源的穩定與多元管道，成為中共必須優先考量的發展重心。除透過陸路運輸取得中亞國家的石油外，中共最主要的石油來源仍是非洲和中東地區。尤其是長期與中共建立經貿關係的非洲地區國家，更是中共最重要的石油來源之一。中共自1992年起開始由非洲地區進口原油，2002年從非洲進口的石油量為1,580萬噸，比2001年增加了16.6%，到2003年進口量為2,218萬噸，增加量超過四成，占中國石油進口量的百分之24.5%，是中東以外中共最大的原油供應區。[27]其中位於紅海的蘇丹更是中共最大的海外石油輸入國，蘇丹生產的石油將近一半以上都是出口到中國大陸。[28]

受到中共在非洲積極投入經貿發展和石油進口的帶動，中國大陸的航務運輸公司也在非洲地區積極設立據點。以目前中國大陸船隊規模排名第一的「中國遠洋運輸集團」（以下稱：中遠集團）為例，中遠集團擁有700多艘現代化商船，運載量可達5,100多萬噸，一年貨運載運量超過4億噸；遠洋航線覆蓋全球160多個國家和1,500多個港口。旗下船隊包含貨櫃輪、散裝貨輪、專業雜貨輪、多用途特種運輸船和油輪等船隊。[29]此外，中遠集團在非洲設有「中遠非洲有限公司」負責中共在南非、西非的船舶代理和船舶相關業務。且目前東非唯一擁有遠洋運輸船舶的「中國－坦尚尼亞聯合海運公司」，則負責中遠集團在東非的船舶業務。[30]2006年中遠

---

25 嚴震生，〈當前中國對非洲的能源戰略與外交〉，《國際關係學報》，第24期（台北市：國立政治大學外交學系，2007），頁24。

26 萊恩・克拉克（Ryan Clarke）著，陳清鎮譯，《中共海軍與能源安全》（台北市：國防部史政編譯室，2012），頁29。

27 嚴震生，〈當前中國對非洲的能源戰略與外交〉，《國際關係學報》，第24期，頁27。

28 萊恩・克拉克（Ryan Clarke）著，陳清鎮譯，《中共海軍與能源安全》，頁28。

29 〈中遠簡介〉，《中遠集團》。檢索日期：2016.1.26。http://www.cosco.com.cn/col/col21/index.html

30 〈中遠簡介〉，《中遠集團》。

集團因中國大陸企業在非洲投資的增加，擴大了中遠集團在非洲貨櫃船、散裝貨輪的定期航班的規模，另為因應2006年中國大陸鐵礦進口量將增加17%的市場需求，集團積極開發南非至中國大陸的鐵礦運輸市場。[31]從中遠集團在全球與非洲的航運據點及準備擴增的航務運輸規模，可看出非洲的投資與開發對中共經濟發展的重要性，也展現出中共在非洲已建立起規模龐大的海上運輸通路版圖。

經統計，目前中共已成為世界第二大石油進口國，其中80%的石油運輸是經由亞丁灣、馬六甲海峽航路運往中國大陸。另外，中共一年航經亞丁灣海域的商船約有1,260餘艘，[32]也顯示亞丁灣對中共航運業的重要性。2008年11月沙烏地阿拉伯籍油輪「天狼星號」遭劫持，對國際社會而言是一個重大的警訊，顯示索馬利亞海盜襲擊對象已不再侷限於一般商船和漁船，只要是具有高經濟價值目標都是索國海盜下手的對象。這對在非洲擁有高密度投資和航務運輸線的中共而言，絕對是不容忽視的危機。依據國際慣例而言，當一個國家的石油進口量超過8,000萬噸時，經濟運行將會受到國際市場行情的影響；當石油進口量超過1億噸時，國家就必須採取外交、經濟甚至是軍事手段來確保石油的穩定供應。[33]但中共受限於海軍實力和國家戰略規劃，並未利用海軍對海上貿易交通線建立保障機制，而是依賴美國在全世界建立的航運安全環境，間接來維護自己海上貿易的安全。然而，當這個安全環境面臨崩解時，中共則不得不正視如何保護海上貿易安全的問題。出兵亞丁灣為各國籍船舶實施護航，對中共中央而言是維護其在非洲經濟投資與戰略布局重要的手段；也因為索馬利亞海盜的肆虐，使中共必須認真面對海上貿易與海軍之間的關係。

（二）外交效益

中共長期在非洲地區的投資與開發，使中共在2009年已超越美國成為非洲最大的貿易夥伴。除了經貿投資外，中共和美國在對非洲國家的政策上也因價值觀與利

---

31 〈中遠擴大在非航運業務〉，《國際金融報》，第03版，2006年4月25日。檢索日期：2016.1.26。
32 柏子、靳航，《護航亞丁灣——沉思錄》（北京：華藝出版社／浙江文藝出版社，2013），頁86。
33 柏子、靳航，《護航亞丁灣——沉思錄》，頁86。

益考量的差異，使兩國在非洲地區的影響力有截然不同的結果。美國與伊斯蘭國家及非洲國家交往過程中，時常將人權議題、國家利益和民主制度等作為經貿與政治合作的前提，甚至作為干涉他國內政的藉口。911事件後美國政府在亞洲和非洲對恐怖主義分子發動「全球反恐行動」，企圖消滅對美國造成威脅的恐怖勢力。惟出兵打擊恐怖主義的過程中，與伊斯蘭世界常常產生價值觀上的矛盾和衝突，使美國與中東和非洲的關係日益緊張。這種矛盾和對立的氛圍，導致美國在該地區的影響力和威信也逐漸下滑。相較於美國面臨的阻力，中共在與非洲國家交往過程中多採取「務實主義」的態度。中共給予非洲國家經濟援助、合作投資時，並未將人權或政治制度意向作為合作與否的重要考量，而是以實質的經濟利益得失與國家利益的布局作為合作的考量依據。在經濟外交上，中共以低息貸款提供非洲國家經濟建設的資金。絕大多數的融資中共都採「安哥拉模式」（Angola model）方式來獲取非洲的自然資源，即受款方用石油或礦產等商品作為擔保以獲取中國的低息貸款。2004年3月，「中國進出口銀行」與安哥拉（Angola）簽署了首筆石油擔保貸款協議。2006年這類融資協議幫助包括中國石化（Sinopec, the China Petroleum and Chemical Corporation）在內的中國企業，以40億美元的貸款獲得了石油區的勘探權。2008年中鐵集團（China Railway Group Limited）以相同的模式獲得了剛果民主共和國（Democratic Republic of the Congo）境內銅、鈷礦的開採權。據統計自2004到2011年間中共至少與7個非洲國家簽署了總額近140億美元的類似協議，使中國大陸企業得以獲取利潤豐厚的承建工程合約（例：中共企業在安哥拉就獲得了近90億美元的工程項目）。[34]中共利用低利息貸款、聯合開發投資建設甚至是減免債務的方式與多數非洲開發中國家建立外交關係。因在對非洲經濟政策上表現出的積極和善意，使中共在非洲地區的影響力日益擴增。

索馬利亞海盜在亞丁灣造成的威脅，迫使聯合國安理會不得不授權會員國出兵介入。當各國艦隊相繼進入索馬利亞海域時，無形中也打破了美國在非洲地區的控制權。中共此時跟著派遣艦隊進入亞丁灣打擊海盜，使海軍充分發揮「海軍外交」

[34] The Economist Intelligence Unit, "Playing The Long Game: China's Investment in Africa", *Mayer Brown report*, 2014.10.20, p.9.

（Naval Diplomacy）[35]的功能，透過艦艇在非洲海域巡弋的機會，達到「展示國旗」（Showing the Flag）[36]的目的。除透露出中共海軍具有保護海外利益的能力和決心外，也同時向非洲經貿合作夥伴展現對其共同利益的安全保障與重視。

（三）政府威信

據中共外交部發布的資料，2008年1月至11月間，計有1,265艘中共商船通過亞丁灣與索馬利亞海域（平均每天就有3至4艘），其中約有20%的中共船舶遭遇過海盜襲擊。[37]2006年4月，韓國籍「東源628號」漁船在索馬利亞附近海域被海盜劫持，船上包含3名中國大陸籍船員。[38]這是中國大陸籍船員首次遭到索馬利亞海盜劫持。2007年4月18日，中華民國籍漁船「慶豐華168號」被索馬利亞海盜劫持，5月25日因船東與海盜的談判陷入僵局，船上一名遼寧撫順籍船員遭海盜開槍射殺，[39]是首次中國大陸籍船員在索馬利亞海盜劫持事件中喪生。2008年9月15日，首艘香港籍的運輸船在索馬利亞海域遭到劫持，2天後1艘隸屬於「中國對外貿易運輸總公司」香港子公司的貨輪也遭海盜劫持，[40]為首艘遭索馬利亞海盜劫持的中國大陸籍船舶。11月中國大陸籍漁船「天裕8號」也遭到海盜劫持勒索贖金，[41]這是自9月以來3個月內第3起中國大陸、香港籍船舶遭索馬利亞海盜劫持的案件。隨著中

---

35 海軍外交：係指一國使用軍艦支持外交政策的作為。海軍外交的實踐係以不動干戈為原則，它是以武力威脅迫使對方屈服或放棄既定目標，而非使用武力制止其行動；由於軍艦運用的彈性與寬廣的能力，使得海軍外交成為一種絕佳的危機處理工具，而能用以化解衝突與避免戰爭。
資料來源：翟文中，〈海軍外交與危機處理〉，《問題與研究》，第35卷，第11期（1996年11月）（台北市：國立政治大學國際關係研究中心，1996），頁35。

36 展示國旗：利用海軍來宣達主權，用海軍在海上的活動，使國旗出現在活動海域或地區，以獲得對周邊國家表達自己的軍事實力之目的。
資料來源：林穎佑，《中共海軍現代化下的戰略》（新北市：淡江大學國際事務與戰略研究所，2008），頁169。

37 陸儒德，〈遠征亞丁灣的理由〉，《東北之窗》，第002期（大連市：大連報業集團，2009），頁92。

38 〈韓國漁船被海盜劫持3名中國船員被扣留〉，《騰訊網》。檢索日期：2016.1.26。http://news.qq.com/a/20060406/000055.htm

39 〈中國船員憶述索馬里遭劫半年常被推上甲板當肉盾〉，《中國網》。檢索日期：2016.1.26。http://www.china.com.cn/news/txt/2007-11/16/content_9240751.htm

40 〈載有24名中國船員的香港貨輪在索馬里遭劫持〉，《中評社》。檢索日期：2016.1.26。http://hk.crntt.com/doc/1007/4/9/3/100749379.html?coluid=7&kindid=0&docid=100749379

41 〈去年被海盜劫持的「天裕8號」漁船已安全獲救〉，《新華社》。檢索日期：2016.1.26。http://news.xinhuanet.com/mil/2009-02/09/content_10784946.htm

共商船在索馬利亞海域接連遭劫後，中國大陸人民要求政府出兵打擊海盜的呼聲日漸增加。12月16日中共外交部副部長何亞非在聯合國安理會「索馬利亞海盜問題」部長級會議上表示，中共正積極考慮近期派軍艦赴索馬利亞海域參加護航活動，[42]顯示過去幾個月的劫持事件，已經讓中共不得不正視亞丁灣的海盜問題。就在何亞非發表中共出兵意向的隔日，隸屬「中國交通建設集團有限公司」（China Communications Construction Group Corporation Limited）的大型運輸船「振華4號」在索馬利亞海域遭到海盜襲擊，當下船員立刻向「中共海上搜救中心總值班室」（以下稱：搜救中心值班室）通報，並同時採取自我防禦措施抵抗。經過4小時與海盜對峙與周旋，最後由「搜救中心值班室」協調於附近巡弋的馬來西亞海軍，派遣艦艇與武裝直升機前往協助救援。[43]這次事件突顯出中國大陸籍船舶在索馬利亞海域遭遇襲擊時，縱使即時向國內海事安全部門回報，卻因中共未擬定任何防範及馳援措施，只能轉向外國海軍尋求援助。此現象不但深深打擊政府的威信、嚴重影響身為世界強國的名聲，也引起國內更多要求海軍出兵亞丁灣的呼聲。2008年11月21日香港鳳凰衛視評論員何亮亮更在香港《大公報》撰文〈中國出擊亞丁灣此其時矣〉，高聲疾呼中共中央應立即出兵亞丁灣參與打擊索馬利亞海盜行動。[44]12月20日中共國防部宣布將派出由國造艦艇組成的護航編隊前往亞丁灣執行護航，除顯示出對國內民意訴求作出的回應及展現政府威信外，中共也利用這次海外軍事行動的機會展現海軍現代化後的新風貌，藉以提高民族凝聚力和自信。同時透過海軍能力與威信的展示建立人民對海軍的信任與支持，進而使中國人民培養出對海洋的認識與嚮往。而這種對民族性格的培養與引導，正符合馬漢（Alfred Thayer Mahan）在《海權對歷史的影響1660~1783》（*The Influence of Sea Power Upon History: 1660-1783*）中指出影響海權建立要素中的「民族特性」。[45]中共也期

42 〈中國考慮近期派遣軍艦赴索馬里海域參加護航活動〉，《新華社》。檢索日期：2016.1.26。http://news.xinhuanet.com/world/2008-12/17/content_10515441.htm

43 〈中國萬分感謝馬國解救其輪船〉，《吉隆坡安全評論》。檢索日期：2016.1.26。http://www.klsreview.com/HTML/2008Jul_Dec/20081219_03.html

44 〈港媒呼籲中國海軍依法出兵打擊索馬里海盜〉，《易網新聞中心》。檢索日期：2016.1.26。http://www.timesk.com/portal.php?mod=view&aid=7326

45 馬漢（Alfred Thayer Mahan）著；安常容、成忠勤譯，《海權對歷史的影響1660~1783》（北京：解放軍出版社，1998），頁64。

望透過海軍的建立，引導中國這個傳統陸權國家，逐漸走向海洋、掌握海權。

（四）小結

根據中共國家商務部的統計報告指出，自2000年起中國大陸對外貿易占GDP總額的比重逐年升高，中共對海外貿易的依賴程度也日益增加。[46]非洲的經濟發展和石油供應鏈，已經成為中共經濟發展的重要核心利益之一。維持一個「穩定的非洲」無論在經濟、政治或是外交上，對中共而言都是極重要的政策。過去中共未將軍事力量投入該區域，除受限於海軍實力的不足外，美國長期掌控中東地區仍是主要因素。自索馬利亞海盜興起後，東非的政治環境和穩定力量產生變動。各國軍隊相繼進入該地區後，改變了「單一國家掌控」的局面。中共藉由出兵護航的機會，利用海軍將國家的影響力伸入中東、東非地區。一方面是保障海外市場航運交通線的安全，另一方面也藉由海軍的巡弋，展現出中共已具備維護海外重要利益的能力。而這種對外的意志展現和軍力宣揚，正好回應國內國籍船舶遭海盜劫持和襲擊後，人民對政府和海軍的期盼，也同時向國際宣示，中共對非洲經濟貿易與海上安全的重視。

三、海軍能力

面對中共是否要派遣部隊介入亞丁灣的反海盜行動的議題，雖然從國際情勢和內部民心士氣的角度評估均指向這是一個值得投入的行動，但就海軍的立場，卻非全盤支持出兵亞丁灣。早在中共中央決定是否派兵前，海軍內部即針對是否派兵的議題進行評估。此舉也引發海軍內部正、反兩面的爭論，甚至出現反對派兵的聲浪大過贊同出兵的意願。中共海軍是否要前往亞丁灣護航？最初海軍內部和社會上的認知與看法並不相同，海軍內部主要的分歧點集中在四個層面：

[46] 柏子、靳航，《護航亞丁灣——沉思錄》，頁85。

- **中共海軍赴亞丁灣護航，是否具有法理上的依據？在中國威脅論的餘波下，貿然出兵亞丁灣必會受到質疑與批評。**
- **亞丁灣遠在印度洋海域，距中國大陸本土將近7,500公里。從戰略空間的選擇上來看，眼前的馬六甲海域和南海同樣有海盜襲擾的問題。選擇到遙遠的亞丁灣護航而非馬六甲海峽，在目標的選擇上是捨近求遠。對中共海軍而言，獲得的實質利益有限。**
- **護航是一項遠洋行動，必須投入大量的經費。如果把這些經費放在提高和改善海軍裝備上，會比前往亞丁灣護航得到更直接的實質效益。**
- **中共海軍自建軍以來，從未有過在遠海執行長期任務的經驗。中共海軍目前的素質和能力，是否能承擔亞丁灣的遠海護航任務？就連中共海軍高層也沒有十足的把握。**[47]

中共海軍對於是否該加入亞丁灣護航的意見產生強烈分歧，表面上看似對具體問題的憂慮，事實上這些分歧與質疑正反映了海軍在中共軍事戰略中的地位與作用，以及海權對於國家的重要性，也顯示出中共內部已開始意識到，國內對國際局勢已由陸權爭奪轉向海權爭奪此一趨勢認識不足的隱憂。[48]中國是個典型的陸權國家，人民賴以生存的命脈是孕育萬物的土地。除了在近海從事撈捕的漁民外，百姓鮮少從事海上活動，更別論從事國際海上貿易。即使有重視港埠貿易的朝代存在，也不是「天朝」的經濟重心，以農立國遂成為中國歷朝以來的基本國策。因幅員廣大與眾多國家接鄰，自古威脅多來自陸地而非海洋的中國，形成了「重陸輕海」的軍事思維，以致在清末自強運動前，歷朝歷代除了有擔任江防和沿海防衛任務的水師外，未曾建立正式的海軍。雖然歷史上曾有大明帝國鄭和寶船七次下西洋的輝煌功勳。但在主政者更迭、政治因素與國家財政困境等諸多因素壓迫下，終是曇花一現。縱然在西方火炮強勢叩關的刺激下，清末建立了史上最強盛的北洋海軍，卻因為主政者僅有「海防」觀念，缺乏「海權」思維，使海軍淪為陸軍的附庸。亞丁灣

47 柏子、靳航，《護航亞丁灣——沉思錄》，頁83。
48 柏子、靳航，《護航亞丁灣——沉思錄》，頁84。

的護航任務，對中共海軍而言既是挑戰也是契機。該行動對海軍實質面的影響，遠勝於政治上的宣傳效益。以下就從中共海軍發展概況開始回顧，進而探討亞丁灣護航任務究竟對海軍帶來何種效益與改變，使中共最終願意傾全力投入亞丁灣護航任務。

（一）中共海軍戰略發展概況

1949年4月23日，由陳毅的「第三野戰軍教導師」抽調644人於江蘇泰州成立「華東軍區海軍司令部」，由張愛萍擔任司令員兼政治委員，同時接收了鄧兆祥將軍率領下投降的「國民政府海軍第二艦隊」與「第五巡防艦隊」的25艘軍艦，被視為「中國人民解放軍海軍」創建的起點。1950年4月14日海軍領導機構成立，正式成為中國人民解放軍的一支獨立軍種。[49]海軍成立之初，艦艇多來自國民政府海軍投降的部隊。然接收自國民政府海軍的艦艇雖多達183艘，總噸位達43,268噸，[50]但投共的海軍部隊，大型艦艇寥寥無幾，多為炮艇與近岸巡邏艦。然而海軍的組建不僅僅只靠艦艇，還包含後勤補保體系、專業人才教育等有形與無形的建設。當時中國海軍主力多隨著國民政府遷台，中共雖意識到海軍的重要性，但受制於設備不足、人才缺乏以及作戰指導不明等因素，使海軍的發展受到嚴重的限制；加上中共海軍承襲了前蘇聯海軍上將伏龍芝（M.V Frunze）與圖哈切夫斯基（M. N. Tukhachevsky）的「海軍舊式學派」思想，認為海軍只是陸軍戰術上的一個支援單位，其基本任務即為戰時鞏固陸軍的沿海防禦，並未構成獨立軍種的必要，致使中共海軍在缺乏中央支持的情況下，活動範圍始終困於沿岸50浬內，僅能執行以海岸防衛為主的「沿海防禦」戰略。[51]成立之初的海軍被定位為地面部隊的防衛縱深，是廣大國土「海防」的要角。在「沿海防禦」的戰略指導下，中共海軍以「飛、潛、快」為建軍發展重點，優先投入海軍航空兵部隊、潛艦部隊和魚雷快艇

---

49 伯德納・柯爾（Bernard D. Cole）著，蘿莉・勃奇克、施道安、伍爾澤、李育慈譯，〈半世紀後之中共海軍：北京記取之教訓〉，《解放軍75週年之歷史教訓》（台北：國防部史政編譯室，2004年11月），頁183。

50 林穎佑，《中共海軍現代化下的戰略》，頁19。

51 林穎佑，《中共海軍現代化下的戰略》，頁19。

部隊的建設。

1982年8月28日劉華清接任中共海軍司令員後，[52]開始著手海軍思想與體質的改革。1983年10月劉華清在「高級幹部軍事研究班」演講中，針對海軍作戰方針的議題提出了「積極防禦，近海作戰」的思維，並重新定義「近海」的概念。劉華清指出，過去中共海軍將距離大陸海岸200浬以內的海域稱為「近海」是錯誤的觀念。在鄧小平的指導下，「近海」的定義應該是指「黃海、東海、南海、南沙群島及台灣、沖繩島鏈內外海域，以及太平洋北部的海域。而相對於近海，在近海之外則是屬『中遠海』海域的範疇」。[53]1985年底，劉華清正式提出以「近海防禦」的海軍戰略構想取代「近岸防禦」，並強調在積極防禦作為下殲敵於「近海」至「海岸」之間。因此在海軍兵力建設、武器發展、兵力部署和戰場準備等方面，皆以近海和防禦兩大領域為著眼點。[54]在劉華清大刀闊斧改革下，中共海軍建立起屬於自己的戰略論述與思想，並逐漸脫離陸軍附庸的角色。劉華清提出「近海防禦」的海軍戰略論述後，更進一步提出海軍發展的「三階段海洋戰略」。在第一階段的規劃中，中共海軍於2000年必須能掌握「第一島鏈」內的「制海權」。第二階段涵蓋的戰略性海域則包含了在2020年能掌控「第二島鏈」範圍內的水域、大半西太平洋的制海權。最後的第三階段目標，則是在2050年建立一支全球化的遠洋海軍。[55]回顧1982年迄今中共海軍的發展，完全是遵循著劉華清的戰略觀一步一步前進。隨著大型自製艦艇陸續下水成軍、海軍航空兵戰轟機逐漸汰舊換新、自製核子動力及傳統動力潛艦也相繼亮相，使中共海軍在近海的影響力日益擴增。從1982到2021年漫長的39年間，現代化的中共海軍早已取得第一島鏈內的主動權，並藉「跨區遠海長航訓練」突破第一島鏈的拘束，[56]更逐步形成在第一島鏈內常態巡弋、不定期於第二島鏈內活動的態勢。跨入21世紀，當首艘航母、排水量達7,000噸的052D型飛彈驅

---

52 劉華清，《劉華清回憶錄》，頁413。

53 劉華清，《劉華清回憶錄》，頁343。

54 林穎佑，《中共海軍現代化下的戰略》，頁36。

55 伯德納・柯爾（Bernard D. Cole）著，吳奇達、高中一、黃俊彥譯，〈中共的海軍戰略〉，《下下一代的共軍》，頁367-378。

56 〈國防報告書：中共2020年具全面犯台能力〉，《ETtoday東森新聞》。檢索日期：2016.1.25。http://www.ettoday.net/news/20131008/279693.htm

逐艦、萬噸級的055型飛彈驅逐艦等新式艦艇相繼成軍，由武器發展到軍事訓練模式，從每一個時間節點中都能清楚地看到劉華清提出的海軍戰略對中共海軍建軍所帶來的深遠影響。

相較遷台後的中華民國海軍，中共海軍承接了中國傳統來自陸上的威脅與防衛包袱，使中共與法國和1880年代的德意志帝國一樣，必須在兼顧優勢陸權發展的環境中建設海軍，以致海軍常常在軍事戰略中失去自我的定位。然而劉華清提出的海權觀念不單純僅從軍事戰略角度出發，而是充分考量到經濟戰略利益發展，認為經濟利益的獲得和維護必須要來自海洋。在其主導下更逐漸步將海權理論由「近海防禦」進一步轉變為「經略海洋」，其戰略指導思想更深化擴展為「海上權益」，[57]而中共海軍也在「三階段海洋戰略」的願景中按部就班發展。2016年5月26日中共國防部發表的2015年《中國的軍事戰略》白皮書中也特別提到：「建設與國家安全和發展利益相適應的現代海上軍事力量體系，維護國家主權和海洋權益，維護戰略通道和海外利益安全，參與海洋國際合作，為建設海洋強國提供戰略支撐」。[58]可見維護國家海洋權益、海外利益安全，已成為中共的國家核心利益。當國家利益與海洋權益及海外利益相結合時，建立一支全球化的「藍水海軍」，已由單純的海軍戰略願景轉化為中共在國家發展上不可不為的道路。

（二）累積遠洋戰力

海軍現代化，依照劉華清提出的海軍「三階段海洋戰略」進程進行，2016年中共海軍已在東、南、黃海建立起常態巡弋的態勢，更不定期透過「遠海訓練」、「機動系列演習」的名義，將艦隊活動範圍逐步跨出第一島鏈的侷限。就當前中共海軍艦艇成軍的速度和規模來看，國造的052C型、052D型飛彈驅逐艦陸續下水服役後，已逐步取代老舊的051型飛彈驅逐艦，成為艦隊中火力最強的艦艇。國造的054系列飛彈護衛艦也在通過各種驗證後進行量產、撥交艦隊服役，就目前的生產

[57] 林穎佑，《中共海軍現代化下的戰略》，頁39。

[58] 〈國防白皮書首提海外利益攸關區　維權鬥爭將長期存在〉，《人民網》。檢索日期：2016.1.25。http://www.ettoday.net/news/20131008/279693.htm

數量來看，未來將成為各艦隊的主要戰力。[59]繼039型傳統動力潛艦服役後，配備「絕氣推進系統」（Air- Independent Propulsion, AIP）的093A型傳統動力潛艦也悄悄生產列裝，新研發的093型核動力攻擊潛艦和094型核動力戰略飛彈潛艦也緊鑼密鼓地進行測試與評估，[60]岸基海軍航空兵隨著Su-30MK2、殲11B、殲轟7等新型戰轟機與各型指管、電戰及反潛等特種作戰機成軍，逐漸具備全天候戰備、區域與艦隊制空、水面打擊和戰場偵察監視及指揮管制能力，足以支援艦隊在東、南、黃海活動，甚至是跨島鏈軍事行動，[61]進而達到「掌握第二島鏈範圍內、西太平洋海域的控制權」的第二階段戰略目標。

中共積極投注海軍現代化後，已實質具備「近海防禦」戰略目標的充分條件。按照其訓練模式推估，達成第二階段目標也是指日可待。但就建立全球化海軍的第三階段目標，仍有現實上難以達成的因素。遠洋作戰不同於近海作戰，除要考量艦艇性能外，官兵的航海技術、艦隊作戰能力、通信和後勤保障等問題，都是決定是否具備遠洋作戰能力的重要指標。甫從「近岸海軍」思維破繭而出的中共海軍，雖無法立即躍升為全球性的遠洋海軍，但仍積極朝設定的夢想與願景前進。1997年春季，中共海軍派出2支由作戰艦與後勤艦艇組成的編隊（特遣艦隊），分赴東南亞與美洲四國（美國、墨西哥、秘魯與智利）進行訪問。這是中國自鄭和遠航後航程最遠的海上遠航。[62]此後，中共海軍藉由不定期的海外敦睦遠訪、宣慰僑胞等名義，培植海軍遠海航行能力，以期在遠航過程中累積海軍的遠洋戰力。然而具備基本的遠海航行能力，尚不等同於擁有遠洋作戰能力，仍需要透過實際的海外軍事行動、軍事演習，強化艦隊遠洋作戰的實務經驗。惟當時的國際環境，並不予允許中共大規模拓展遠洋海軍。自1978年鄧小平改革開放後，中共的經濟、軍事和綜合

59 〈第22艘054A型導彈護衛艦「湘潭艦」正式入列東海艦隊〉，《ETtoday東森新聞》。檢索日期：2016.1.25。http://www.ettoday.net/news/20160225/652429.htm

60 〈093型商級核能攻擊潛艦／094型晉級核能彈道導彈潛艦〉，《MDC》。檢索日期：2016.1.27。http://www.mdc.idv.tw/mdc/navy/china/plan_sub.htm

61 〈中國海軍在第一島鏈頻繁活動〉，《中評社》。檢索日期：2016.1.27。http://www.zhgpl.com/doc/1014/6/3/1/101463110.html?coluid=7&kindid=0&docid=101463110&mdate=1002082853

62 伯德納・柯爾（Bernard D. Cole）著，吳奇達、高中一、黃俊彥譯，〈中共的海軍戰略〉，《下下一代的共軍》，頁377。

國力突飛猛進，逐漸對傳統的舊勢力造成強烈壓迫感。1990年8月，日本雜誌《諸君》發表了日本防衛大學副教授村井友秀的文章〈論中國這個潛在的威脅〉，被視為是自冷戰以來「中國威脅論」最早的論述。[63]在「中國威脅論」發酵下的環境中，中共若貿然提升海軍遠洋化的進程勢必成為眾矢之的，使中共海軍發展的腳步更趨謹慎，也間接壓抑了中共海軍的發展。而2008年的亞丁灣護航對中共海軍而言，卻是一個千載難逢得以名正言順發展遠洋戰力的契機。

雖然海軍對執行亞丁灣護航的態度上有所保留，甚至提出反對的聲音，但就中共中央國家戰略層次的考量而言，亞丁灣的護航任務具有極高的政治價值。首先在國際社會接連呼應聲中，依據聯合國決議與授權出兵亞丁灣，除有利於消弭國際間對「中國威脅論」的質疑外，對受「中國威脅論」困擾的中共而言，更是一個「師出有名」、光明正大培植遠洋戰力的契機。在出兵的動機上，除擁有足夠的法理依據外，也可擺脫「主動干涉他國事務」的疑慮，有效降低出兵海外的負面形象，同時展現出積極維護國際安全的態度。其次，從中共海軍建軍發展的實務面考量，出兵維護航道安全，除可降低海盜對中共商船的威脅外，護航行動對中共艦隊的遠洋戰略願景具有以下幾點收穫：

1、磨練遠洋能力

讓中共海軍在遠離港口、缺乏基地保障的環境中，鍛練遠洋戰鬥、異地海域定期巡航與艦艇協同作戰能力，是一個遠洋海軍發展的必經之路。這也是海軍在艦艇性能與火力等硬體設施外，最重要的戰力指標之一。尤其是欲建立「藍水海軍」的中共海軍而言，這些都是必須具備的基本能力。然中共受到政治環境、海軍能力和政府決心等因素影響，長久以來缺少發展遠洋海軍的機會與助力，所以中共對海軍建立具全球化遠洋能力海軍的願景，才會謹慎地設定在2050年達成。亞丁灣護航任務是一次難得的契機，可使海軍在突破政治現實的情況下，光明正大赴海外磨練執行海外軍事行動的能力。

[63] 〈從民主黨之辯看日本的中國威脅論〉，《中評社》。檢索日期：2016.1.28。http://www.chinareviewnews.com/doc/1000/7/4/3/100074374.html?coluid=0&kindid=0&docid=100074374

2、促進溝通與理解

海軍是國際軍種，每一次海外的航行都可視為是一次外交行動。中共參與打擊索馬利亞海盜的行動，藉由艦隊打擊海盜、維護海上安全的實際行動，可增加與外國海軍在國際海事安全議題上合作交流的機會。此舉有助於國際社會對中共海軍的理解，進而降低「中國威脅論」論述的衝擊。另外也顯示中共決策者將打擊海盜與擴展軟實力放在同等重要的位置上，期待利用這個國際社會普遍認可的行動來推動改善中共國際形象，也讓中共海軍開始熟悉如何在海外扮演一個大國海軍的角色。[64]

中共透過聯合國安全理事會的決議，授權會員國可出兵協助索馬利亞政府打擊海盜的契機，名正言順將艦隊開赴亞丁灣海域，突破過去無法從事海外軍事訓練的困境。隨著國家經濟利益逐漸擴大化，中共雖然不斷對外宣稱無稱霸之野心，當「維護國家主權和海洋權益，維護戰略通道和海外利益安全」成為核心國家利益時，[65]中共勢必需要一隻強而有力的海軍，在必要時挺身維護海外利益。因此，不論是海軍的「三階段海洋戰略」或是攸關國家發展的「核心國家利益」，都不約而同地將海軍推向遠洋化的道路上。亞丁灣的護航任務，也就順勢成為海軍累積遠洋戰力的最佳場域。

（三）艦隊護航能力

「護航」是海軍作戰中極為重要的戰術作為，也是海軍傳統的作戰任務之一。中共《海軍大辭典》中對「護航」一詞的定義如下：

> 護航是海軍在戰時掩護海上交通線、保障海上交通運輸安全的作戰勤務。海軍兵力對己方在海上航行的艦船或艦船編隊進行護送或掩護的行動。

---

64 劉衛東著，〈索馬里護航，中國海軍的得與失〉，《黨員幹部之友雜誌》，2011年第12期（山東濟南：黨員幹部之友雜誌編輯部，2011年），頁42-43。

65 〈國防白皮書首提海外利益攸關區　維權鬥爭將長期存在〉，《人民網》。

目的是保障己方艦船或艦船編隊的安全，使其避免遭敵方海軍兵力襲擊。[66]

簡言之「護航」任務之目的，即是為了維持海上交通線暢通及保障資源運輸的安全。如前文所述，中共在經濟發展的過程中，源於國際貿易的比例日益增加、對石油進口的需求也不斷攀升。相較於空運和陸運，成本相對低廉的海運遂成為中共外貿的重要管道。當一個國家大量仰賴海上運輸時，商船隊、航運與隨之而來之海洋事務，對國家的繁榮與安全更顯得格外重要。有鑑於此，海軍保護商船航運的重要性，可謂僅次於海軍保護國土免受敵人入侵的使命。[67]因此，隨著航運與海外貿易的需求擴增，維護海上交通線安全逐漸成為中共海軍不得不認真思考的新課題。雖有學者認為劉華清對海軍戰略的階段區劃係以固定地理疆界作為標準，依舊是以大陸主義思維出發的觀點，[68]中共海軍的存在仍然是因「海防」需求而生存。但隨著對國際貿易和海外資源需求的增加，中共仍須正視海軍與經濟的連動性。雖然中共在未來是否會如美國一樣建立具全球性兵力投射能力的海軍，仍有待觀察，但就歷史的發展來看，當一個國家獲得全球經濟地位後的典型舉動，其中一項就是部署全球性海軍。事實上若考量中共現有的海軍部隊規模、排名領先全球的商船隊、造船工業與貨物裝卸港的規模，中共早已堪稱為世界海上強權之一。[69]

亞丁灣護航行動是中共磨練「護航」的最佳實習場域，也是讓海軍回歸海軍傳統價值與定位的契機。護航並不是單一艦艇能夠完成的任務，需要由艦隊（或特遣隊）多艘艦艇相互支援下完成，尤其為多艘船舶組成的船團護航更是如此。其中艦艇的調度、敵情的偵蒐、威脅的應處及如何護衛受保護目標等，都考驗著艦隊指揮官的指揮調度及艦隊官兵的作戰能力。這對欠缺實戰經驗的中共海軍而言，是極佳的一個訓練場。中共派遣海軍遠赴亞丁灣參與護航，至少可以獲得以下兩項成果：

---

66 張序三主編，《海軍大辭典》，頁50。

67 傑佛瑞・提爾（Geoffrey Till）著，李永悌譯，《21世紀海權》，頁155。

68 伯德納・柯爾（Bernard D. Cole）著，吳奇達、高中一、黃俊彥譯，〈中共的海軍戰略〉，《下下一代的共軍》，頁377。

69 伯德納・柯爾（Bernard D. Cole）著，李永悌譯，《亞洲怒海戰略》（台北市：國防部政務辦公室，2015），頁164-165。

1、以實戰代替訓練

亞丁灣海盜雖然凶狠猖獗，但面對擁有千噸級艦艇、火力強大的各國海軍，仍是以卵擊石。中共海軍若能利用反海盜作為護航演練，可在面對最小威脅與傷害的情況下，以實戰方式磨練編隊指揮官對艦艇指揮和調度能力，同時可加強編隊官兵臨戰時的抗壓性和緊急應對能力。尤其對自1974年西沙海戰和1988年314海戰（即赤瓜礁海戰）後未再經歷實戰的中共海軍而言，能以最小的資源與代價換取「護航」與海上軍事任務的實戰經驗，亞丁灣的護航行動，確實是個千載難逢、值得投資的良機。

2、觀摩與學習的可能性

在聯合國安理會的授權下，包含美國、英國及歐洲等傳統海軍強國在內的各國海軍，皆陸續派出艦艇前往索馬利亞海域執行打擊海盜任務。中共在近代海軍發展史上沒有豐富的海戰經驗，即便透過武器現代化進行改革，卻仍處於摸索與嘗試階段。加上外交政策上長期採取不結盟的孤立主義，[70]除定期與俄羅斯有較頻繁的軍事演習外，中共海軍只能透過訪問與低強度聯合演習的機會，觀摩並學習外國海軍的戰術戰法。亞丁灣的護航行動是自第二次世界大戰以來，少數由多國海軍於特定海域執行的共同性軍事任務。中共海軍若派遣部隊前往索馬利亞海域參與打擊海盜任務，將有機會透過與多國海軍的互動進行深入的學習與觀摩。

（四）小結

中共海軍繼承了中國傳統陸權的「海防」思維，又師承於前蘇聯海軍「陸軍作戰延伸」的用兵觀念，以致在劉華清重新定位中共海軍戰略前，海軍未曾受到中央軍委重視。隨著軍事思維的轉變，中共海軍依據劉華清規劃的「三階段海洋戰略」，逐步從近岸走向近海，更因為經濟上改革開放的引領，使國家利益漸漸從沿

70 〈鄧聿文：北京的外交變革與不結盟政策〉，《中評社》。檢索日期：2016.1.30。http://www.zhgpl.com/crn-webapp/mag/docDetail.jsp?coluid=0&docid=102812014

海拓展到海外。海上經濟對中共經濟發展的重要性極高，卻因為中共海軍艦隊實力不足且受到國際環境的壓迫，使中共在遠洋海軍建設上，步伐相當緩慢。雖然初期海軍內部對參與護航任務有所質疑與排斥，但在中共中央確認必須投入護航後，海軍反而因護航而獲得更大的實質利益。亞丁灣的護航行動適時給中共一個突破困境的利基點，讓中共海軍可以藉由執行海外任務的機會磨練遠洋航行和海外作戰的技術，同時也回頭思考海軍最初的本質，開始學習將海軍投入「海上交通線」的保障。出兵參與打擊海盜任務，進一步使中共海軍官兵得藉由低強度的海上威脅，來磨練其護航作戰經驗與能力。

四、結論

國際社會的公開呼籲（尤其是歐盟成員國）和潛在競爭者相繼表態，迫使中共不得不以聯合國安理會常任理事國身分加入打擊索馬利亞海盜的行動。從「中國威脅論」到「中國責任論」，中共的國際形象隨著國際與論的渲染和激辯而轉變，也影響了中共對外政策的思維。「中國責任論」的出現，正是使中共決策高層決定出兵亞丁灣的國際因素——藉由出兵亞丁灣的機會，中國得以展現身為一個「負責任大國」的態度。此決策也突顯出中共在初期是以「被動」的態度來面對亞丁灣出兵的議題。就現實面而言，隨著索馬利亞海盜劫船與襲擊事件不斷攀升，中國大陸籍船隻也逐漸成為攻擊目標。2008年11月，在短短的21天內中遠集團所屬的船舶就有20艘遭遇海盜襲擾。[71]由於涉及海外經濟貿易、石油運送和非洲航運業務的安全，使中共中央不得不嚴肅面對出兵亞丁灣的問題與可行性。縱使海軍內部在初期對亞丁灣護航任務有所質疑與擔憂，但經過海軍審慎評估後，反而認為出兵護航對海軍仍是「利大於弊」，最終在中共中央拍板定案下，決定出兵亞丁灣參與打擊海盜行動。綜合「國際因素」、「國家因素」和「海軍能力」三個層面的觀察，可以看出海軍在中共國家戰略中的角色與地位正隨著海洋經濟、海外國家利益的增加而轉

[71] 殷衛濱，〈困局與出路：海盜問題與中國海上戰略通道安全〉，《南京政治學院學報》，2009年第2期，第25卷（江蘇：中國人民解放軍南京政治學院，2009），頁57。

變。中共海軍對海權的實踐，開始跟隨馬漢對海權的見解前進，海軍不再是單純保衛海疆的武裝力量，而是維護經濟利益的堅強後盾。亞丁灣的打擊海盜任務，可視為中共海權觀念的轉化後的實踐。

第參章　中共護航發展

2008年12月20日中共國防部發言人胡昌明正式宣布，中共海軍將派遣由2艘驅逐艦和1艘油彈補給艦所組成的聯合艦隊，前往亞丁灣執行打擊索馬利亞海盜任務。[1] 2008年12月26日，中共首批護航編隊由海南三亞港解纜啟航。這是自1988年「赤瓜礁海戰」後，中共海軍再次執行的軍事行動。也是中共海軍建軍以來首次的海外作戰任務，更是中共第一次參與聯合國安理會授權的軍事行動。在無前例可循的情況下，包含航海計畫、護航模式、艦隊整補、交戰守則及艦隊作戰支援等問題，對海軍而言都是史無前例的挑戰。本章就2008年12月迄2021年12月，中共派出39批護航編隊護航模式與演變做深入的分析與探討。

一、編隊任務執行概況

2008年12月20日，中共國防部發言人胡昌明大校召開記者會，宣布中共近期將派遣艦船編隊前往索馬利亞海域執行打擊海盜任務，為中共海軍寫下歷史性的一頁。12月26日隸屬南海艦隊的052B型驅逐艦（DDG-169）「武漢號」與052C型驅逐艦（DDG-171）「海口號」及903型綜合油彈補給艦（AOE-887）「微山湖號」，搭載了包含海軍特戰隊員在內的800餘名官兵，在編隊指揮官杜景臣少將（時任南海艦隊參謀長）率領下，由海南三亞港啟航前往索馬利亞海域。[2]自2008年12月至2021年9月的13年間，中共海軍總共派遣了39批編隊執行護航任務，護航編隊任務執行情況概述如下：

1　〈中國決定派軍艦赴索馬里執行護航任務26日啟航〉，《中國政府網》。
2　〈中國決定派軍艦赴索馬里執行護航任務26日啟航〉，《中國政府網》。

（一）編隊任務區域

自聯合國安理會2008年做出第1816號、第1838號決議後，美國、北約、歐盟等國家及國際組織，先後組織護航編隊赴亞丁灣海域實施護航。各國海軍護航兵力通常在「國際推薦通行航道」（Internationally Recommended Transit Corridor，IRTC）[3]保持6至8艘艦艇的護航兵力巡弋。[4]中共首批編隊開始執行護航任務起即捨棄行駛國際推薦通行航道，而是於國際推薦通行航道北方規劃一條與其平行的航道執行護航任務。此外，中共在亞丁灣東、西兩端分別設立了代號為會合「A點」與「B點」的船舶集結點。A點位於亞丁灣東端，B點則位於亞丁灣西端。作為不同航向的船舶集合與解散點，這兩個會合點同時也是中共劃設護航航道的啟航與結束點，[5]中共護航航道A點及B點設立情況如下：

1、A點：

會合A點設在亞丁灣東部的索柯特拉島（Socotra）北側，位置為北緯14度50分，東經53度50分（14°50'00"N，53°50'00"E）。[6]商船航至這個區域可向北進入阿曼灣（Gulf of Oman），通過荷姆茲海（Hormuz Strait）抵達波斯灣；也可向東北航經阿拉伯海（Arabian Sea）抵達巴基斯坦及印度；向東南航行穿越印度洋

---

3 「國際推薦通行航道」：為2009年由歐盟「非洲之角海事安全中心」所劃設的專屬航道。IRTC航道分為東向與西向兩條航道，每條航道寬約5浬，另設有2浬的緩衝區。

（1）東航道（The East bound）：航道起點位於東經45度線，北端為北緯11度53分，南端為北緯11度48分；結束點為東經53度線，北端為北緯14度23分，南端為北緯14度18分，航向為27度，由西南向東北行駛。

（2）西航道（The West bound）：航道起點位於東經53度線，北端為北緯14度30分，南端為北緯14度25分；結束點為東經45度線，北端為北緯12度，南端為北緯11度55分，航向為252度，由東北向西南行駛。

資料來源："Internationally Recommended Transit Corridor", *NATO Shipping Centre*. 檢索日期：2015.10.05。http://www.shipping.nato.int/operations/OS/Pages/GroupTransit.aspx

4 〈亞丁灣上　海納百川——中國海軍第三批護航編隊護航期間對外交流紀實〉，《新華網》。檢索日期：2015.10.05。http://news.xinhuanet.com/mil/2009-12/03/content_12583027.htm

5 柏子、靳航，《護航亞丁灣——沉思錄》，頁10。

6 〈中國海軍第五批護航編隊調整亞丁灣東口會合點〉，《中國政府網》。檢索日期：2015.10.10。http://big5.gov.cn/gate/big5/www.gov.cn/jrzg/2010-07/02/content_1643959.htm

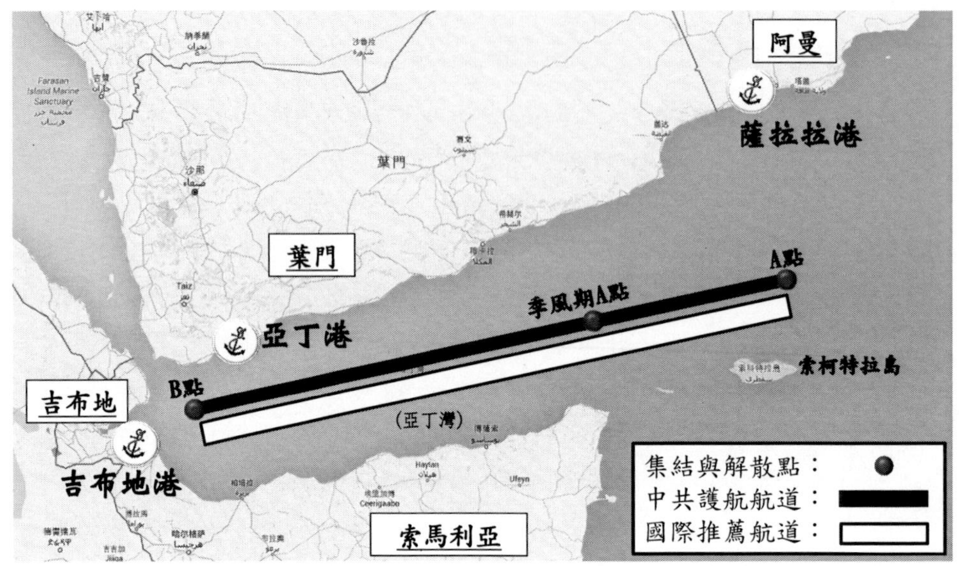

圖3-1　中共亞丁灣護航航道圖

製圖：黃丞佑　2021.08.14

資料來源：《護航亞丁灣——沉思錄》、中國政府網。

後則可抵達澳大利亞。由於向西穿越亞丁灣的商船大多會航經此處，故中共海軍將此區域設為橫越亞丁灣的船舶會合與解散點。[7]

2、B點：

會合B點位於曼德海峽（The Mandab Strait）分道通航帶東端，位置為北緯11度52分，東經44度12分（11°52’00”N，44°12’00”E）。[8]B點是蘇伊士運河（Suez Cana）南下，經紅海駛進亞丁灣向東航行的各國船舶必經之地。[9]故中共在此設立會合點，有利於經亞丁灣進入印度洋之船舶護航集結。

7　柏子、靳航，《護航亞丁灣——沉思錄》，頁11。

8　〈中國海軍亞丁灣護航路線簡介〉，《鐵血網》。檢索日期：2015.10.15。http://m.toutiaojunshi.com/Home/ArtDetailed/194517

9　柏子、靳航，《護航亞丁灣——沉思錄》，頁13。

海象穩定時，A點至B點距離約608浬（約1,126公里）。當7至9月印度洋進入西南季風期，亞丁灣東部海域風急浪大，海盜的小艇難以在該海域活動。此時A點會向西調整至北緯14度，東經51度（14°00’00”N，51°00’00”E），調整後A、B兩點的距離，則縮短為433浬。[10]

（二）編隊護航期程

中共護航編隊於索馬利亞海域執行護航任務，每次期程約為4個月。前批任務期程屆滿前，接替的編隊艦艇由母港啟航前往任務海域接替防務。接防艦艇到達任務海域完成任務交接儀式後，新、舊編隊艦艇將共同由護航A點護航船舶至B點，執行為期約2至3天的聯合護航任務。[11]到達B點後新、舊編隊進行分航，正式完成防務移交。原編隊結束防務返航歸國，新到任編隊則開始獨力執行護航任務。

以首批護航編隊為例：2008年12月26日由三亞港啟航，2009年1月6日駛抵索馬利亞亞丁灣海域展開海盜打擊任務。第二批護航編隊在編隊指揮官麼志樓少將（時任南海艦隊副司令員）率領下，於2009年4月2日由廣東湛江港啟航。4月13日駛抵亞丁灣與首批編隊會合，15日於武漢艦上完成任務交接儀式後，兩編隊共同執行為期3天的聯合護航任務。18日武漢及海口號驅逐艦與第二批編隊分航返國，結束為期4個月的護航任務。油彈補給艦微山湖號則加入第二批編隊，繼續執行護航海上整補任務。[12] 28日首批護航編隊駛返海南三亞港歸建。

（三）編隊艦艇組成

中共護航編隊是以「海上編隊」（Maritime Formation）的形式編成，[13]其性

---

[10] 柏子、靳航，《護航亞丁灣——沉思錄》，頁10。

[11] 〈海軍第十四和十五批護航編隊執行聯合護航任務〉，《鳳凰網》。檢索日期：2015.10.15。http://news.ifeng.com/mil/bigpicture/detail_2013_08/23/28937654_0.shtml#p=1

[12] 〈中國第二批赴索馬里護航編隊與「微山湖」艦會合〉，《中國網》。檢索日期：2015.10.20。http://www.china.com.cn/military/txt/2009-04/12/content_17589698.htm

[13] 海上編隊（Maritime Formation）：海軍兩艘以上艦艇或兩個以上的戰術群組成的兵力編組。其兵力編成，通常根據任務需要而定。可由相同類型或不同類型、同一建置或不同建置的艦艇組成。由不同建置的艦艇組成時，編隊指揮員由上級指派。海軍兵力通常在執行遠航訓練、科學試驗、出國訪問等任務時，通常也採用海上編隊的編組形式。

質類似我國的「特遣支隊」。[14]編隊艦艇編制採2艘作戰艦艇搭配1艘補給艦組成為原則。另為滿足任務上快速機動作戰的需要，同時納編艦載直升機與海軍特戰人員隨行。此外，因應特殊任務需要也彈性納編不同兵力加入。例如海軍在第六批護航編隊中，就納編了氣墊船作為海上機動巡邏載具。以下針對各型艦艇的運用進行說明：

1、編隊作戰艦

編隊作戰艦運用方面，除首批編隊採用2艘驅逐艦的編組模式外，後續批次編隊多採驅逐艦、護衛艦各1艘混合編組，或以2艘護衛艦模式組成。在艦型選派上，除由北海艦隊所承接的第十四和第十六批編隊任務中，納編早期的052型驅逐艦及053H3型護衛艦外，護航任務多由051B型、052B型、052C型驅逐艦及054型及054A型護衛艦等新一代中共自製艦艇擔綱。052D型驅逐艦則於第三十三批編隊開始，陸續加入亞丁灣護任務編組中。此外編隊也運用中共自製海直9型艦載直升機與俄製Ka-28艦載直升機，執行編隊空中偵察和特戰部隊機動打擊任務。值得一提的是，南海艦隊自第六批護航編隊起開始嘗試將新成軍的071型船塢登陸艦納入編隊任務中。南艦所屬（LSD-998）「崑崙山號」、（LSD-999）「井岡山號」及（LSD-989）「長白山號」等3艘艦艇，分別於第六、第十五及第十八批編隊執行護航任務。期間中共除使用艦載直升機從事機動偵察和機動打擊外，更運用中共自製的726級中型氣墊船執行海上護航巡邏戒護。[15]

張序三主編，《海軍大辭典》，頁73。

[14] 特遣支隊：「為海軍特遣部隊之下一級單位，亦可依需要單獨設置，通常僅負責執行某項特定任務。」海軍因任務需要，可將艦艇編成支隊、區隊和分隊等任務編組。通常分隊是由2艘（含）以上艦艇組成；區隊由2個（含）分隊組成（至少4艘艦艇）；支隊則為2個（含）以上的區隊組成（至少下轄8艘艦艇）。另為因應特定任務需求編成支隊，只要有編設支隊長、完整的參謀群足以協助任務遂行，就算艦艇數量不符合支隊艦艇規定數目，仍可以稱為支隊。例如每年搭載海軍官校畢業生出國從事海上實習、宣慰僑胞任務的「海軍敦睦遠航支隊」，即固定由2艘作戰艦搭配1艘油彈補給艦組成。

[15] 〈中國最大戰艦搭載新型氣墊艇在亞丁灣海域巡邏警戒〉，《新華網》。檢索日期：2015.10.25。http://news.xinhuanet.com/world/2010-09/03/c_12516017.htm

2、編隊補給艦艇

中共海軍每批護航編隊固定會納編1艘隸屬該艦隊的補給艦，擔任編隊油彈補給及後勤支援任務。在艦艇運用上，除南海艦隊依任務需要曾多次納編908型油彈補給艦（AOR-885）「青海湖號」[16]支持護航任務外，編隊補給艦均由新型的903型及903A型油彈補給艦擔綱。903/903A型油彈補給艦為中共自製的新一代油彈補給艦，首艘（AOE-887）「微山湖號」於2004年撥交南海艦隊服役，自2008年起即擔負海軍首批護航編隊油彈補給任務。首批至第十批編隊因配合編隊任務艦隊輪值調度，固定由1艘油彈補給艦連續執行2批次護航補給任務，每艘補給艦均在亞丁灣駐防8個月，待下一批次不同艦隊的補給艦接防後，方解除任務返國歸建。惟第十一批編隊起，補給艦連續輪值慣例開始進行調整。除原有駐防模式外，補給艦在完成一批次編隊補給任務後，即跟隨編隊作戰艦返航，甚至多次納編不同艦隊的補給艦，跨艦隊擔綱編隊補給任務。

3、其他艦艇

自第一批護航編隊編組成形後，2艘作戰艦搭配1艘補給艦的組合，便成為編隊固定編組模式。中共海軍經過多年的運作後，開始依據任務需要在執行護航過程中靈活搭配不同艦艇執行特殊任務。例如中共第四批護航編隊任務期間，曾增派遣054A型護衛艦（DEG-568）「巢湖號」（後改艦名：衡陽號）[17]加入編隊，至第五批護航編隊結束任務後才歸建；此外，海軍醫療船（AH-866）「和平方舟號」

---

[16] 青海湖號遠洋補給艦（AOR-885）：於1992年11月6日購自烏克蘭，1993年5月1日拖回大連造船廠進行最後組裝工程，1996年撥交南海艦隊服役，是中共海軍唯一一艘908型遠洋補給艦，也是目前噸位最大的補給艦。但受制於最高航速16節的限制，無法成為艦隊補給艦的第一首選。
資料來源：〈青海湖號油彈補給艦〉，《MDC》。檢索日期：2015.10.25。http://www.mdc.idv.tw/mdc/navy/china/aoe885.htm

[17] 依據《海軍艦艇命名條例》規定，中共海軍驅逐艦、護衛艦是以中國的大、中型城市名作為艦艇名稱。054A型護衛艦就是以大陸省會、地級市名稱來命名。2011年因安徽省巢湖市遭國務院撤銷、分割為三個區塊後，分別併入合肥、蕪湖、馬鞍山等市。DEG-568巢湖艦亦配合地級市異動，於2012年2月更改艦名為「衡陽艦」。原「巢湖艦」艦名稱，改由以湖泊名稱命名的新造093型綜合補給艦的第4艘艦使用。

也先後於2010年及2013年赴亞丁灣配合第六及第十四批護航編隊執行「和諧使命2010」及「和諧使命2013」海外醫療任務；2013至2015年間更派遣091型核子動力攻擊潛艦以「護航」之名義，前往亞丁灣從事巡航任務，顯見中共在護航任務的兵力運用上，逐漸朝「功能性」和「任務性」方向發展。

（四）艦隊輪值模式

中共海軍護航編隊系由中共海軍北、東、南三大艦隊輪流派遣艦艇組成，任務編組以各艦隊為指揮主體，編隊艦艇由該艦隊下轄艦艇抽調編成。編隊指揮官分由各艦隊派遣大校至少將編階的高階軍官擔任編隊指揮員，從艦隊裝備部長、副參謀長至艦隊副司令都曾出任編隊指揮官一職。編隊任務的派遣，依據隸屬艦隊的派遣模式不同約可分為兩個階段。第一階段自首批編隊起至第十批護航編隊止；第二階段則由第十一批編隊迄今。兩個階段的差異主要為艦隊任務派遣及艦隊輪替模式不同，以下就這兩個階段的輪值情況加以說明：

1、第一階段（2008至2011年）：

此階段的護航編隊分由中共海軍東海與南海艦隊輪流承接護航任務，北海艦隊並未納入任務輪值中。輪值方式是由單一艦隊挑選麾下作戰艦艇與補給艦，混合組成護航編隊前往亞丁灣執行護航任務，待4個月任務期程屆滿前，由同艦隊再派遣兩艘作戰艦前往亞丁灣接替防務；任務交接後原駐防的作戰艦艇即返航歸建，補給艦則編入接防的編隊中繼續執行護航任務。待4個月任務結束後，由另一支艦隊派遣的護航編隊接防，原駐防艦艇才完成單一艦隊連續兩批次、為期8個月的護航任務返國歸建。

2、第二階段（2012年迄今）：

在東海與南海艦隊先後完成十批次護航任務後，北海艦隊自第十一批編隊起開始納入護航編隊輪值。此時期不再由單一艦隊連續派遣2批次編隊執行任務，而是改由三大艦隊接續輪調。每個艦隊執行1批次的護航任務後，即由下一個輪值艦隊派艦艇接替防務。編隊補給艦也不再連續執行兩批次任務，而是依據任務需要實施調度。過程中更曾編組不同艦隊的補給艦與作戰艦，採取跨艦隊混合編組模式執行護航任務。

（五）海外敦睦訪問

中共第二批護航編隊結束亞丁灣護航任務後，於歸程中先後前往巴基斯坦及印度從事敦睦訪問，開啟了護航編隊外訪的序幕，友好訪問也成為後續護航編隊返國前，最為重要的附加任務之一。2008至2021年間，中共39批次的護航編隊於13年內陸續前往東南亞、南太平洋、中東、非洲、地中海及歐洲等地區訪問，先後造訪了50多個國家。中共第二十批護航編隊更在2015年結束護航任務後，破天荒地進行環球訪問。這不僅是中共護航編隊首次的環球訪問，更是編隊首次前往美國訪問。[18] 海外訪問除具有宣慰僑胞、宣揚國威的意義外，亞丁灣護航編隊透過頻密的海外訪問、配合適切的公關宣傳，無形中建立中共海軍「仁義之師」與「和平友好」的形象。此外，在異國海域活動的過程中，也讓艦隊官兵熟悉世界各國不同的水域、航道，對於中共海軍未來的遠洋化、執行海外任務帶來實質性的幫助。

（六）小結

中共海軍執行亞丁灣護航任務，從護航航道、航程和操作模式等，可看出具有極高的「獨立性」。從護航期程到艦隊輪值模式，可發現中共海軍從最初的「摸著石頭過河」到後期「穩定與制度化」；再從艦艇的組成與派遣模式，透露出中共海軍透過各種搭配組合來驗證艦艇編組的「靈活性」。最後由積極從事海外訪問的過程中可以看出，中共海軍的視野已脫離近海的海平線，朝向「放眼全世界」的雄心與遠望。上述現象我們可看出，中共海軍期透過亞丁灣的護航行動，將中共海軍從「積極防禦」的「綠水海軍」躍升為足以適應遠洋作戰並維護海外利益的「藍水海軍」。

---

[18] 〈中國海軍第二十批護航編隊開始環球訪問〉，《新華網》。檢索日期：2015.11.09。http://news.xinhuanet.com/mil/2015-08/24/c_128157730.htm

二、護航機制與作戰模式

各國相繼投入亞丁灣海盜打擊行動，其設定的任務目的和作業模式皆有所不同。雖均以遏止海盜劫掠行動為目的，但部分國家著重於為過往船舶提供護航任務；部分國家則專注於對海盜採取機動打擊與緝捕。而中共護航編隊主任務目標為「保護亞丁灣海域船舶航行安全」，次要工作才是打擊海盜與緝捕工作。目前世界

表3-1　中共亞丁灣各批次護航編隊一覽表

編隊批次	隸屬艦隊	啓（返）航港口	啓航日期	護航期程	返港日期	編隊指揮官
第一批編隊	南海艦隊	海南三亞	2008.12.26	2009.01.06 | 2009.04.16	2009.04.28	杜景臣少將（南艦參謀長）
第二批編隊		廣東湛江	2009.04.02	2009.04.13 | 2009.08.02	2009.08.21	麼志樓少將（南艦副司令員）
第三批編隊	東海艦隊	浙江舟山	2009.07.16	2009.07.30 | 2009.11.29	2009.12.20	王志國少將（東艦副司令員）
第四批編隊		浙江舟山	2009.10.30	2009.11.14 2010.03.31	2010.04.23	邱延鵬少將（東艦副參謀長）
第五批編隊	南海艦隊	海南三亞	2010.03.04	2010.03.15 | 2010.07.18	2010.09.11	張文旦大校（南艦副參謀長）
第六批編隊		廣東湛江	2010.06.30	2010.07.14 | 2010.11.22	2011.01.07	魏學義少將（南艦參謀長）

各國派遣艦艇執行護航任務，不管是獨立護航的單一國家艦艇或是由多國艦艇組成的聯合艦隊，多集中在MSCHOA劃設的國際推薦通行航道周邊水域活動。中共護航艦隊自首批護航編隊起，即捨棄航行IRTC的構想，另外開闢專屬航道，並建立獨特的護航模式。經過10餘年的運作與調整，中共的護航編隊已成為目前亞丁灣不可或缺的安全保障。

編隊納編艦艇	艦船型號	訪問國家及地區
武漢艦（DDG-169）	052B型	未從事訪問
海口艦（DDG-171）	052C型	
微山湖艦（AOE-887）	903型	
深圳艦（DDG-167）	051B型	巴基斯坦及印度
黃山艦（DEG-570）	054A型	
微山湖艦（AOE-887）	903型	
舟山艦（DEG-529）	054A型	新加坡、馬來西亞及香港
徐州艦（DEG-530）	054A型	
千島湖艦（AOE-886）	903型	
馬鞍山艦（DEG-525）	054型	阿拉伯聯合大公國、斯里蘭卡及菲律賓
溫州艦（DEG-526）	054型	
千島湖艦（AOE-886）	903型	
衡陽艦（DEG-568）【註1】	054A型	
廣州艦（DDG-168）	052B型	埃及、義大利、希臘及緬甸
衡陽艦（DEG-568）【註1】	054A型	
微山湖艦（AOE-887）	903型	
崑崙山艦（LSD-998）	071型	沙烏地阿拉伯、巴林、斯里蘭卡及印尼
蘭州艦（DDG-170）	052C型	
微山湖艦（AOE-887）	903型	

編隊批次	隸屬艦隊	啓（返）航港口	啓航日期	護航期程	返港日期	編隊指揮官	
第七批編隊	東海艦隊	浙江舟山	2010.11.02	2010.11.17 | 2011.03.22	2011.05.09	張華臣少將 （東艦副司令員）	
第八批編隊		浙江舟山	2011.02.21	2011.03.15 | 2011.07.25	2011.08.28	韓小虎大校 （東艦副參謀長）	
第九批編隊	南海艦隊	廣東湛江	2011.07.02	2011.07.21 | 2011.11.21	2011.12.24	管建國少將 （南艦副參謀長）	
第十批編隊		廣東湛江	2011.11.02	2011.11.15 | 2012.03.21	2012.05.05	李士紅少將 （南艦副參謀長）	
第十一批編隊	北海艦隊	山東青島	2012.02.27	2012.03.15 | 2012.07.23	2012.09.13	楊駿飛少將 （北艦副參謀長）	
第十二批編隊	東海艦隊	浙江舟山	2012.07.03	2012.07.18 | 2012.11.27	2013.01.19	周煦明少將 （東艦副參謀長）	
第十三批編隊	南海艦隊	廣東湛江	2012.11.09	2012.11.22 | 2013.03.18	2013.05.23	李曉岩少將 （南艦副參謀長）	
第十四批編隊	北海艦隊	山東青島	2013.02.16	2013.03.13 | 2013.08.26	2013.09.28	袁譽柏少將 （北艦參謀長）	
第十五批編隊	南海艦隊	廣東湛江	2013.08.08	2013.08.21 | 2013.12.23	2014.01.23	姜中華少將 （南艦裝備部部長）	

	編隊納編艦艇	艦船型號	訪問國家及地區
	舟山艦（DEG-529）	054A型	坦尚尼亞、南非、塞席爾及新加坡
	徐州艦（DEG-530）	054A型	
	千島湖艦（AOE-886）	903型	
	馬鞍山艦（DEG-525）	054型	卡達及泰國
	溫州艦（DEG-526）	054型	
	千島湖艦（AOE-886）	903型	
	武漢艦（DDG-169）	052B型	汶萊、科威特、阿曼及新加坡
	玉林艦（DEG-569）	054A型	
	青海湖艦（AOR-885）	908型	
	海口艦（DDG-171）	052C型	莫三比克、泰國及香港
	運城艦（DEG-571）	054A型	
	青海湖艦（AOR-885）	908型	
	青島艦（DDG-113）	052型	烏克蘭、羅馬尼亞、保加利亞、土耳其及以色列
	煙臺艦（DEG-538）	054A型	
	微山湖艦（AOE-887）	903型	
	益陽艦（DEG-548）	054A型	澳洲及越南
	常州艦（DEG-549）	054A型	
	千島湖艦（AOE-886）	903型	
	黃山艦（DEG-570）	054A型	馬爾他、阿爾及利亞、摩洛哥、葡萄牙及法國
	衡陽艦（DEG-568）	054A型	
	青海湖艦（AOR-885）	908型	
	哈爾濱艦（DDG-112）	052型	塞席爾、泰國及新加坡
	綿陽艦（DEG-528）	053H3型	
	微山湖艦（AOE-887）	903型	
	井岡山艦（LSD-999）	071型	坦尚尼亞、肯亞及斯里蘭卡
	衡水艦（DEG-572）	054A型	
	太湖艦（AOE-889）	903A型	

編隊批次	隸屬艦隊	啓（返）航港口	啓航日期	護航期程	返港日期	編隊指揮官	
第十六批編隊	北海艦隊	山東青島	2013.11.30	2013.12.18 | 2014.04.24	2014.07.18	李鵬程大校 （北艦副參謀長）	
第十七批編隊	東海艦隊	浙江舟山	2014.3.24	2014.04.18 | 2014.08.28	2014.10.22	黃新建少將 （東艦副參謀長）	
第十八批編隊	南海艦隊	廣東湛江	2014.08.01	2014.08.19 | 2014.12.26	2015.03.19	張傳書少將 （南艦副參謀長）	
第十九批編隊	北海艦隊	山東青島	2014.12.02	2014.12.20 | 2015.04.24	2015.07.09	姜國平少將 （北艦副參謀長） （北艦參謀長） 【註2】	
第二十批編隊	東海艦隊	浙江舟山	2015.04.03	2015.04.24 | 2015.08.22	2016.02.05	王建勛大校 （東艦副參謀長）	
第二十一批編隊	南海艦隊	海南三亞	2015.08.04	2015.08.22 | 2016.01.03	2016.03.08	俞滿江少將 （南艦副參謀長）	
第二十二批編隊	北海艦隊	山東青島	2015.12.06	2015.12.29 | 2016.05.02	2016.06.30	陳強南少將 （北艦裝備部部長）	
第二十三批編隊	東海艦隊	浙江舟山	2016.04.07	2016.04.27 | 2016.09.05	2016.11.01	王红理大校 （東艦副參謀長）	
第二十四批編隊	北海艦隊	山東青島	2016.08.10	2016.08.31 | 2017.01.05	2017.03.08	柏耀平大校 （北艦副參謀長）	

編隊納編艦艇	艦船型號	訪問國家及地區
鹽城艦（DEG-546）	054A型	突尼西亞、塞內加爾、象牙海岸、奈及利亞、喀麥隆、安哥拉、納米比亞及南非
洛陽艦（DEG-527）	053H3型	
太湖艦（AOE-889）	903A型	
長春艦（DDG-150）	052C型	約旦、阿拉伯聯合大公國、伊朗及巴基斯坦
常州艦（DEG-549）	054A型	
巢湖艦（AOE-890）	903A型	
長白山艦（LSD-989）	071型	英國、德國、荷蘭、法國及希臘
運城艦（DEG-571）	054A型	
巢湖艦（AOE-890）	903A型	
臨沂艦（DEG-547）	054A型	土耳其、克羅埃西亞及義大利
濰坊艦（DEG-550）	054A型	
微山湖艦（AOE-887）	903型	
濟南艦（DDG-152）	052C型	蘇丹、埃及、丹麥、芬蘭、波蘭、瑞典、葡萄牙、美國、古巴、墨西哥、澳洲、東帝汶及印尼等16國
益陽艦（DEG-548）	054A型	
千島湖艦（AOE-886）	903型	
三亞艦（DEG-574）	054A型	巴基斯坦、斯里蘭卡、孟加拉、印度、泰國及柬埔寨
柳州艦（DEG-573）	054A型	
青海湖艦（AOR-885）	908型	
青島艦（DDG-113）	052型	南非、坦尚尼亞及韓國
大慶艦（DEG-576）	054A型	
太湖艦（AOE-889）	903A型	
舟山艦（DEG-529）	054A型	德國、緬甸、馬來西亞、柬埔寨及越南
湘潭艦（DEG-531）	054A型	
巢湖艦（AOE-890）	903A型	
哈爾濱艦（DDG-112）	052型	沙烏地阿拉伯、卡達、阿拉伯聯合大公國、科威特及巴基斯坦
邯鄲艦（DEG-579）	054A型	
東平湖艦（AOE-960）	903A型	

編隊批次	隸屬艦隊	啓（返）航港口	啓航日期	護航期程	返港日期	編隊指揮官
第二十五批編隊	南海艦隊	廣東湛江	2016.12.17	2017.01.02 ｜ 2017.04.21	2017.07.12	趙紀成少將（南艦航空兵副司令員）
第二十六批編隊	東海艦隊	浙江舟山	2017.04.01	2017.04.21 ｜ 2017.08.23	2017.12.01	王仲才少將（東艦廈門水警區司令員）（東艦副參謀長）【註3】
第二十七批編隊	南海艦隊	海南三亞	2017.08.01	2017.08.23 ｜ 2017.12.26	2018.03.18	黃鳳志少將（南艦副參謀長）
第二十八批編隊	北海艦隊	山東青島	2017.12.03	2017.12.26 ｜ 2018.05.01	2018.08.09	吳楝柱大校（北艦副參謀長）
第二十九批編隊	東海艦隊	浙江舟山	2018.04.04	2018.04.28 ｜ 2018.09.03	2018.10.04	靳航大校（東艦某登陸艦支隊支隊長）
第三十批編隊	北海艦隊	山東青島	2018.08.06	2018.09.01 ｜ 2018.12.24	2019.01.27	許海華少將（北艦副參謀長）
第三十一批編隊	南海艦隊	廣東湛江	2018.12.09	2018.12.24 ｜ 2019.05.01	2019.07.11	邵曙光大校（南艦某驅逐艦支隊支隊長）
第三十二批編隊	東海艦隊	浙江舟山	2019.04.04	2019.04.28 ｜ 2019.09.15	2019.10.29	趙衛東大校（東艦某驅逐艦支隊參謀長）
第三十三批編隊	北海艦隊	山東青島	2019.08.29	2019.09.15 ｜ 2020.01.19	2020.03.25	李烈大校（北艦某驅逐艦支隊支隊長）

	編隊納編艦艇	艦船型號	訪問國家及地區
	衡陽艦（DEG-568）	054A型	馬達加斯加、澳洲、紐西蘭及萬那杜
	玉林艦（DEG-569）	054A型	
	洪湖艦（AOE-963）	903A型	
	黃岡艦（DEG-577）	054A型	比利時、丹麥、英國及法國
	揚州艦（DEG-578）	054A型	
	高郵湖艦（AOE-966）	903A型	
	海口艦（DDG-171）	052C型	阿爾及利亞、突尼西亞、摩洛哥及南非
	岳陽艦（DEG-575）	054A型	
	青海湖艦（AOR-885）	908型	
	鹽城艦（DEG-546）	054A型	西班牙、加納、喀麥隆、加彭及南非
	濰坊艦（DEG-550）	054A型	
	太湖艦（AOE-889）	903A型	
	濱州艦（DEG-515）	054A型	德國、波蘭、希臘、西班牙、法國及義大利
	徐州艦（DEG-530）	054A型	
	千島湖艦（AOE-886）	903型	
	蕪湖艦（DEG-539）	054A型	柬埔寨及菲律賓
	邯鄲艦（DEG-579）	054A型	
	東平湖艦（AOE-960）	903A型	
	崑崙山艦（LSD-998）	071型	澳大利亞
	許昌艦（DEG-536）	054A型	
	駱馬湖艦（AOE-964）	903A型	
	西安艦（DDG-153）	052C型	莫三比克、馬來西亞
	安陽艦（DEG-599）	054A型	
	高郵湖艦（AOE-966）	903A型	
	西寧艦（DDG-117）	052D型	阿拉伯聯合大公國、孟加拉、泰國
	濰坊艦（DEG-550）	054A型	
	可可西里湖艦（AOE-968）	903A型	

編隊批次	隸屬艦隊	啓（返）航港口	啓航日期	護航期程	返港日期	編隊指揮官	
第三十四批編隊	南海艦隊	海南三亞	2019.12.23	2020.01.17 ｜ 2020.05.21	2020.06.10	葉丹大校 （南艦某防險救生支隊支隊長）	
第三十五批編隊	東海艦隊	浙江舟山	2020.04.28	2020.05.19 ｜ 2020.09.23	2020.10.14	王明勇大校 （東部戰區廈門水警區司令員）	
第三十六批編隊	北海艦隊	山東青島	2020.09.03	2020.09.23 ｜ 2021.01.31	2021.03.05	夏子明大校 （東艦某驅逐艦支隊參謀長）	
第三十七批編隊	南海艦隊	海南三亞	2021.01.16	2021.01.31 ｜ 2021.06.07	2021.06.29	王占武大校 （南艦某某驅逐艦支隊政委）	
第三十八批編隊	東海艦隊	浙江舟山	2021.05.15	2021.06.07 ｜ 2021.10.17	2021.11.15	石偉林大校 （南艦某某驅逐艦支隊政委）	
第三十九批編隊	北海艦隊	山東青島	2021.09.26	2021.10.17 ｜ 2022.02.06	2022.03.09	劉博大校 （待查證）	

製表：黃丞佑　2022.03.12
資料來源：中共國防部、人民日報、解放軍報、中評社

編隊納編艦艇	艦船型號	訪問國家及地區
銀川艦（DDG-175）	052D型	未執行（因COVID-19疫情）
運城艦（DEG-571）	054A型	
微山湖艦（AOE-887）	903型	
太原艦（DDG-131）	052D型	未執行（因COVID-19疫情）
荊州艦（DEG-532）	054A型	
巢湖艦（AOE-890）	903A型	
貴陽艦（DDG-119）	052D型	未執行（因COVID-19疫情）
棗莊艦（DEG-542）	054A型	
東平湖艦（AOE-960）	903A型	
長沙艦（DDG173）	052D型	未執行（因COVID-19疫情）
玉林艦（DEG-569）	054A型	
洪湖艦（AOE-963）	903A型	
南京艦（DDG-155）	052D型	未執行（因COVID-19疫情）
揚州艦（DEG-578）	054A型	
高郵湖艦（AOE-966）	903A型	
烏魯木齊艦（DDG-118）	052D型	未執行（因COVID-19疫情）
煙臺艦（DEG-538）	054A型	
太湖艦（AOE-889）	903A型	

註1：「衡陽艦（DEG-568）」最初被命名為「巢湖艦」，後因安徽省巢湖市於2011年8月22日被撤銷地級市行政編制，故該艦於2012年2月28日改名為「衡陽艦」。

註2：原北海艦隊副參謀長姜國平少將，於2015年4月任職第十九批亞丁灣護航編隊指揮員任內，調任北海艦隊參謀長。

註3：原東海艦隊廈門水警區司令員王仲才大校，於2017年6月任職第二十五批亞丁灣護航編隊指揮員任内，調任東海艦隊副參謀長並於同年七月晉任少將軍銜。

（一）護航作業與機制

在亞丁灣的中共海軍，主要任務是提供往來亞丁灣海域的船舶航行安全，將各國船舶組成船團，由海軍艦艇護衛船隊通過海盜活動頻繁的水域。因中共堅持不航行國際推薦通行航道，故航程中船團僅有中共護航編隊的艦艇保護。如何維持編隊船團的一致性與整體性，遂成為編隊官兵所要面臨的重要課題。將性能相異的各式船舶集結，既要船團以最快的速度通過亞丁灣，又要避免航速較慢的船舶落單，兩者間如何取得平衡是護航編隊最大的難題。因此每艘船舶詳盡的基本資料，即成為成船團編組的重要參考依據。中共為方便各國船務公司及船舶提出護航申請，除定期於網路上公布護航編隊資訊外，也將申請程序制度化，便於商船申請加入船團，申請程序與規定如下：

1、提出護航申請

中共海軍在亞丁灣規劃的A、B點座標以及每月的護航計畫，均透過「水星網」（Mercury system）[19]向世界各國商船公布。而中共國內的船舶除了可以透過中共交通部官方網站及「中國船東協會」網站的公告獲得護航訊息外，各船務公司也會轉發護航編隊相關公告提供查詢。只要是有意願加入中共海軍護航編隊的各國船舶，都可按照規定的程序申請加入。[20]通常加入護航編隊的船舶會依據自己的航行計畫，在編隊啟航前5天委託所屬船務公司代為提出加入護航編隊的申請，但也常發生外國船舶未於事前提出申請，卻在編隊啟航前臨時提出加入編隊的申請。另依據編隊作業規定，當國內商船西行通過東經57度線（57°E，即A點報告線）；南行通過北緯15度線（15°N，即B點報告線）準備駛入亞丁灣和索馬利亞水域時，若

[19] 「水星網」：2008年12月，歐盟海軍於國際網路平台創建「水星網」，旨在促進各國護航編隊之間的資訊交流。中共海軍首批編隊抵達亞丁灣時，即向各國海軍公布了電子郵件地址和國際海事衛星電話，並透過水星網獲取最新消息與各國海軍分享各自的行動計畫和需求。資料來源：〈護航亞丁灣〉，《北京週報》，檢索日期：2015.11.15。http://www.beijingreview.com.cn/2009news/tegao/2013-08/06/content_559527.htm

[20] 柏子、靳航，《護航亞丁灣——沉思錄》，頁14。

想加入中共的定期護航編隊，應透過所屬船公司在船舶抵達報告線前的7、5、3、2、1日填寫「船舶申請護航報告單」，並以電子郵件方式發給「中國船東協會」以完成護航申請程序。[21]除此之外，所有欲加入編隊的國內、外船舶還必須提供下列資料給編隊旗艦（Flagship），作為船團編組的參考依據：

- ship's name/call sign/flag/mmsi kind of vessel/owner company/country/what cargo on board
- vessel's dwt/loa/mean draft/freeboard economy speed/max cruising speed loading condition/crew numbers/nationality
- captain name/nationality
- year of built
- last port of call/country Two week history ports of call/country
- ship's communication details: inm-c: tlx inm-b/f/m: tel/fax email (if available)
- place for helicopter landing
- next port/destination
- any patient on board
- important: 48/24/12hrs update eta by inm-c to flagship
- (TLX:583441218942) to ensure to deliver info safely [22]

上述資訊包含了船名、國籍、隸屬船公司、標記、運載貨物、噸位、平均吃水、經濟航程船速、最大航程船速、船長名稱及所屬國籍、該船海事衛星C站（資

21 〈航經亞丁灣和索馬里海域的中國船舶向中國船東盟會提交護航申請辦法〉，《中國船東網》。檢索日期：2015.11.25。http://www.csoa.cn/huhangzl/haijunhh/201601/t20160101_1970508.html

22 張在元著，〈索馬里、亞丁灣水域防抗海盜及護航編隊實操程式〉，《科技致富向導》，2010年第02期（下）（濟南：山東省科學技術協會，2010年），頁126。

料電報傳輸頻段）[23]的用戶收報地址碼、F、M、B站的電話及傳真號碼與下一個目的地港口名稱等資訊，並要求每艘船務必於12、24、48小時透過海事衛星C站回報ETA（Estimated time of arrival，預抵時間）至編隊旗艦，以便掌握每艘船舶的安全情況。

編隊旗艦於啟航前3至4天，會將該次護航船團任務的集合地點、集結時間、啟航時間、航向、起始速度和護航速度、解散地點、VHF（極高頻通訊頻段）呼叫和工作頻道（Ch17/Ch77）等資訊，在海事衛星C站通告欲加入護航編隊的船舶，並在啟航前的12小時發布護航編隊號碼（各船的護航呼號）。因故不能加入或退出本次護航，需事先告知編隊（透過「中國船東協會」向編隊旗艦提出取消申請），待得到批准後方可行動。[24]船舶完成申請手續並接獲編隊通知申請核准後，再依照指定時間前往會合點與護航編隊會合。[25]

除了定期發布編隊護航期程資訊外，當接防的編隊駛抵亞丁灣海域時，更會透過「中國船東盟會」網站發布公告，通知各船務公司及船舶，新接防的編隊艦艇名稱、海事衛星C站（資料）、F站（語音、傳真）等聯繫方式，以利提出申請與聯繫（護航編隊公告內容如圖3-2）。

---

23 「海事衛星C站」：C站，屬於GMDSS（全球海上遇險與安全系統）的設備，主要包括室內電子單元（收發信機）、操作終端（含EGC）、印表機、報警按扭和室外天線。所有的衛星通訊C站（以下簡稱：衛通C站）的操作均在操作終端上進行。可發送電傳（電報）、簡單的E-MAIL、甚至可以將資訊發到陸地的傳真機上。EGC一般均設計在衛通C站上，船舶沒有單獨的EGC接收機，所以衛通C站可以接收EGC資訊，在C站上可對EGC的接收進行設置。收到重要的EGC資訊時要在電台日誌上進行登記，收到遇險報警時，要執行收到報遇險報警的處理常式。
資料來源：〈C站是什麼意思？什麼是海事衛星C站專用接續碼，C站使用方法〉，《海員網》，檢索日期：2015.11.25。http://www.ycseaman.com/bencandy.php?fid-65-id-15516-page-1.htm

24 〈航經亞丁灣和索馬里海域的中國船舶向中國船東盟會提交護航申請辦法〉，《中國船東網》。

25 張在元，〈索馬里、亞丁灣水域防抗海盜及護航編隊實操程式〉，《科技致富向導》，頁126。

关于2011年7月份定期编队护航有关事宜的通知
2011-06-21
中船协字[2011]42号

各相关航运公司：

2011年7月份，我海军舰艇继续为我国船舶执行定期编队护航，我国船舶可按照定期编队护航时间表，提前调整航向航速加入护航编队。

现将2011年7月份定期编队护航有关事宜通知如下：

1.东西行定期护航编队安排

（一）西行

护航舰艇北京时间7月1日、6日、11日、16日、21日、26日、31日1400（东三区时0900）与被护船舶在A点（7月1日0000起A点改为14°00'0N,051°00'0E）会合，1400（东三区时0900）启航赴B点。

（二）东行

7月4日、9日、14日、19日、24日、29日1400（东三区时0900）与被护船舶在B点会合，1400（东三区时0900）启航赴A点。

2.其他事项

（一）起航点：

A点：从7月1日0000起A点改为14°00'.0N,051°00'.0E
B点：从3月1日起B汇合点调整至11°52'.0N/044°12'.0E

（二）护航舰队联系方式：

溫州舰（526）：
海事卫星F站：773121704（话音）／783122440（传真）
海事卫星M站：764938882（话音）／764938884（传真）
海事卫星C站：441301333（数据）
马鞍山舰（525）：
海事卫星F站：773121345（话音）／783122314（传真）
海事卫星M站：764939330（话音）／764939331（传真）
海事卫星C站：441300842（数据）
千岛湖舰（886）：
海事卫星F站：763681441（话音）／600653654（传真）
海事卫星M站：763681464（话音）／763681466（传真）
海事卫星C站：441301223

（三）船舶西行通过东经57度线（A报告线）、南行通过北纬15度线（B报告线）驶入亚丁湾和索马里水域的船舶，如请求海军军舰护航，应由其公司分别于船舶预计抵达报告线前的7、5、3、2、1天，填写《船舶申请护航报告单》，并以电子邮件方式发给我会。

（四）各航运公司经确报确认船舶参加护航编队后，不得擅自改变参加护航计划，严格杜绝加入编队的船舶脱离编队的现象发生。一经发现擅自脱离护航编队或改变护航计划，交通运输部水运局将给予通报批评。

鉴于目前护航舰队编队护航船舶量大，任务繁重，原则上不提供特殊（单独）护航，请各航运公司要求所属船舶尽量参加护航编队，并严格遵守护航行动的有关纪律，加強对加入护航编队船舶的管理，以大局为重、密切配合、听从指挥。已经申请加入编队的船舶，因故不能参加编队，应提前通过我会提出申请，在得到批准后行动。

二〇一一年六月二十日

圖3-2　中共護航編隊護航時間公告

資料來源：中国船东协会
查詢時日期：2015.11.27

2、加入護航編隊

已提出申請的船舶通常在駛抵會合點前2至3小時，透過CH16或指定頻道與護航編隊取得聯繫。除再次提供相關資料及獲取該次護航編隊資訊（如編隊呼號、加入船舶數量、隊形、相互間的聯繫、勢態報告、緊急情況報告等）外，並聽從護航艦指揮，行駛至指定位置等候待命起航。編隊艦艇在啟航前1小時左右播報啟航時間、航速、航向等航行資訊至各船。待船團完成隊形編組後，將再次透過廣播通報各船護航艦一般狀態下的護航速度與航向，並隨時對船團隊形實施監控，假使有船舶偏離編隊，則立即命令其調整航向、航速儘快歸隊。同時編隊艦艇亦會派出直升機於船團周邊水域進行巡察，並將巡察水域情況通報各船，各船收到通報後，再依次答覆旗艦確認抄收。此外，編隊艦艇會要求各船按時進行態勢報告，並要求各船一旦發現異常情況要毫不猶豫立即回報。[26]因索馬利亞海盜不時會截收船舶間的

[26] 張在元，〈索馬里、亞丁灣水域防抗海盜及護航編隊實操程式〉，《科技致富向導》，頁128。

VHF無線電訊號訊號，故護航艦艇與各船實施船位回報、ETA、安全狀況確認及下達編隊任務指令，主要是透過海事衛星C站的資料電報進行通聯。其優點在於海事衛星C站系統設備昂貴，海盜通常不願花費採購，且資料電報必須確認對方的用戶位址碼（即使用帳戶）才能進行收、發電報。因此，海事衛星C站也成為護航編隊最為重要的訊息傳遞手段。

當船團駛抵解散點完成護航任務時，編隊艦艇並不會在VHF頻道上以「明語」通報各船，各船也不會特別說道別或感謝的話語，以防遭海盜竊聽進而進行新的劫掠行動。且編隊艦艇會派遣直升機對周遭水域進行巡視，並以E-MAIL或在C站上通告各船：「當前水域安全，無海盜襲擾，可加速駛往各目的地港口。」各船在收到解散通報後，同樣以E-MAIL或在C站上回予確認抄收之回覆。[27]

（二）編隊的護航模式

中共依據索馬利亞海盜的行動特性進行分析後發現，索馬利亞海盜選擇攻擊目標時，會確認目標是處在孤立無援情況下才會主動出擊。在攻擊的過程中，一旦發現任何風吹草動，則立即偽裝成民船逃竄。故中共海軍認定護航編隊對付海盜基本上只能採取被動的「防」，而不適合主動出擊去「反」。[28]在考量能力與政策方向等因素後，決定對海盜採取防禦性的作法來維護船舶安全。就海軍戰略的觀點而言，即為「維護海上交通線」安全，具體的做法就是為高價值目標船舶實施「護航」。「護航」對海軍之定義係指：

> 海軍兵力對己方在海上航行的艦船或艦船編隊進行護送或掩護的行動。目的是保障己方艦船或艦船編隊的安全，使其避免遭敵方海軍兵力襲擊。[29]

---

[27] 張在元，〈索馬里、亞丁灣水域防抗海盜及護航編隊實操程式〉，《科技致富向導》，頁128。

[28] 王威，〈中國海軍第一批護航編隊任務總結報告〉，《現代艦船》，2009年第5期B版（北京：現代艦船雜誌社，2009），頁8。

[29] 張序三主編，《海軍大辭典》，頁50。

護航是海軍維護海上運輸線通暢的主要做法，也是海軍重要的戰術作為。從海軍護航作戰的觀點而言，航行於亞丁灣的護航編隊即為海軍的「艦船編隊」，而索馬利亞海盜則被視為欲攻擊編隊的「敵方海軍兵力」。從海軍戰術運用之概念來解釋「亞丁灣護航行動」，中共的護航編隊保護船舶通過亞丁灣使其不受海盜襲擾，其目的除在保障船舶航行安全外，同時也在磨練中共海軍「維護海上交通線」及執行「護航作戰」的能力。以下就中共護航編隊的護航模式與執行特點，做進一步的說明：

1、護航模式

海軍執行護航任務時，會根據任務、敵情、海域條件和己方兵力情況的不同，建立不同的護航制度與實施方式。[30]中共在亞丁灣執行護航任務，依據實際狀況需要，也擬定了包括「伴隨護航」、「區域護航」、「隨船護衛」、「應急救援」和「接力護航」等不同護航模式來因應海盜的攻擊。[31]

（1）伴隨護航

海軍護航兵力採直接警戒被護航船舶或船隊編隊的方式，保障艦船或編隊避免遭襲擊。通常以護航艦艇與被護航艦船組成統一的作戰編隊或護航運輸隊，航渡時護航兵力配置在被護航艦船周圍或在受敵方威脅的方向，構成具一定縱深的屏障。[32]在亞丁灣護航實務上，海軍於集結點將一定數量的船舶編組成船團，由艦艇伴隨通過危險海域。[33]中共實施的定期護航編隊，即採取伴隨護航的方式，由編隊艦艇帶領受保護船舶通過亞丁灣。

---

30 張序三主編，《海軍大辭典》，頁50。

31 〈外國商船放棄國際推薦航道尋求中國海軍保護〉，《華夏經緯網》。檢索日期：2015.11.26。http://big5.huaxia.com/zt/js/08-069/3146879.html

32 張序三主編，《海軍大辭典》，頁50。

33 王威，〈中國海軍第一批護航編隊任務總結報告〉，《現代艦船》，頁8。

（2）區域護航

區域護航也稱為「區域掩護」，係指海軍兵力控制一定海域及其空間，保障己方艦船或艦船編隊免遭敵方襲擊的護航模式。這種護航模式通常運用在護航兵力有限的情況下，由水面艦艇、反潛潛艇及航空兵所組成的若干個戰術群，在指定海域內或敵情威脅較大的方向上實施巡邏警戒和機動作戰。[34]中共護航編隊艦艇沒有執行伴護任務時，在亞丁灣和索馬利亞以東的高風險海域、船舶主要航線附近設置7個巡邏區，由護航艦艇實施不定期巡邏，對受到海盜攻擊的船舶提供保護。[35]除了中共海軍外，巡弋於國際推薦通行航道的美國151聯合特遣艦隊、北約508特遣艦隊也都採取「區域護航」的模式，保護過往亞丁灣海域的船舶安全。

（3）隨船護衛

海軍派遣由特戰人員組成的武裝小組，直接登上受保護船舶為其實施護航。此種護航模式多採用在保護噸位重、航速慢、乾舷低且容易遭受到海盜襲擊的大型船舶或於護航艦艇發生緊急情況必須暫時脫離編隊時，才會採用此種護航模式。[36]這種護航模式對被保護船舶而言，提供了最直接也最安全的保障，但隨船護衛必須消耗一定數量的特戰人員，當編隊遭遇緊急情況時，反而會成為兵力調派上的隱憂。因此，編隊指揮官必須詳細評估過被保護目標的性能諸元、編隊護航船舶多寡及特戰人員戰力等條件後，才會對高風險目標實施隨船護衛。[37]

（4）應急救援

是指商船遭遇危險情況發出求援訊號時，編隊艦艇應對其實施馳援。當編隊艦艇接獲求援需求時，會評估目標船舶的航速、位置與編隊艦船和求援船舶的相對距

34 張序三主編，《海軍大辭典》，頁50。

35 王威，〈中國海軍第一批護航編隊任務總結報告〉，頁8。

36 張序三主編，《海軍大辭典》，頁50。

37 〈第十九批護航編隊特戰隊員隨船護衛商船安全〉，《人民網》。檢索日期：2015.11.28。http://military.people.com.cn/BIG5/n/2015/0418/c172467-26864636.html

離後，方可採取適當的救援措施。通常受襲擊船舶位置與編隊艦船相距不遠時，會直接派遣艦艇駛往待援船舶的遇險海域馳援。[38]當面臨情況緊急或遇險船舶距離編隊較遠時，則會派遣直升機搭載特戰人員對待援船舶實施隨船護衛。[39]此種模式與美國151聯合特遣艦隊和北約508特遣艦隊以區域巡邏及機動救援的模式有所區別。中共護航編隊雖以定期的伴隨護航為主要護航模式，但也保持了兵力運用的彈性和機動性，以面對臨時性的馳援任務。

（5）接力護航

接力護航簡言之就是海軍兵力異動與任務接替的概念，指原由單艦或多艦實施護航任務，當護航兵力因任務需要必須脫離編隊時，則由另一艘或多艘艦艇接替原護航任務。此種護航模式多運用在發現不明海上目標，編隊需派遣艦艇前往查證或編隊接獲船舶遭遇緊急情況，須立即派遣艦艇前往馳援、艦艇輪流實施海上整補及任務機動調配的情況下。[40]另依據中共護航編隊慣例，當兩批護航編隊在亞丁灣會合並完成任務交接後，原駐防的編隊艦船立即率領接防部隊實施「聯合護航」，以熟悉作業海域與經驗傳承。待完成一趟次任務（通常是由護航集合A點航向護航集合B點）於解散點「分航」後，由接防的編隊艦艇接替護繼續執行航任務。[41]

2、執行特點

在聯合國安理會的授權下，自2008年起聯合國成員國、國際組織相繼派遣海軍前往索馬利亞執行打擊海盜任務。由於各國對打擊海盜和維護船舶的定義與任務目標不同，故在任務執行上也有截然不同的做法。中共亞丁灣護航為中共海軍首次執

---

38 〈可疑快艇追中國商船　中國護航軍艦夜間應召支援〉，《中新網》。檢索日期：2015.12.1。http://www.chinanews.com/gn/news/2009/01-18/1532332.shtml

39 王威，〈中國海軍第一批護航編隊任務總結報告〉，《現代艦船》，頁8。

40 〈我海軍第七批護航編隊接力護航驅離多批可疑小艇〉，《中國政府網》。檢索日期：2015.12.1。http://www.gov.cn/gzdt/2010-12/13/content_1764368.htm

41 〈海軍完成832批護航任務　第20批編隊接力護航〉，《中央人民廣播電台網》。檢索日期：2015.12.1。http://military.cnr.cn/kx/20150424/t20150424_518392894.html

行的海外軍事行動，因缺乏海外長期任務經驗，故須藉由觀察、摸索與不斷的修正，逐步建立起適合自己的制度和運作模式。以下就中共海軍護航編隊的執行特點做進一步的說明：

（1）開闢專屬航道

目前位於亞丁灣海域執行打擊索馬利亞海盜的各國艦艇，多集中在國際推薦通行航道周邊巡弋，包含由美國領導的151聯合特遣艦隊、北約領導的508特遣艦隊、歐盟「亞特蘭大行動」的465特遣艦隊及其他採獨立護航國家艦艇。國際海事組織已在索馬利亞海域劃分13處危險區域，分由來自20多個國家的海軍艦隊負責巡邏及護航，惟亞丁灣的廣闊海域雖有多國艦艇共同執行反海盜任務，卻因為缺乏統一行動機制，使護航區域的分工難以統籌規劃，反而造成許多護航死角。[42]中共海軍護航編隊採用「伴隨護航」，考量國際推薦通行航道船舶較多，在船團編組規模龐大的情況下，因避讓困難而使危險因素增加，故在國際推薦通行航道以北5浬的平行航線上行動，反而更有利船團運動，且該航道往來船舶較少，更能確保編隊航行安全。此外，兩條航道相距不遠（約5浬），當任何一方遇到緊急情況時，兩條水道上的艦艇可以彼此協作與互相幫助。[43]

（2）定期伴隨護航

首批編隊在護航初期，並未採用現行的「定期伴隨護航」模式，而是不定時採「伴隨護航」方式護航。但在護航任務執行過程中，常因商船與艦艇在管理觀念、裝備、運作機制上的認知差異過大，以及船公司與商業需求的影響，使護航編隊在統一指揮上遇到諸多困難。加上未建立有效的申請與通報制度，使編隊旗艦無法與每艘申請參與護航的船舶有效通聯，以致造成指揮調度混亂的現象。甚至有許多已納入編隊護航計畫的船舶不接受海軍艦艇指揮擅自脫隊，更有些船舶在進出亞

42 〈專家：中國貨輪被海盜劫持凸顯護航盲區〉，《中評社》。檢索日期：2015.12.4。http://cnrn.tw/doc/1011/1/6/5/101116510.html?coluid=4&kindid=18&docid=101116510&mdate=1027150612

43 〈亞丁灣上　海納百川——中國海軍第三批護航編隊護航期間對外交流紀實〉，《新華社》。

丁灣和曼德海峽的報告點時，發生不主動回報安全狀況的現象。有鑑於此，經過海軍與交通運輸部溝通協調後，自2009年2月起將「伴隨護航」改為「定期伴隨護航」。由海軍提前公告定期護航期程，並透過「中國船東協會」網站及水星網對外公告。[44]同時規定加入編隊的船舶就必須接受海軍指揮，且不得擅自脫隊後，才確立了中共護航編隊定期伴隨護航的作業模式。

（3）水面兵力運用

由水面艦組成的快速打擊部隊，是護航編隊最重要的角色。它們不僅是船團護衛的主體，也是編隊決策中樞所在。新一代的作戰艦艇航速快、配備性能良好的監偵設備與武力，可在船團周邊海域機動巡弋擔任護衛；另遭遇緊急情況時，亦可由作戰艦採取「應急救援」及「接力護航」的方式驅逐海盜。航速快、續航力高、作戰能力強及兵力運用靈活，是擔任護航艦艇的基本要素。被視為中共海軍艦隊主力新一代戰力的052B、052C、052D型飛彈驅逐艦、054、054A型飛彈護衛艦等，都先後被納編進護航編隊行列中。較為特殊的是中共海軍新設計的071型船塢登陸艦，自第六批護航編隊起也多次被納編至護航任務中。雖然船塢登陸艦不如驅逐艦、護衛艦具備強大的攻擊武力與監偵設備，但其具備直升機及氣墊船母艦的性質，可有效成為兵力機動投射平台，對海上特種作戰、機動兵力運送及緊急情況應處等任務有極大的幫助。

（4）海空立體監偵

打擊海盜任務中，最難掌握的是海盜的行蹤。由於受到地球曲率的影響，單靠水面艦配備的偵測裝備，難以掌握長距離的水面目標。加上海盜多搭乘小型快艇活動，要從雷達回跡顯示圖上精確辨別小型水上目標，是極為困難的任務。因此護航編隊需借助空中機動兵力支援，藉以作為編隊眼目的延伸。以日本海上自衛隊為例，日本利用具長時間海面監偵能力的P-3C型反潛機在任務海域巡邏，當發現可

[44] 王威，〈中國海軍第一批護航編隊任務總結報告〉，頁7。

疑目標時，可立即通知水面的艦艇執行進一步的盤查及臨檢。[45]中共海軍護航編隊亦充分運用直升機機動性與靈活性的優勢，彌補中、大型水面艦艇機動與遠程監偵能力不足，並廣泛用以執行海上搜索、特戰人員投送、醫療救護及緊急情況應處。此外，當編隊納編071型兩棲船塢登陸艦時，更多次派遣氣墊船擔任海域巡邏警戒任務。[46]因氣墊船具有航速高、航程遠、通信導航設備齊全等特點，適合在船舶於集結海域停泊等待時執行巡邏警戒任務，而中共海軍也是目前唯一將氣墊船運用在亞丁灣護航任務的國家。

（5）綜合後勤保障

編隊中配屬的油彈補給艦（AOE或AOR），是編隊艦艇最重要的命脈。在無法停靠港岸的航程中，油彈補給艦是提供作戰艦艇燃油、淡水和物資等後勤的唯一管道。首批護航編隊為期4個月航程中，編隊作戰艦艇採用不靠岸補給模式，僅靠油彈補給艦實施海上整補，使補給艦須多次往返補給港與編隊間。自第二批護航編隊起，作戰艦艇開始輪流實施靠港補給和修整，補給艦不再負擔全程補給的重擔，轉為司職海上油料、淡水快速補給與物資運補的機動後勤支援任務。另油彈補給艦上有配備直升機庫、手術室及緊急醫療編組，也等同於編隊的緊急醫護所，肩負海上緊急醫療和人員救助等衛勤任務。甚至在中共海上醫療船（AH-866）「和平方舟號」前往東非從事「和諧使命-2010」任務時，編隊亦接受醫療船的指導，共同執行代號「藍海天使-2010」的海上救護醫療演練，藉以加強編隊醫療救護能力。[47]為彌補編隊醫療救護組醫療經驗不足的情況，在多次醫療救護演練中編隊醫療人員透過「遠程醫學會診系統」和「遠程衛勤支援系統」的協助，與國內醫療機構實施遠程醫學會診，對重傷傷患執行醫療救護任務。[48]從油料和物資補給到醫療救護，

45 〈中共海軍走入藍海不再是夢想〉，《亞太防務》。檢索日期：2015.12.4。http://cnrn.tw/doc/1011/1/6/5/101116510.html?coluid=4&kindid=18&docid=101116510&mdate=1027150612

46 柏子、靳航，《護航亞丁灣——沉思錄》，頁417。

47 〈中國海軍亞丁灣展開首次遠海醫療救護演練〉，《中評社》。檢索日期：2015.12.7。http://cnrn.tw/doc/1014/6/7/0/101467078.html?coluid=154&kindid=0&docid=101467078

48 〈海軍第二十批護航編隊組織遠海醫療救護演練〉，《華夏經緯網》。檢索日期：2015.12.7。http://big5.huaxia.com/zt/js/08-069/4426797.html

編隊補給艦由原本的海上補給任務，轉變為綜合後勤保障任務。由此可發現隨著護航經驗的增加，亞丁灣護航編隊的任務日益多元，也充分展現出一隻遠洋海軍應具備的「獨立性」與「完整性」。

（6）海上特種作戰

索馬利亞海盜的機動性、靈巧性和採取小部隊攻擊等作戰特性，使現代化作戰艦艇在應處時常感力有未逮。尤其雙方戰力差距甚遠，高性能火炮與飛彈在面對乘坐快艇、神出鬼沒的海盜時，更突顯出中、大型作戰艦艇無法有效攔截海盜的窘境。因此，對抗海盜最有效的做法，是運用隨艦的特戰部隊對海盜實施突擊與攔截。自首批護航編隊起編隊隨艦均納編為數約70人左右的特戰隊員，並由一位編階少校的指揮員負責指揮。特戰隊主要任務是24小時備便待命，當有船舶發出緊急求救訊號時，立即搭乘艦載直升機前往馳援。[49]此外，在接獲高價值目標需要採取「隨船伴護」時，特戰隊員則組成特戰分遣隊，派駐至受保護船舶上給予協助。由於共軍特種部隊主要職掌是支援部隊執行特種作戰，海事安全並非共軍主要任務，故海上護航、反恐任務及解救被劫持船舶等非戰爭軍事行動，便成為共軍特種部隊首次面對的新課題。除透過護航累積經驗並嘗試突破既有模式外，護航編隊的特戰隊員也不斷透過與外軍特種部隊的交流與聯合演習的方式吸收經驗並精進戰力。這也促使中共海軍護航編隊的特戰部隊，成為目前共軍眾多特種部隊中，最具國際化和實戰經驗的部隊。

（7）軍民協同指揮

隨著加入編隊船團的船舶日益增加，龐大的船團往往可綿延好幾浬。在編隊護航兵力有限的情況下，中共海軍自第二批護航編隊起，開始實施「軍民聯防」的管理模式指揮船團。所謂「軍民聯防」是指軍艦和商船建立聯合預警體系，綜合使用各種手段，達成編隊全時、全向海空偵察預警。護航編隊把地方海事部門人員統一

---

[49] 〈中國第四批護航編隊直升機組驅趕5批可疑目標〉，《中評社》。檢索日期：2015.12.9。http://www.chinatw.tw/doc/1012/4/0/5/101240533.html?coluid=4&kindid=16&docid=101240533&mdate=0225093827

納入指揮所編組，直接參與護航行動的籌劃、決策與指揮活動；同時也把被護船舶納入編隊反海盜體系；詳細規劃護航艦艇和被護船舶職責分工、明確協同保障要求；並將船舶組織成多個縱隊，且指定各縱隊指揮船負責縱隊觀察警戒、隊形保持、即時報告情況，以達到互通海盜訊息，共同維護編隊安全之目的。[50]由於編隊護航艦艇數量有限，船舶加入護航船團雖可降低索馬利亞海盜襲擊的機率，但各船仍須具備基本自我防護能力。商船通常在主甲板設置第一道屏障，目的是阻止海盜登船；其次在生活區設置第二道屏障，是要阻止海盜進一步進入生活區。藉由兩道屏障的阻隔，儘量拖延時間等待護航軍艦的外援。[51]綜觀中共海軍護航編隊採取「軍民聯防」的做法，即是考量到加入船團的船舶數量龐大，大編隊往往綿延數浬，僅靠編隊護航艦保護緩不濟急，故將船舶編成縱隊，並設立「各縱隊指揮船」協助指揮。其目的為有效管理船團編隊秩序、增加船團周邊海情預警時間及彌補護航艦艇不足等情況。該作法雖為因應護航艦艇不足，所採取的權宜之策，卻頗類似第二次世界大戰時，盟軍於大西洋戰場組織的「運補船團」模式，也類似英國在福克蘭戰爭期間以「徵招商用船舶」（Ships Taken up from Trade）徵用民間船隻組成後勤補給船團的管理概念。此舉也有助於中共在戰時商船隊的組成與管理，成為海上運補和海軍後勤補給的後盾；此外，中共海軍亦可透過此護航模式，磨練「護航」、「長程補給」、「軍民協作」及「海上交通線維護」等能力。

（三）護航成效與影響

隨著中共投入亞丁灣護航任務逐漸常態化，中共海軍已成為亞丁灣海域重要的安全力保障力量之一。經過39批次護航任務的磨練，中共海軍從最初的大膽摸索到今日的精益求精，轉眼已成為海上身經百戰的老兵。多年累積的護航成果，使中共海軍的能力獲得國際的認同與肯定。也讓中共在打擊索馬利亞海盜議題上，得到相對應的地位與發言權。

---

[50] 〈中國護航行動進入常態化　多港口成休整基地〉，《中評社》。檢索日期：2015.12.9。http://www.zhgpl.com/doc/1010/5/5/3/101055341_2.html?coluid=7&kindid=0&docid=101055341&mdate=0823091732

[51] 張在元，〈索馬里、亞丁灣水域防抗海盜及護航編隊實操程式〉，《科技致富向導》，頁126。

1、中共護航的成效

中共護航編隊加入亞丁灣海盜打擊行動後，究竟為索馬利亞海域的穩定帶來多少效果呢？這個問題很難得到一個客觀的答案，因為各國艦隊沒有明確劃分巡邏區域，無法透過地區海盜犯案率的消長進行比較。加上各艦隊在亞丁灣擔負的任務不同，就連打擊海盜的作法都有所差異，以致我們無法用一個統一的衡量標準，對各艦隊的護航成效作出客觀評價。但我們仍可透過護航的船舶數量，檢視中共護航編隊在亞丁灣海域的護航成果。

根據中共海軍公布的資料顯示，截至2022年2月4日第三十九批與第四十批護航編隊完成聯合護航任務於亞丁灣海域實施分航儀式止，中共海軍亞丁灣護航編隊共執行了1,484批7,104艘次中外船舶的護航任務（如表3-2）。由於中共大部分時間是採用「伴隨護航」，將受保護船舶組成船團由護航艦艇從集結點統一護送到解散點。雖然中共編隊僅有3艘艦艇巡護，卻因編組船團可達到統一行動、相互警戒與敵情回報的功效，使護航艦艇與特戰部隊人員能機動支援船團各部，達到有效保障每一艘船舶安全的目的。加上中共海軍的航道避開了各國海軍、船舶活動頻繁的區域，船團可獲得較少的阻礙和碰撞危險，使平均航速能大幅提升，除有利避開海盜追擊外，更可大幅減低船舶的油耗成本。正因如此，越來越多船舶寧可捨棄護航艦艇較多的國際推薦通行航道，而加入中共的護航編隊船團中。

反觀於國際推薦通行航道上活動的各國海軍編隊，因為隸屬不同指揮體系，加上任務性質、作業模式相異，以致各部隊無法形成聯合護航的機制，頂多透過「情報分享共同平台」將海盜活動訊息分享給其他部隊參用。此外，多國聯合部隊採用「區域護航」的模式，部隊因責任區巡弋範圍的需求與限制，一旦有船舶遭受海盜襲擊時，艦艇常無法即時前往馳援。其他艦隊也常因任務執行需要，無法跨區、跨單位橫向協助其他艦隊，使船舶最後仍面臨遭劫持的命運。

中共採取「伴隨護航」為主，「區域護航」、「隨船護航」為輔的策略，有效將被保護目標集中管理，減少遭到各個擊破的危險，此做法是當前各國的護航模式中，較節約兵力及有效率的做法。因此中國官方機構常自豪地表示：「中國護航編隊能100%保證被護船舶和人員的安全」[52]並非毫無根據。除常態的伴隨護航任務外，護航編隊也執行以下幾種特殊任務：

- 解救遇襲船舶：派遣機、艦及特戰人員解救遭海盜襲擊船舶。
- 實施特殊護航：派遣特戰人員或艦艇為無法跟隨船團行動船舶護航。
- 接護獲釋船舶：迎接、保護遭海盜釋放的受挾持船舶回到安全海域。
- 為聯合國世界糧食計畫署護航：保護聯合國世界糧食計畫署人道救援物資船抵達非洲。
- 解救遭遇追擊船舶：當船舶遭遇海盜追擊時，派遣機、艦攔截追擊中的海盜。
- 提供海上緊急救助：提供緊急醫療及船員突發狀況協助。
- 提供海上安全警戒：為動力故障、無法快速通過危險海域船舶提供護衛。
- 查證驅離可疑艦艇：主動出擊查證並驅離可疑船艇。

表3-2　中共海軍亞丁灣護航成效統計表

中共海軍亞丁灣護航成效統計表										
護航編隊	護航船舶數		解救遇襲船舶	實施特殊護航	戒護獲釋船舶	為糧食計畫署護航	解救遭遇追擊船舶	提供緊急海上救助	提供海上安全警戒	查證驅離可疑艦艇
	批	艘								
第一批	41	212	3		1					
第二批	45	393	4		1					
第三批	53	582								
第四批	46	660	3		4					
第五批	41	588								
第六批	49	615	3							

52　〈外國商船放棄國際推薦航道尋求中國海軍保護〉，《華夏經緯網》。

中共海軍亞丁灣護航成效統計表										
護航編隊	護航船舶數		解救遇襲船舶	實施特殊護航	戒護獲釋船舶	為糧食計畫署護航	解救遭遇追擊船舶	提供緊急海上救助	提供海上安全警戒	查證驅離可疑艦艇
	批	艘								
第七批	38	578	1		1		7			
第八批	44	488	1			3	7	2		
第九批	41	280				1				
第十批	40	240								
第十一批	43	184								
第十二批	46	204					1		4	
第十三批	37	166								
第十四批	63	181				2				
第十五批	46	181				1				
第十六批	40	132								
第十七批	43	115		17		1				
第十八批	48	135		8						
第十九批	36	109								
第二十批	39	90								
第二十一批	35	64								
第二十二批	25	26						2		
第二十三批	39	79				1				
第二十四批	35	45	15					2		
第二十五批	30	62					2			
第二十六批	42	64				1				
第二十七批	36	54					5			
第二十八批	30	41				1				

中共海軍亞丁灣護航成效統計表											
護航編隊	護航船舶數		解救遇襲船舶	實施特殊護航	戒護獲釋船舶	為糧食計畫署護航	解救遭遇追擊船舶	提供緊急海上救助	提供海上安全警戒	查證驅離可疑艦艇
	批	艘									
第二十九批	26	40									
第三十批	31	59									
第三十一批	28	46									
第三十二批	30	42									
第三十三批	24	41									
第三十四批	30	50		17						14
第三十五批	27	49									
第三十六批	38	52									
第三十七批	40	64		28					11	24
第三十八批	31	45							9	
第三十九批	28	48									
總計（艘）	1,484	7,104	30	70	7	11	22	6	24	38

製表：黃丞佑　2022.04.05
資料來源：人民日報、解放軍報、中國海軍網、中評社

2、受邀參與國際行動

一個傳統的陸權國家毅然投身於海洋事務，必定對既有的國際秩序帶來巨大的影響。身為傳統陸權大國的中共開始涉入國際海事安全、海上交通線的經營與維護，同樣也對既有的國際體系和自身國際地位造成影響，特別是在編隊能力受到國際肯定後，陸續獲邀與其他編隊艦艇參與聯合國的專案任務。中共自2008年加入護航行動後，除了亮麗的護航成效獲得國際的認可外，護航編隊更受邀參與聯合國人道救援物資船和敘利亞化武銷毀任務運輸船的護航任務。

（1）參與聯合國人道救援任務

2011年3月22至24日，第八批護航編隊飛彈護衛艦（DEG-525）「馬鞍山號」獨立伴護聯合國世界糧食計畫署運送人道主義救援物資的「阿米娜V2號」商船前往索馬利亞博薩索港（Bosaso）海域。這是中共護航編隊首次為聯合國世界糧食計畫署人道物資運補船（以下稱：聯合國人道物資船）護航，也是中共海軍首次承擔聯合國組織的護航任務。[53]中共第十七批護航編隊指揮員黃新建（原東海艦隊副參謀長）指出，以往為聯合國世界糧食計畫署人道物資船護航任務主要是由歐盟465特遣艦隊擔任；中共在2010年參加聯合國世界糧食計畫署的相關會議時，提出願意派遣艦艇參與國際人道物資運輸的護航任務，即獲得國際上的認可與贊同。[54]自2011年首次任務後，中共護航編隊艦艇便不定期為聯合國人道物資船實施護航。截至2021年12月止，護航編隊先後共執行11批次人道物資船護航任務（表3-3）。除採取「單艦伴隨護航」模式外，中共也先後採用「雙艦接力護航」及「單艦接力護航」方式，靈活運用編隊艦艇與歐盟海軍共同執行聯合護航任務。2013年6月中共第十四批護航編隊首次與歐盟465護航編隊合作，由飛彈驅逐艦（DDG-112）「哈爾濱號」及飛彈護衛艦（DEG-528）「綿陽號」以「雙艦接力護航」方式，為聯合國世界糧食計畫署租用的物資運補船「阿拉巴馬・貝勒號」實施護航；同年7月第十四批護航編隊再次與歐盟海軍465護航編隊合作，由「哈爾濱號」飛彈驅逐艦以「單艦接力護航」方式護送物資運補船「K公主號」抵達索馬利亞北部海域，交由歐盟465護航編隊接替繼續執行護航任務。與歐盟海軍接力執行物資運補船護航任務，是繼俄羅斯海軍後，中共再次於亞丁灣護航任務中與外軍合作，也證明中共海軍的護航能力已受到歐盟海軍的肯定。

53 〈中國海軍護航編隊首次護航世界糧食計畫署船隻〉，《中新網》。檢索日期：2015.12.12。http://www.chinanews.com/gn/2011/03-23/2925023.shtml

54 〈海軍第17批護航編隊完成護航世界糧食計畫署船〉，《中新網》。檢索日期：2015.12.12。http://www.chinanews.com/mil/2014/05-26/6211224.shtml

表3-3　中共護航編隊為聯合國世界糧食計畫署船舶護航統計表

中共護航編隊為聯合國世界糧食計畫署船舶護航統計表								
次數	編隊批次	時間	護航艦艇	受保護船舶	啓航地	目的地	護航模式	備註
第一次	第八批	2011年03月22-24日	馬鞍山艦	阿米娜V2號	索馬利亞柏培拉港	索馬利亞博薩索港	單艦伴隨護航	
第二次		2011年07月03-05日	馬鞍山艦	夢想號	索馬利亞柏培拉港	索馬利亞博薩索港	單艦伴隨護航	
第三次		2011年07月21-23日	馬鞍山艦	穆斯塔法號	索馬利亞柏培拉港	索馬利亞博薩索港	單艦伴隨護航	
第四次	第九批	2011年10月20-21日	玉林艦	納威爾3號	吉布地吉布地港	索馬利亞柏培拉港	單艦伴隨護航	
第五次	第十四批	2013年06月22-25日	哈爾濱艦 綿陽艦	阿拉巴馬・貝勒號	（未公布船舶會合位置）	吉布地吉布地港	雙艦接力護航（接替歐盟465編隊任務）	
第六次		2013年07月19-22日	哈爾濱艦	K公主號	紅海南部海域	索馬利亞東北部海域	單艦接力護航（續由歐盟465編隊接替）	
第七次	第十五批	2013年11月23-25日	衡水艦	環球－安特衛普號	沙烏地阿拉伯吉達港	吉布地吉布地港	單艦伴隨護航	
第八次	第十七批	2014年05月22-24日	長春艦	那瓦3號	索馬利亞柏培拉港	索馬利亞博薩索港	單艦伴隨護航	

中共護航編隊為聯合國世界糧食計畫署船舶護航統計表								
次數	編隊批次	時間	護航艦艇	受保護船舶	啓航地	目的地	護航模式	備註
第九次	第二十三批	2016年05月22-23日	湘潭艦	伊萬吉麗婭L號	吉布地海域	索馬利亞柏培拉港附近海域	單艦伴隨護航	臨時申請
第十次	第二十六批	2017年05月16-24日	揚州艦	最佳挑戰者號	索科特拉島海域	肯亞蒙巴薩港	單艦伴隨護航	
第十一次	第二十八批	2018年02月02-10日	鹽城艦	SELIN-M號	亞丁灣西部海域	肯亞蒙巴薩港附近海域	單艦伴隨護航	

製表：黃丞佑　2022.01.01
製資料來源：人民網、中國海軍網、中新網、中國國防部。

（2）參與敘利亞化武銷毀任務

根據2013年9月禁止化學武器組織（Organization for the Prohibition of Chemical Weapons, OPCW）與聯合國安理會先後通過的「銷毀敘利亞化學武器決定」及「第2118號決議」規定，敘利亞的化學武器設施必須在2014年3月31日前銷毀，並在6月30日前完成所有化學武器銷毀工作。敘國境內約700噸的化學武器將由陸路運送到敘利亞的拉塔基亞港（Latakia），裝載上由丹麥和挪威提供的2艘散裝貨輪，再運往停泊在義大利的美國化學武器銷毀船「光芒角號」（Cape Ray）上銷毀。整個行動自2013年12月19日開始執行，期間由丹麥和挪威派遣的2艘護衛艦組成任務指揮所，負責指揮整個運送任務執行。此次行動為聯合國授權的多國聯合行動，分別由挪威及丹麥負責指揮運送任務；美國負責執行化武銷毀工作；而中共和俄羅斯則派遣艦艇擔任化武運輸船的護衛任務。[55]但中共及俄軍艦均保持絕對自主權，

[55] 〈銷毀敘化武行動19日開始　中國海軍將赴地中海護航〉，《中評社》。檢索日期：2015.12.15。http://www.chinanews.com/mil/2013/12-20/5644417.shtml

不受第一階段運載化武的丹麥、挪威指揮部指揮，僅於護航行動上與後者進行協調。[56]

這是中共首次參與國際化學武器銷毀任務，也是中共海軍首次參與聯合國的多國聯合護航任務。此次任務中共並未另從國內調派艦艇前往，而是就近抽調在亞丁灣護航的艦艇前往執行。2013年12月31日中共第十六批護航編隊飛彈護衛艦（DEG-546）「鹽城號」，於沙烏地阿拉伯吉達港（Jaddah）完成整補後，隨即啟航前往塞浦路斯（Republic of Cyprus）的利馬索爾港（Limasol）與各國部隊會合執行護航任務，[57]「鹽城號」續於2014年1月7日護送首批化武離開敘利亞。[58]「中國海軍軍事學術研究所」研究員曹衛東大校指出，中共海軍之所以能夠承擔此次護航任務，是因為在近五年的亞丁灣護航經歷中完成600多批次的護航任務，使中共海軍積累了豐富的遠洋護航經驗，其護航能力逐漸受到國際肯定。參與此次護航行動的各國海軍皆為亞丁灣護航行動的中堅力量，且與中共海軍在防禦和打擊索馬利亞海盜的過程中已累積了相當程度的合作基礎。[59]參與敘利亞化武銷毀任務，除看出中共海軍護航行動能力受到國際認可外，也展現出中共海軍在護航過程中與各國海軍交流、演練及協力合作的成果。

3、取得護亞丁灣任務的話語權

2009年是索馬利亞海盜活動的高峰期。儘管各國海軍不斷加強在亞丁灣和索馬利亞海域打擊海盜的力度，但自同年四月起海盜襲擊事件仍頻繁發生，商船遭襲擊和劫持的數量依然居高不下。[60]根據護航海軍的統計，光是確保亞丁灣水域暢通至少需要動用61艘軍艦方足以達成任務，就目前在亞丁灣的總兵力僅有30多艘軍艦護

---

56 〈銷毀敘化武艦船準備就緒　中國隱身艦出征〉，《中評社》。檢索日期：2015.12.15。http://hk.crntt.com/doc/1029/6/1/8/102961869.html?coluid=7&kindid=0&docid=102961869&mdate=010

57 〈中國海軍艦艇已赴地中海為運輸敘化武船隻護航〉，《中評社》。檢索日期：2015.12.15。http://hk.crntt.com/doc/1029/5/5/4/102955483.html?coluid=7&kindid=0&docid=102955483

58 〈挪威軍方公布首批敘利亞化武離境照片〉，《中新網》。檢索日期：2015.12.15。http://www.chinanews.com/tp/hd2011/2014/01-11/289432.shtml

59 〈銷毀敘化武行動19日開始　中國海軍將赴地中海護航〉，《中評社》。

60 〈索馬里海盜襲擊事件頻繁　分區護航做法聰明〉，《華夏經緯網》。檢索日期：2015.12.18。http://hk.crntt.com/doc/1029/5/5/4/102955483.html?coluid=7&kindid=0&docid=102955483

航而言，給了海盜極大的「活動空間」。在軍艦少、海盜多的情況下，只有通過國際合作，加強各國海軍之間的聯合打擊，才能提高對海盜的威懾效果。雖然國際海事組織已將索馬利亞海域已經劃分了13處危險區域，分別由來自20多國的海軍編隊負責巡邏和護航，但這些主要是「警示區」而非「巡邏區」，且由於缺乏國際統一行動，以致護航區域難以統一規劃，使海盜得以避開護航艦艇主要的活動熱點，並利用各國軍艦護航區的巡邏交接區的空隙作案。[61]繼2009年8月於巴林（The Kingdom of Bahrain）舉行的「亞丁灣護航國際合作協調會議」後，依據「聯合國索馬利亞海盜問題聯絡小組」第一工作組的要求，中共於2009年11月6至7日邀集俄羅斯、日本、印度海軍，以及歐盟、北約、美國等多國海上力量在內執行護航任務的國家和國際組織成員國，在北京召開第二次「亞丁灣護航國際合作協調會議」，主要是討論如何在亞丁灣實行分區護航合作，以建構亞丁灣國際護航合作的最佳做法。會議中中共就護航模式提出在聯合國的框架底下，統合各個護航部隊兵力以「分區護航」（Areas of Responsibility）的方式執行護航任務，以改變現有兵力不足的情況。[62]2009年11月18日中共駐聯合國副代表劉振民大使更在「聯合國安理會有關索馬利亞問題」會議上，將「分區護航」的作法提報安理會參議。[63]

「分區護航」的概念是在保證現有護航力量的前提下，由各國艦艇分別固守一個地區，負責所有航經該區域商船的安全。此外，各國在仍可保持各自軍艦編隊指揮權獨立性的同時，建立全海域資訊的共用機制，並透過聯合國的機制將聯合行動、聯合情報等，建構在聯合國的行動框架範圍內，通過共用「敵情」對海盜的活動範圍進行有效的監控，來提高整體控制的效能。[64]雖然該次會議最終受制於主導權之爭，各國皆不願意受制於人、美國不願意接受聯合國主導及經費有限等問題而

---

[61] 〈索馬里海盜襲擊事件頻繁　分區護航做法聰明〉，《華夏經緯網》。

[62] 〈亞丁灣護航國際合作協調會議在北京召開〉，《新華網》。檢索日期：2015.12.18。http://news.xinhuanet.com/mil/2009-11/06/content_12400008.htm

[63] 〈中國在安理會建議在索馬里沿海實施「分區護航」〉，《聯合國官方網頁》。檢索日期：2015.12.18。http://www.un.org/chinese/News/story.asp?NewsID=12565

[64] 〈索馬里海盜襲擊事件頻繁　分區護航做法聰明〉，《華夏經緯網》。

無法付諸實行，[65]但此次會議無論是擔任會議召集人和東道主，還是在會議中力主「分區護航」的作法，均已展現出中共在亞丁灣打擊海盜事務上逐漸取得話語權與一定程度的領導地位。這也是中共海軍在涉入國際海事安全議題後，獲得的重大突破與收穫，使傳統上由歐、美、日等海洋強國主導的國際海洋安全事務，加入新的觀點與角度。

（四）小結

身為聯合國安理會常任理事國之一的中共，在不願意受制於其他國家指揮的情況下，毅然選擇獨立護航的路線。從最初未設定特定護航模式，到確定以定期伴隨護航為主，區域護航、隨船護航為輔的方針來執行任務，中共海軍在亞丁灣護航任務的運行上，無論是護航目標的設立、護航模式的操作、還是後勤補給的運作，都逐漸走出屬於自己的運作模式。尤其是將受保護船舶組成船團，並透過與地方海事部門的合作，建立起軍、民分層管理的制度，藉以強化船團安全的作法，非常類似第二次世界大戰時盟軍的運補船在護航艦的保護下，通過納粹德國U艇大西洋伏擊海域的作法。過程中增加了海軍對商船隊管理和指揮的經驗，對戰時海上運補、維持海上生命線暢通的任務有相當大的幫助，也促使中共海軍朝「遠洋海軍」的目標再向前邁進一大步，更因「積極」和「集中」的護航制度獲得重大成效，使中共海軍的護航成果受到國際社會的肯定，進而獲得聯合國世界糧食計畫署的委託，促成與歐盟護航編隊合作的契機。也使中共在國際海事安全的舞台，取得話語權和影響力。

三、從摸索到熟練

中國自清末成立北洋艦隊以來，一直將海軍視為國土防衛的延伸，僅具有「海防」的觀念，而無「海權」的思維，長期以來將海軍的定位與責任範圍侷限於沿

---

65 蔡萬助、陳冠宇，〈海盜治理與亞丁灣海上安全合作機制〉，《第五屆「恐怖主義與國家安全」學術暨實務研討會論文集》（桃園：中央警察大學恐怖主義研究中心，2009），頁134。

海，從未有過海外軍事行動的經驗。自2008年12月迄2021年12月的13年間，中共海軍先後派遣39批次的艦船編隊前往亞丁灣執行護航，為自大清帝國迄今中國海軍的首次海外軍事行動，也是任務期程最長的軍事行動。從最初毫無經驗到確立模式再進一步走向轉變與創新，可謂「摸著石頭過河」。中共海軍編隊透過每一次的海上實務累積海外任務的經驗，不斷調整與修正護航及海外行動的模式。觀察歷次執行單位、操作模式、投入兵力及兵力組成，我們可以觀察到一支近海海軍轉型成為遠洋海軍的成長過程。以下就對中共護航編隊的轉變與成長進行說明：

（一）由南艦到北艦

前文提到，中共首2批亞丁灣護航編隊是由南海艦隊拉開序幕，接著由東海艦隊承接。前10批護航編隊皆由南、東海艦隊輪流擔綱，北海艦隊直到第十一批編隊後才加入輪值。為何是由南海艦隊率先承接任務，而北海艦隊遲至第十一批（2012年2月）才開始參與護航？國內、外多數學者的主流觀點皆認為北海艦隊之所以會遲至2012年的第十一批護航編隊才開始執行護航任務，是因為亞丁灣護航船艦強調直升機搭載能力，而北海艦隊的051C型驅逐艦不具備搭載直升機能力（僅有直升機起降平台，而無直升機庫），東海艦隊的現代級也無法長期搭載直升機。因此南海、東海艦隊派出的均是具有遠航能力的護衛艦與驅逐艦，而北海艦隊首次派出的是其最新成軍的054A型護衛艦與大修後的旅滬級（052型）驅逐艦，意味著北海艦隊直到近期才獲得適合亞丁灣護航的艦艇。[66]不可否認，亞丁灣護航編隊在作戰任務上極度依賴直升機及特戰人員的機動打擊與偵察能力，而051C型驅逐艦沒有直升機庫無法停放艦載直升機，使得該型艦至今未曾參與亞丁灣護航任務，的確是中共海軍的重要考慮因素之一。但我們也同時觀察到，903型綜合油彈補給艦亦具備直升機庫，可搭載直8或直9型直升機。就反潛與海上特種作戰任務而言，艦艇只是直升機的起降平台與初級維修保養基地。因此，搭載艦載直升機並非一定要由驅逐艦或護衛艦擔綱不可，亦可由綜合油彈補給艦執行。因此，從艦艇是否具備單一性

---

[66] 蘇冠群，《中國的南海戰略》（台北：秀威資訊，2013），頁118-119。

能來斷定艦隊兵力調遣原因，恐難以解釋北海艦隊為何最晚派遣艦艇執行護航任務。探討一國的海軍兵力派遣，仍必須從兵力結構與任務調配的觀點著眼。整理第一至三十九批護航編隊的組織結構與艦艇派遣模式，可以歸納出「艦隊兵力結構」及「遠洋補給能力」等兩個要素，才是影響護航編隊任務輪值的真正原因。以下即針對這兩個議題進行探討：

1、艦隊兵力結構

為何由南海艦隊首先擔綱執行護航任務？探討這個問題前，必須從海軍護編隊艦艇的組成切入。海軍護航編隊艦艇的組成，是依據中共海軍現有兵力情況進行統籌安排，[67]因此，首先我們必須從三大艦隊整體戰力與綜合能力進行評估。

探討艦隊兵力情況，首先要從艦艇現代化與編配情況觀察。從近年中共海軍新型國造艦艇陸續撥交艦隊服役情況顯示，南海艦隊自1997年起陸續接收了包含051B型、052B型、052C型驅逐艦、054A型護衛艦、071型兩棲船塢登陸艦及903型綜合油彈補給艦等新造艦艇。截至2008年底撥交至南海艦隊完成戰備的新一代艦艇計有驅逐艦5艘（包含051B型1艘、052B及052C型各2艘）、054A型護衛艦2艘、071型兩棲船塢登陸艦1艘及903型綜合補給艦1艘。[68]與東海艦隊購自俄羅斯的956E現代級驅逐艦2艘（先後於2000年、2001年成軍）、956EM現代級改良型驅逐艦2艘（先後於2005年、2006年成軍）、新型護衛艦4艘（054型及054A型各2艘）、903型綜合油彈補給艦1艘相比，其綜合戰力的確略遜於東海艦隊。但與北海艦隊當時僅僅列裝2艘新造的051C型驅逐艦相比，整體戰力遠超過北海艦隊。以當時整體戰力相較而言，南海艦隊的綜合戰力是三大艦隊中最為平均也是最完整的部隊。考量派遣艦艇需長時間執行海外任務，又得兼顧南海近海防禦的戰備巡航任務與艦隊訓練的平衡；另考量當時的國際環境下，南海並沒有急迫性的威脅與立即性的衝突，且地理位置上不具備迫切性戰備壓力，因此，最先進行艦艇現代化的南海艦

[67] 〈中國海軍護航進入輪戰狀態〉，《中評社》。檢索日期：2015.12.21。http://www.zhgpl.com/crn-webapp/search/siteDetail.jsp?id=102054370&sw=%E6%98%AF%E4%B8%AA

[68] 林宗達，《中共海軍現代化》（新北市：晶采文化事業出版社，2013），頁94。

隊，便成為首批護航任務的不二人選。此外，擔任首批護航任務的052B型飛彈驅逐艦（DDG-169）「武漢號」、052C型飛彈驅逐艦（DDG-171）「海口號」和903型綜合油彈補給艦（AOE-887）「微山湖號」，都是在2002、2003年期間成軍服役的新造艦艇。經過5年的操作與訓練後，官兵已累積一定程度的航行經驗與作戰能量。中共軍事評論家也指出：「最早選南海艦隊，是因為該艦隊是相對有經驗的部隊，而且南海水域的情況更接近於亞丁灣。」[69]由此可見，不論是艦隊海上實務的經驗或是海洋環境的適應，都是海軍高層挑選南海艦隊擔任首批護航編隊的考慮要素之一。

在艦型選擇上，中共海軍挑選由海軍自行設計、在反潛、防空和反艦作戰方面均具備相當能力，且具有「中華現代」美譽的052B型驅逐艦。[70]另外搭配安裝「相位陣列射控雷達」（Phase array radar）、8組六聯裝垂直飛彈發射器，整體設計比052B型艦更著重艦隊防空和攻擊能力，且有「中華神盾」之稱的052C型驅逐艦擔任亞丁灣護航「投石問路」的角色。[71]除可實際測試國造艦艇長時間擔負海上戰備任務的能力與各項參數外，對提升中共海軍現代化戰力的形象上，更具有高度的政治宣傳意涵。

其次，當前中共海軍所有作戰艦艇中，驅逐艦被定位為艦隊的主戰艦種。尤其是1997年後成軍的052B和052C型飛彈驅逐艦均具備良好反潛、反艦及防空能力，更被視為中共海軍現代化的象徵。但這些性能優異的大型作戰艦艇在面對索馬利亞海盜這種目標體積小和高機動性的低經濟價值目標時，往往無法有效發揮戰力，主要原因有以下幾點：

（1）兩造戰力懸殊

自2008年起各國海軍與索馬利亞海盜交火的機會相當有限，由於雙方火力懸殊，面對海盜一般艦載的76釐米口徑快炮就可以取得壓倒性的優勢。拿現代化驅逐

69 〈中國海軍護航進入輪戰狀態〉，《中評社》。
70 林宗達，《中共海軍現代化》，頁83。
71 林宗達，《中共海軍現代化》，頁85-86。

艦上的飛彈、魚雷等重型武器對付海盜可謂「大炮打小鳥」，反而無用武之地。

（2）操作成本過高

現代化的驅逐艦因噸位龐大，缺乏靈活的機動性、必須付出較高的油耗和操作成本，使雙驅逐艦編組成為護航編隊戰力發揮的滯礙。加上中共若將為數有限的高性能驅逐艦全數投入執行非傳統安全任務中，對艦隊常態的戰備任務、訓練和維修將產生極大的影響，進而造成海軍戰力的隱憂。

（3）缺乏專業設備

海軍的中、大型作戰艦都是專為高強度海戰而設計的高性能、多功能艦艇。面對索馬利亞海盜這種低強度、目標小且機動性高的海上目標時，並沒有適切的輕武器或非致命性武器等設備，來執行此類非傳統安全的海上保安任務。[72]

鑑於上述因素，在首批編隊派遣052B型、052C型飛彈驅逐艦圓滿扮演「投石問路」角色後，中共即不再採取雙驅逐艦編組，改採雙護衛艦或不同艦種混和搭配的方式執行護航任務。自第二批編隊起中共嘗試將054A型護衛艦搭配051B型驅逐艦，以高低配方式投入護航後。經驗證後發現054A型這種具有適中噸位、配備有足夠的武器裝備且擁有良好經濟性油耗主機的飛彈護衛艦，是執行索馬利亞護航任務的理想艦種。[73]飛彈護衛艦雖然噸位較小，但機動性高、操作靈活，能在編隊統一指揮下快速執行各種任務，且在成本耗費考量上，飛彈護衛艦低於飛彈驅逐艦，用以執行亞丁灣護航的成本效益也較主力作戰艦效益更高。[74]

2009年7月，南海艦隊執行完2批次護航任務後，東海艦隊接續派遣艦艇執行第三批護航任務。當時東海艦隊的主戰兵力是由新成軍的4艘飛彈護衛艦（054型及054A型艦各2艘）和4艘現代級驅逐艦所組成。雖然4艘購自俄羅斯的現代級驅逐艦為當時東海艦隊戰力最強、性能最優越的艦艇，但東海艦隊迄今未派遣現代級驅逐

[72] 王威，〈中國海軍第一批護航編隊任務總結報告〉，《現代艦船》，頁12。

[73] 〈江凱-II級護衛艦〉，《MDC》。檢索日期：2015.12.25。http://www.mdc.idv.tw/mdc/navy/china/054a.htm

[74] 〈解放軍奪島演練戰　重裝備亮相〉，《文匯網》。檢索日期：2015.12.25。http://news.wenweipo.com/2013/03/23/IN1303230032.htm

艦參加護航。除多數軍事專家認定現代級驅逐艦唯一能搭載的Ka-28型直升機通用性不足，對海上特種作戰幫助有限，且現代級驅逐艦的直升機庫過於狹小，是否適合長期遠航期間直升機的保養維護仍存在疑問外，真正的關鍵恐怕還是在於採用蒸汽輪機的現代級驅逐艦出勤成本過高，加上艦艇成員編制龐大，卻只能發揮有限的直升機運用能力，[75]以致於未被納入東海艦隊納入護航編隊任務艦艇選項中。繼南海艦隊派遣054A型護衛艦執行任務後，東海艦隊首次執行護航任務時，即採用2艘054A型護衛艦編組執行任務。除054A型艦為當時東海艦隊各型艦艇中，性能僅次於現代級驅逐艦的優異艦種外，從東海艦隊優先挑選該型艦執行任務，可間接印證南海艦隊對該型艦在亞丁灣表現的肯定。東海艦隊直到2014年3月的第十七批護航時才將新成軍的052C型驅逐艦（DDG-150）「長春號」納入護航任務中，在此之前均由所屬的4艘054系列護衛艦輪流搭配執行任務。

北海艦隊是中共海軍三大艦隊中最晚進行艦艇更新的艦隊，2011年以前北海艦隊僅有2艘新設計的051C型驅逐艦及2艘新造的053H3型護衛艦；[76]北海艦隊同時是中共海軍三支艦隊中現代化時程最慢的艦隊，且與另外兩支艦隊相比戰力也相對較弱。加上前述提到，自首批編隊後中共海軍已確立不再同時派遣雙驅逐艦執行護航任務，而北海艦隊的首艘054A型護衛艦，到2011年才撥交成軍。在現代化兵力不足、缺乏具備長時間遠海航行能力護衛艦的情況下，北海艦隊直到第十一批護航編隊時，才開始承接護航任務。歸究主因還是當時的所轄兵力，尚無法同時滿足自身戰備任務與護航任務需求。

---

[75] 陶慕劍，〈海外護航　中國最大的6艘驅逐艦不合適〉，《鳳凰網——防務短評》。檢索日期：2015.12.25。http://news.ifeng.com/mil/forum/detail_2011_02/25/4852404_0.shtml

[76] 053H3型護衛艦：為中共於1993至1995年間研製的飛彈護衛艦，1997年公開展示，1998年首艘（DEG-521）「嘉興艦」撥交東海艦隊服役。同型艦共生產了10艘，是中共第二代護衛艦中生產數量最多的艦型。因該型艦具備良好的作戰整合能力，使巴基斯坦於2009年積極向中共購買了4艘該型艦。綜合評析，053H3型護衛艦的出現被視為是中共研發第三代大型水面作戰艦的過渡艦種型，就設計建造和工藝技術方面，整體性能上仍不足與西方先進國家競爭，卻代表著中共自行研發新型戰艦能力的提昇。

資料來源：林宗達，《中共海軍現代化》，頁35、37。

表3-4　艦隊新造艦艇成軍時程表

艦隊新造艦艇成軍時程表							
艦隊	類別	艦型	舷號	艦名	下水日期	成軍日期	參與護航紀錄
南海艦隊	飛彈驅逐艦	051B型	DDG-167	深圳艦	1997年10月16日	1999年02月	第2批
		052B型	DDG-168	廣州艦	2002年05月23日	2004年07月15日	第5批
			DDG-169	武漢艦	2002年10月	2004年12月	第1、9批
		052C型	DDG-170	蘭州艦	2003年04月29日	2005年10月18日	第6批
			DDG-171	海口艦	2003年10月30日	2005年12月26日	第1、10、27批
		052D型	DDG-161	呼和浩特艦	2016年12月26日	2019年01月12日	未參與護航
			DDG-172	昆明艦	2012年08月30日	2014年03月21日	未參與護航
			DDG-173	長沙艦	2012年12月18日	2015年08月12日	第37批
			DDG-174	合肥艦	2013年07月01日	2015年12月12日	未參與護航
			DDG-175	銀川艦	2014年03月28日	2016年07月12日	第34批
	飛彈護衛艦	054A型	DEG-500	咸寧艦	2017年09月22日	2018年08月28日	未參與護航
			DEG-536	許昌艦	2016年05月30日	2017年06月23日	第31批
			DEG-568	衡陽艦（原：巢湖艦）	2007年05月23日	2008年06月30日	第4、5、13、25批
			DEG-569	玉林艦	2009年04月28日	2010年02月01日	第9、25、37批
			DEG-570	黃山艦	2007年03月18日	2008年05月13日	第2、13批

艦隊新造艦艇成軍時程表							
艦隊	類別	艦型	舷號	艦名	下水日期	成軍日期	參與護航紀錄
			DEG-571	運城艦	2009年02月08日	2009年12月	第10、18、34批
			DEG-572	衡水艦	2011年05月21日	2012年07月09日	第15批
			DEG-573	柳州艦	2011年12月10日	2012年12月26日	第21批
			DEG-574	三亞艦	2012年11月30日	2013年12月31日	第21批
			DEG-575	岳陽艦	2012年05月09日	2015年05月03日	第27批
	兩棲船塢登陸艦	071型	LSD-987	五指山艦	2018年01月20日	2019年01月12日	未參與護航
			LSD-989	長白山艦	2011年09月26日	2012年09月23日	第18批
			LSD-998	崑崙山艦	2006年12月21日	2007年11月30日	第6、31批
			LSD-999	井岡山艦	2010年11月18日	2011年10月30日	第15批
	綜合補給鑑	908型	AOR-885	青海湖艦	—	1996年	第9、10、13、21、27批
		903型	AOE-887	微山湖艦	2003年07月01日	2004年04月18日	第1、2、5、6、11、14、19、34批
		903A型	AOE-963	洪湖艦	2015年06月28日	2016年07月15日	第25、37批
			AOE-964	駱馬湖艦	2015年06月05日	2016年07月15日	第31批
東海艦隊	飛彈驅逐艦	956E型	DDG-136	杭州艦	1994年05月27日	1999年12月25日	未參與護航
			DDG-137	福州艦	1999年04月16日	2001年01月26日	未參與護航

艦隊新造艦艇成軍時程表

艦隊	類別	艦型	舷號	艦名	下水日期	成軍日期	參與護航紀錄
		956EM型	DDG-138	泰州艦	2004年04月27日	2005年12月28日	未參與護航
			DDG-139	寧波艦	2004年07月23日	2006年09月28日	未參與護航
		052C型	DDG-150	長春艦	2010年10月28日	2013年01月31日	第17批
			DDG-151	鄭州艦	2011年07月20日	2013年12月26日	未參與護航
			DDG-152	濟南艦	2012年01月	2014年12月22日	第20批
			DDG-153	西安艦	2012年07月	2015年02月09日	第32批
		052D型	DDG-155	南京艦	2015年12月28日	2018年04月02日	第38批
			DDG-131	太原艦	2016年07月28日	2018年11月29日	第35批
	飛彈護衛艦	054型	DEG-525	馬鞍山艦	2003年09月11日	2005年02月18日	第4、8批
			DEG-526	溫州艦	2003年11月06日	2005年09月26日	第4、8批
		054A型	DEG-515	濱州艦	2015年12月13日	2016年12月29日	第29批
			DEG-529	舟山艦	2006年12月21日	2008年01月03日	第3、7、23批
			DEG-530	徐州艦	2006年09月30日	2008年01月27日	第3、7、29批
			DEG-531	湘潭艦	2015年03月19日	2016年02月24日	第23批
			DEG-532	荊州艦	2015年01月22日	2016年01月05日	第35批

艦隊新造艦艇成軍時程表							
艦隊	類別	艦型	舷號	艦名	下水日期	成軍日期	參與護航紀錄
			DEG-548	益陽艦	2009年11月17日	2010年10月26日	第12、20批
			DEG-549	常州艦	2010年05月18日	2011年05月30日	第12、17批
			DEG-577	黃岡艦	2013年04月28日	2015年01月16日	第26批
			DEG-578	揚州艦	2013年09月30日	2015年09月21日	第26、38批
			DEG-599	安陽艦	2017年03月28日	2018年04月12日	第32批
			DEG-601	南通艦	2017年12月16日	2019年01月23日	未參與護航
	兩棲船塢登陸艦	071型	LSD-980	龍虎山艦	2017年06月15日	2018年09月12日	未參與護航
			LSD-988	沂蒙山艦	2015年01月22日	2016年02月01日	未參與護航
	綜合補給鑑	903型	AOE-886	千島湖艦	2003年07月21日	2005年04月30日	第3、4、7、8、12、20、29批
		903A型	AOE-890	巢湖艦	2012年05月07日	2013年09月12日	第17、18、23、35批
			AOE-966	高郵湖艦	2014年12月20日	2016年01月29日	第26、32、38批
北海艦隊	飛彈驅逐艦	052型	DDG-112	哈爾濱艦	1991年08月28日	1994年05月08日	第14、24批
			DDG-113	青島艦	1993年10月18日	1996年05月28日	第11、22批
		051C型	DDG-115	瀋陽艦	2004年12月28日	2006年11月28日	未參與護航
			DDG-116	石家莊艦	2005年07月26日	2007年03月	未參與護航

艦隊新造艦艇成軍時程表							
艦隊	類別	艦型	舷號	艦名	下水日期	成軍日期	參與護航紀錄
		052D型	DDG-117	西寧艦	2014年 08月26日	2017年 01月22日	第33批
			DDG-118	烏魯木齊艦	2015年 07月07日	2018年 01月	第39批
			DDG119	貴陽艦	2015年 11月28日	2019年 02月22日	第36批
		055型	DDG-101	南昌艦	2017年 06月28日	2020年 01月12日	未參與護航
	飛彈 護衛艦	053H3型	DEG-527	洛陽艦	2004年 08月	2005年 09月	第16批
			DEG-528	綿陽艦	2004年 05月	2005年 04月	第14批
		054A型	DEG-538	煙台艦	2010年 08月24日	2011年 06月	第11、39批
			DEG-539	蕪湖艦	2016年 06月08日	2017年 06月29日	第30批
			DEG-542	棗莊艦	2018年 06月30日	2019年 02月22日	第36批
			DEG-546	鹽城艦	2011年 04月27日	2012年 06月05日	第16、28批
			DEG-547	臨沂艦	2011年 12月13日	2012年 11月22日	第19批
			DEG-550	濰坊艦	2012年 07月09日	2013年 06月22日	第19、28、33批
			DEG-576	大慶艦	2013年 10月8日	2015年 01月16日	第22批
			DEG-579	邯鄲艦	2014年 07月26日	2015年 08月16日	第24、30批
			DEG-598	日照艦	2017年 04月01日	2018年 01月12日	未參與護航

艦隊新造艦艇成軍時程表							
艦隊	類別	艦型	舷號	艦名	下水日期	成軍日期	参與護航紀錄
	綜合補給鑑	903A型	AOE-889	太湖艦	2012年03月22日	2013年06月18日	第15、16、22、28、39批
			AOE-960	東平湖艦	2014年05月30日	2015年12月28日	第24、30、36批
			AOE-968	可可西里湖艦	2018年05月18日	2019年03月	第33批

製表：黃丞佑　2022.01.01

資料來源：《中共海軍現代化》、MDC、人民網、新華網、解放軍報、環球網

2、遠洋補給能力

中國自古有云：「三軍未發，糧草先行。」[77]說明後勤補給對部隊作戰的重要性。亞丁灣護航艦艇的任務派遣，除要考慮艦隊整體戰力與作戰艦續航力外，影響中共派遣護航編隊組成的另一個重要因素即為「艦隊遠洋補給能力」。中共海軍早期購自烏克蘭的908型油彈補給艦（AOR-885）「青海湖號」撥交給南海艦隊服役後，使南海艦隊成為最早具有遠洋補給能力的部隊。1977年8月，中國首度展開綜合油彈補給艦建造計畫，目標是發展一種具備完整橫向、縱向及垂直補給能力，且涵蓋燃油、淡水、乾貨和彈藥補給能量，並能完整支持艦隊遠洋作戰的現代化綜合補給艦。惟該計畫受當時中共財政困難等因素延宕，直到1988年才重新以903計畫的名稱，展開新一代綜合油彈補給艦的研製，使中共海軍逐步朝向建立遠洋作戰能力邁進。[78]首批新造的903型綜合油彈補給艦（AOE-887）「微山湖號」和（AOE-886）「千島湖號」，先後在2004年4月及2005年4月撥交給南海艦隊及東海艦隊服役。2005年11月8日至12月18日，「微山湖號」伴隨南海艦隊飛彈驅逐艦（DDG-

[77] 〈三軍未發，糧草先行〉，《教育部重編國語辭典修訂本》。檢索日期：2015.12.29。http://pedia.cloud.edu.tw/Entry/Detail/?title=%E4%B8%89%E8%BB%8D%E6%9C%AA%E7%99%BC%EF%BC%8C%E7%B3%A7%E8%8D%89%E5%85%88%E8%A1%8C

[78] 〈福池級油彈補給艦／904型定點補給艦〉，《MDC》。檢索日期：2015.12.29。http://www.mdc.idv.tw/mdc/navy/china/navy-china.htm

167）「深圳號」出訪巴基斯坦、印度與泰國。途中為艦隊補給燃油及淡水共12次，補給乾貨30次，並先後在阿拉伯海、印度洋與泰國海灣分別與三個訪問國進行聯合操演。此次航行是903型綜合油彈補給艦第一次海外航程的紀錄，具有重要的歷史意涵。2006年「千島湖號」啟航前往亞丁灣，伴護從俄羅斯購買的第二批現代級驅逐艦回國。2007年7月24日至10月18日，「微山湖號」與052B型飛彈驅逐艦（DDG-168）「廣州號」啟程遠航至俄羅斯、英國、西班牙、法國進行訪問。此次任務總航程歷時87天，期間更與英國、西班牙、法國海軍進行海上聯合搜救演練。[79]903型綜合油彈補給艦經過多次海外任務後，已成功驗證該艦可滿足中共海軍長期欠缺的遠洋補給能量，也奠定了中共海軍執行遠洋任務的後勤保障基礎。

2008年至2011年中共的第一至第十批護航編隊分由南海艦隊及東海艦隊執行，此時期北海艦隊並未納編至護航任務中。由兵力結構與任務指派的觀點深入觀察可以看出，艦隊遠洋補給能力已成為艦隊是否能執行亞丁灣護航任務的重要考慮要素之一。前文在「艦隊輪值模式中」曾提到，中共第一至第十批編隊期間綜合油彈補給艦必須在執行過兩批編隊任務後才會實施輪換，與作戰艦艇每一批編隊即換防一次的輪值模式不同。主要是考慮到各艦隊所轄的綜合油彈補給艦數量有限，故須採取連續輪值（值勤8個月，修整8個月）的模式來減輕頻密的出勤壓力，[80]因此才形成一支艦隊連續擔負2批次護航編隊任務的情況。加上在此之前各艦隊的遠海補給經驗有限，尤其未執行過長時間的海上整補任務，故在前十批編隊中，並未發現綜合油彈補給艦進行跨艦隊支援的做法，各批次護航編隊仍然是納編各艦隊所屬兵力執行任務。北海艦隊是三支艦隊中最晚獲得903A型綜合油彈補給艦的部隊，隸屬該艦隊的（AOE-889）「太湖號」係2012年下水，2013年才成軍服役完成戰備。[81]因此，2013年前的北海艦隊並不具備遠洋補給能力，也因此無法擔負編隊遠航任務。這正是中共海軍為何在護航任務初期，遲遲未將北海艦隊投入亞丁灣護航的原因之一。

---

79 〈福池級油彈補給艦／904型定點補給艦〉，《MDC》。

80 陶慕劍，〈若沒有補給艦　中國航母只是短途客輪〉，《鳳凰網——防務短評》。檢索日期：2016.1.1。http://news.ifeng.com/mil/forum/detail_2011_05/25/6618213_0.shtml?_from_ralated&_from_ralated

81 〈福池級油彈補給艦／904型定點補給艦〉，《MDC》。

2012年2月27日，由中共海軍北海艦隊組成的中共第十一批亞丁灣護航編隊由山東青島啟航。[82]該次編隊的出航不僅僅是北海艦隊首次踏上護航之路，也是中共亞丁灣護航編隊模式的分水嶺。由於當時北海艦隊尚未具備可以執行遠洋補給能力的補給艦，因此該批編隊的補給任務是由最早擔任護航任務、已執行過4批次護航任務，隸屬南海艦隊的「微山湖號」綜合油彈補給艦擔綱。為此，南海艦隊在執行第九、第十批護航編隊時，特別將中共海軍艦艇中噸位最大、長期擔負第二線補給任務的（AOR-885）「青海湖號」納入護航編隊，使長期擔任南海艦隊遠航編隊補給重任的「微山湖號」可以在獲得充分修整後，投入第十一批編隊的補給任務。除此之外，自第十一批編隊起中共海軍開始嘗試以跨艦隊混合編組的方式執行護航任務，任務輪值方式也改為單一艦隊執行一批次任務模式。回頭探究中共之所以會派遣「微山湖號」支援北海艦隊護航任務，主要原因有以下幾個要素：

（1）加速入列時程

南海艦隊（AOE-887）「微山湖號」，是最早投入護航編隊的綜合油彈補給艦，先後經歷過4次護航任務，是當時各艦隊中遠洋補給經驗最豐富的艦艇。由該艦支持北海艦隊首批護航任務，除可彌補北海艦隊在遠洋補給實務上的不足外，更可提前讓艦隊官兵熟稔海上補給實務。待建造中的綜合油彈補給艦（AOE-889）「太湖號」於2013年成軍交付北海艦隊後，可立即投入亞丁灣護航任務。這個推測可從「太湖號」在2013年6月撥交成軍後，即於同年8月配合由南海艦隊組成的第十五批護航編隊前往亞丁灣執行任務，並接續納入第十六批護航編隊與北海艦隊轄屬艦艇共同執行護航任務中獲得應印證。

（2）具有遠洋補給自信

南海艦隊是當時各艦隊中擁有遠洋補給艦最多的部隊，在經歷過4次護航任務後，對護航任務已具備豐富的經驗。「青海湖號」在護航任務初期雖然未參與編

---

[82] 〈中國海軍第十一批護航編隊啟航北海艦隊首次派艦執行護航任務〉，《鳳凰網》。檢索日期：2016.1.1。http://news.ifeng.com/gundong/detail_2012_03/01/12894952_0.shtml

隊，但仍為護航行動做過重大貢獻。每次護航編隊前往亞丁灣途中，「青海湖號」都會提前部署在南海進入麻六甲海峽的入口處為護航軍艦提供中途補給。自第九批編隊「青海湖號」從擔負中途補給的第二線直接走上亞丁灣第一線，顯示中共海軍已累積了相當的護航經驗。調派「微山湖號」支援北海艦隊護航、將「青海湖號」納入護航編隊，也表現出南海艦隊在護航任務上的自信與實力。[83]

（3）縮短戰備整備期程

903A型綜合油彈補給艦陸續成軍、撥交艦隊服役後，中共海軍艦隊的遠洋後勤補給能力逐漸入列到位。提前讓北海艦隊的作戰艦艇熟稔遠洋海上補給作業模式，有助縮短後勤艦艇成軍入列後與作戰艦艇實施海上補給作業的磨合期。

從上述的分析中可發現，中共護航編隊在任務派遣時主要考慮的要素實為艦隊兵力結構與能力。除須考慮中共艦艇在現代化過程中，各艦隊兵力結構與戰備整備情況外，艦隊海外補給能力也是該艦隊能否執行亞丁灣護航任務的關鍵考量要素。

表3-5　中共各艦隊遠洋油彈補給艦成軍時間表

中共各艦隊遠洋油彈補給艦成軍時間表							
艦隊	艦型	舷號	艦名	下水日期	成軍日期	參與護航紀錄	備註
南海艦隊	908型	AOR-885	青海湖艦	—	1996年	第9、10、13、21、27批	
	903型	AOE-887	微山湖艦	2003年07月01日	2004年04月18日	第1、2、5、6、11、14、19、34批	
	093A型	AOE-963	洪湖艦	2015年06月28日	2016年07月15日	第25、37批	
		AOE-964	駱馬湖艦	2015年06月05日	2016年07月15日	第31批	

83 陶慕劍，〈中國最大補給艦首次投入護航一線〉，《鳳凰網——防務短評》。檢索日期：2016.1.1。http://news.ifeng.com/mil/forum/detail_2011_07/01/7377445_0.shtml?_from_ralated&_from_ralated

中共各艦隊遠洋油彈補給艦成軍時間表							
艦隊	艦型	舷號	艦名	下水日期	成軍日期	參與護航紀錄	備註
東海艦隊	903型	AOE-886	千島湖艦	2003年07月21日	2005年04月30日	第3、4、7、8、12、20、29批	
	093A型	AOE-890	巢湖艦	2012年05月07日	2013年09月12日	第17、18、23、35批	
		AOE-966	高郵湖艦	2014年12月20日	2016年01月29日	第26、32、38批	
北海艦隊	903A型	AOE-889	太湖艦	2012年03月22日	2013年06月18日	第15、16、22、28、39批	
		AOE-960	東平湖艦	2014年05月30日	2015年12月28日	第24、30、36批	
		AOE-968	可可西里湖艦	2018年05月18日	2019年03月	第33批	

製表：黃丞佑　2022.01.01
資料來源：《中共海軍現代化》、MDC、人民網、新華網、環球網。

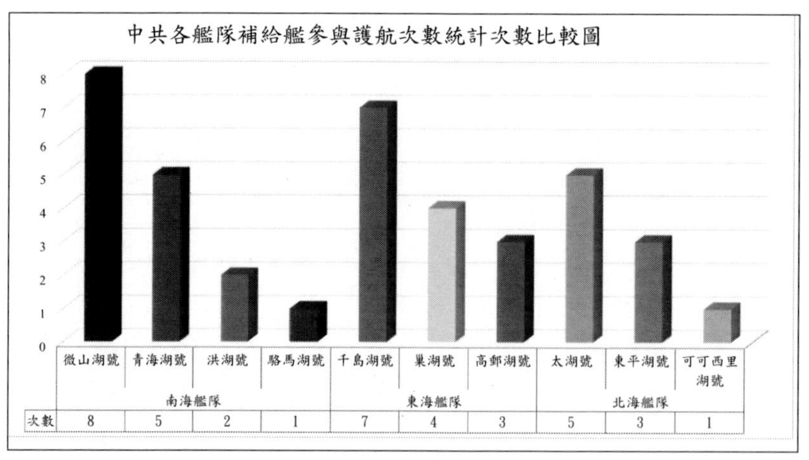

圖3-3　中共各艦隊補給艦參與護航次數比較圖

製表：黃丞佑　2022.01.01
資料來源：《中共海軍現代化》、MDC、人民網、新華網、環球網

（二）補給制度建立

海軍執行海外任務，最重要也是最困難的就是後勤補給問題。早在大航海時代，歐洲列強在全球瓜分殖民地，除爭奪自然資源外，也是為了在戰略要地建立船舶的補給據點與海軍基地。馬漢在《海權對歷史的影響1660~1783》一書中也指出：「作為一個國家，隨著它的非武裝船舶和武裝艦船離開其海岸線的那一刻起，就立刻會需要一些能供平時貿易、避難的補給據點。」[84]因此，要長期執行海外任務，艦隊後勤補給能量的建立是重中之重。過去大航海時代，歐洲各國在世界各地建立殖民地及商業據點，除圖求當地的勞力、資源、產品及市場外，這些殖民地更是艦隊在世界各地來往的航程中，重要的補給點與整備基地。美國在第二次世界大戰後，為與前蘇聯領導的共產集團對抗，並扮演世界秩序維護者的角色；美國海軍將艦隊部署在七大洋，並在全球各地建設海外基地，以保障艦艇的後勤補給無虞。亞丁灣護航任務是中共自海軍建軍以來，首次長時間執行的海外軍事行動。由於一個期程的任務時間平均約為4個月左右，在無海外基地提供編隊保障的前提下，編隊補給制度的建立遂成為中共海軍必須面對的重要課題。

1、後勤補給的隱憂

中共每批次護航編隊，雖然會常態編配一艘綜合油彈補給艦擔任護航艦艇的後勤支柱，但面對長時間的海上航行及頻繁的護航勤務，僅靠一艘油彈補給艦維持兩艘作戰艦的後勤保障，對編隊指揮官是極為嚴峻的挑戰。因缺乏海外基地提供油料、修整和物資補給等保障，使中共護航任務在啟航前就存在後勤能量不足的隱憂。以下就針對護航編隊後勤補給的問題與中共的對應之策做進一步說明：

（1）欠缺遠洋補給能力

2008年12月26日中共首批護航編隊啟航前往亞丁灣，1月6日駛抵亞丁灣後開始

---

84 馬漢著，安常容、成忠勤譯，《海權對歷史的影響1660~1783》，頁64。

為期4個月的護航任務，也開啟海外長期軍事行動的序幕。由於中共沒有建立海外基地，也沒有加入任何一支多國聯合艦隊，在不具備基礎能量，又無法獲得外援的情況下，編隊的後勤補給就必須靠自己設法解決。以一艘自我維持能力不超過30天的飛彈驅逐艦來說，要執行長時間的護航任務必須有大型的補給艦伴隨保障。以目前出勤率最高的903/903A型綜合油彈補給艦為例，其滿載排水量約3萬噸，物資容量為：燃油10,500噸、淡水250噸、乾貨和彈藥約1,000噸（推測值）是目前中共海軍噸位最大、最先進的補給艦，可同時為2艘艦艇實施橫向補給。[85]就海上補給任務而言，903/903A型補給艦作為艦隊遠航支援角色已綽綽有餘。但對長期執行海上任務而言，仍存在諸多缺陷與不足。雖然大型綜合油彈補給艦可以滿足編隊護航艦艇海上整補的需求，但受限於護航艦艇續航能力的限制，平均每3週必須進行一次油料補給。而綜合油彈補給艦的整補裝載時間通常需要3天（包括油料、淡水和物資補給），使編隊唯一的綜合油彈補給艦必須頻繁奔波於港口和護航艦艇之間，不僅使補給艦出勤壓力倍增，也直接影響到護航艦任務的執行。[86]中共海軍可從事遠洋航程的綜合補給艦數量有限，截至2015年為止，三大艦隊僅擁有5艘新型綜合油彈補給艦（包含908型、903/903A型）。除亞丁灣護航任務外，同時要執行戰備任務及訓練，還要考量定期進廠保修等任務。在補給艦數量不足的情況下，中共不可能同時派遣2艘補給艦赴亞丁灣執行後勤保障任務。因此，尋覓穩定且可靠的補給港，是中共護航編隊的燃眉之急。最終中共決定以亞丁灣海域周邊的商用港口，作為護航編隊綜合補給的據點。被選為首次編隊唯一補給點的港口，正是位在亞丁灣西端的葉門「亞丁港」（Aden）。

（2）缺乏油料補給管道

因中共在亞丁灣周邊並未建立海外基地，也無法從其他艦隊的補給點獲得油料，使中共護航編隊無法循軍用油料補給管道獲得油料保障，而必須改採「商業模

[85] 王威，〈中國海軍第一批護航編隊任務總結報告〉，頁9。

[86] 王維源，〈亞丁灣護航行動油料保障問題芻議〉，《中國儲運》，2012年第8期（天津：中國儲運雜誌社，2012），頁139-140。

式」的方式滿足油料的需求。由於海外油料籌措的難度高，存在的不確定因素相當多，故受政府委託承接編隊燃油保障的對象，必須為政府認可且信賴的組織（企業）才足以擔負此項重擔。最後是由中遠集團下轄的「中遠集團西亞公司」承接編隊海外油料補給和物資採購業務。[87]護航編隊油料的籌措，是由中共海軍相關補給部門與外交部、交通部相關人員組成的先遣小組先期抵達海外港口，協調駐外機構和中遠集團西亞公司按商業化模式展開物資採購，綜合油彈補給艦再依照計畫停泊國外商用港口進行油料補給。[88]以首批護航編隊綜合油彈補給艦首次停靠葉門亞丁港進行補給為例，2009年2月21日「微山湖號」補給艦即停靠亞丁港商用碼頭實施補給。為提高補給效率，補給作業使用多點同時補給方式實施，採取吊車轉運的方式吊運乾貨，同時兩台大功率的抽水機不停加注淡水；另外，阿曼籍油船「海灣雄獅號」則在舷邊實施柴油裝載作業。完成為期三天的補給作業後，「微山湖號」補給艦於2月23日駛離亞丁港與編隊作戰艦艇會合。[89]海軍以商業模式，勉強彌補了中共欠缺海外基地、無法採用軍用補給管道取得燃油的困境。

2、編隊補給模式演變

艦隊執行海外任務，除要考量航程、航線、任務執行力及影響力外，後勤補給能否配合艦隊任務適時到位，才是艦隊是否能遂行任務的重要關鍵。中共海軍首次執行長時間且遠距離的海外軍事任務，如何維持艦隊後勤補給能量以滿足任務需求，是中共海軍高層的重大考驗。運用國際商用港口建立補給點，並透過商業運作的模式進行補給，不但組建了護航編隊的綜合後勤補給能量，也彌補了缺乏海外後勤基地的問題。經過39批次護航經驗的累積，補給作業模式也從單一轉為多元，補

87 中遠集團西亞公司：中遠西亞公司於1997年3月25日註冊成立，是中遠集團的全資子公司。負責統一管理中遠集團在西亞地區的各項業務，下轄中遠阿聯酋瑞斯公司和中遠布哈里國際有限公司等兩家內部合營公司。其中，中遠阿聯酋瑞斯公司是中遠與原代理RAISHASSAN於1996年1月成立的合資公司。從事現場管理，監督、檢查代理工作和攬貨。
資料來源：〈全球中遠－中遠西亞公司〉，《中國遠洋運輸集團》。檢索日期：2016.1.1。http://www.cosco.com/art/2012/11/2/art_264_56.html

88 王維源，〈亞丁灣護航行動油料保障問題芻議〉，頁140。

89 〈海軍護航艦隊「微山湖」艦完成首次停靠外港補給〉，《中新網》。檢索日期：2016.1.1。http://www.chinanews.com/gn/news/2009/02-24/1577099.shtml

給艦及輔助補給船隻的運用也更為純熟，尤其透過軍民作業混合運用的方式，使中共海軍海外任務的補給作業有更多的選擇和靈活性。以下就針對中共海軍補給模式的變化和歷程進行說明：

（1）摸索下的不靠港補給

首批護航編隊於2008年12月由海南三亞啟航後，經歷21天的航程抵達亞丁灣。在4個月的任務執行期間，擔任護航艦的「武漢號」、「海口號」飛彈驅逐艦採用不靠港的模式補給。所謂的不靠港補給並非完全不靠港，是指編隊主體（武漢號、海口號兩艘驅逐艦）不進入港口停靠補給，由綜合油彈給艦「微山湖號」以海上整補的方式實施「間接補給」。補給艦定期駛入葉門的國際商港「亞丁港」實施油料、淡水及乾貨等後勤務資補給後，再駛返編隊以並靠、直升機吊運及小艇轉運等多種補給方式，替兩艘護航艦實施海上補給作業。[90]此外，中共海軍還利用中共國船的商船隊，為護航編隊實施不定期運送補給。2009年1月31中共海軍就委託交通部所屬的「中國遠洋海運集團有限公司」（簡稱：中國海運）旗下的「新非洲號」貨輪，運送蔬菜和水果等物資為編隊實施補給，[91]寫下中共艦船編隊不靠港補給，保障61天海上值勤的紀錄，也締造了中共海軍史上作戰艦艇不靠港補給，維持最長124天海上執勤的紀錄。這些紀錄對美國、英國等傳統海軍強國而言並非驚人之舉，但對一個甫從近海走向遠洋的「摸索者」而言，是極為重要的里程碑。這些紀錄對中共海軍遠洋航行、多元軍事行動及後勤保障能力的限制、作業模式及建軍需求和作戰評估等，都提供了寶貴的數據和經驗，也奠定了中共海軍初步遠海航行及長時間海上自我保障與維持的能力。

（2）靠港輪休常態化

雖然首批編隊驗證了中共海軍已具備透過海上補給的能力，足以擔負編隊長時

[90] 〈中國護航編隊創海上持續不靠港124天紀錄〉，《中評社》。檢索日期：2016.1.2。http://gb.chinareviewnews.com/doc/1011/0/6/0/101106093.html?coluid=4&kindid=16&docid=101106093

[91] 〈中國海軍第一批護航編隊任務總結報告〉，《現代艦船》，頁9。

間海上勤務的保障任務，但在各艦隊油彈補給艦數量嚴重不足的情況下，不靠港補給造成編隊補給艦必須在港口與編隊間來回奔波，大大加重艦上官兵的勤務負擔和壓力。此外，在長時間的亞丁灣護航行動中，由於工作節奏單調、生活空間狹小、人員交往密集，往往使官兵因細小的事情引發矛盾。[92]一百多天不靠岸、被侷限在狹小船艙中的生活，更造成艦上官兵精壓力緊繃、情緒不穩定而產生衝突，增加潛在危安因素的肇生。因此，自第二批護航編隊起，補給模式開始有了變化。2009年6月21日至7月1日，第二批護航編隊的飛彈驅逐艦（DDG-167）「深圳號」、飛彈護衛艦（DEG-570）黃山號和綜合油彈補給艦「微山湖號」等3艘艦艇，先後在阿曼（Sultanate of Oman）的「薩拉拉港」（Salalah）輪流實施為期3天的靠港補給。[93]這是自2008年以來，護航編隊補給艦第4次靠港整補，也是編隊作戰艦首次實施靠港進行整補與人員輪休。這次的整補作業修正了首批編隊完全使用海上整補作業模式，更確立後續編隊艦艇定期整補的制度。編隊補給保障作業方式逐步由「臨時靠港補給」轉為「定期靠港補給」，開始建立以岸基保障為主、商船運送為輔的綜合保障模式。[94]自此，中共護航編隊在亞丁灣海域的後勤補保作業逐漸走向制度化。

（3）靈活操作補給模式

護航編隊在執行護航任務時採用了多種護航模式，包括：在指定區域內巡邏的「區域護航」；兩艘艦艇在護航海域中段進行接力護航的「接力護航」；以及兩艦同時伴隨船團實施戒護的「伴隨護航」等。針對不同形式的護航任務，綜合油彈補給艦也必須採取相應油料保障模式。例如進行「區域護航」時，在巡邏區域內「設置臨時油料補給點」；在執行「接力護航」時，採取「定點補給」模式；在「伴隨護航」過程中，實施「橫向油料補給」。多樣化的保障方式，不但滿足了編隊不同

92 王金麗，〈亞丁灣護航行動中的心理管理〉，《軍隊政工理論研究》，2012年10月，第13卷，第5期（上海：中國人民解放軍南京政治學院，2012），頁87。

93 〈中國海軍護航行動大事記〉，《中國海軍》。檢索日期：2016.1.2。http://www.81.cn/big5/2014hjhh/2014-12/23/content_6281269_2.htm

94 〈中國護航行動進入常態化　多港口成休整基地〉，《中評社》。

的任務需求，更可透過歷次編隊統計不同模式的補給任務中得到的油耗數據，制定出護航任務油料消耗標準，進而加強裝備管理，尋求更有效率的保障方法，以提高油料的利用。中共海軍就從一次次的摸索中，逐步建立起艦隊海上補給、海外任務執行和軍民協作保障的制度與規範。[95]

3、擴增補給據點

對沒有海外基地的中共護航編隊來說，海外補給港是維持任務永續執行的命脈。透過中遠集團西亞公司設在中東和東非各國際商港的營運據點作為海軍海外補給港，成為中共在亞丁灣護航任務中的重要操作模式。首批護航編隊選擇了葉門亞丁港作為補給港，亞丁港也成為中共海軍的第一個常設海外補給港。繼葉門亞丁港後，中共持續在亞丁灣海域周邊積極尋覓新的港埠，擴增補給據點。此舉有別於在索馬利亞海域執行護航任務的其他艦隊，因擁有海外基地或海軍專用碼頭（尤其是美國151聯合特遣艦隊、北約508特遣艦隊和歐盟465特遣艦隊，因美國與法國在吉布地的吉布地港均設有軍事基地可供盟國海軍艦艇整補），故多選擇在固定港口進行整補。繼首批編隊選擇於亞丁港整補後，中共編隊補給港陸續選定阿曼的薩拉拉港、吉布地的吉布地港以及沙烏地阿拉伯的吉達港作為整補點。上述港口連同最初的葉門亞丁港在內，中共在亞丁灣海域共建立了四個固定補給點。分別提供艦隊在亞丁灣的東、西兩端，實施補給與修整。以下就各補給港概況與編隊整補情況做簡單的說明：

（1）亞丁港

亞丁港位於葉門西南沿海、亞丁灣的西北岸，扼守著紅海（Red Sea）與印度洋的出入口，是歐洲經紅海至亞洲和太平洋之間的交通要衝，地理位置極為重要。該港是葉門最大的海港，也是葉門轉口貿易的主要港口。亞丁港位在亞丁半島的西北部，主要碼頭泊位有27個，水深12.5公尺，其中包括2個貨櫃箱泊位，港區沿岸

95　王維源，〈亞丁灣護航行動油料保障問題芻議〉，頁139-140。

長900公尺，水深11公尺，可同時停靠30多艘萬噸級船舶。油港位在小亞丁半島的東北部，港區計有4個泊位，最大可停靠6.5萬載重噸的油船，水深達16.5公尺，有水下油管直通岸上能同時為15艘海船加油上水。目前亞丁煉油廠每年煉油800萬噸左右，能為500艘大型船舶提供燃料，因此亞丁港也是供應國際遠洋船舶燃料的重要基地之一。[96]中共首批護航編隊於2009年2月21日首次停靠亞丁港實施整補，後續編隊艦船也不定期停泊於亞丁港從事整補輪休。受葉門政局不穩定和蓋達組織恐怖攻擊的影響，2000年美國海軍（DDG-67）「柯爾號」飛彈驅逐艦，曾在亞丁港遭到蓋達組織以自殺炸彈攻擊，造成17人死亡、37人受傷的慘劇。[97]中共艦艇在此整補時，特別協調葉門政府加強碼頭、港區海面的安全警戒工作。

（2）薩拉拉港

薩拉拉港位於阿曼南部的佐法爾省（Dhofr）首府薩拉拉，於1998年建成投入營運。薩拉拉港是一個多用途港口，可處理散貨、貨櫃和液體貨物，目前擁有6個泊位，可停靠世界上最大的貨櫃船，年處理貨櫃量可達600萬標箱。2008年，處理貨櫃達306.8萬標箱，普通貨物裝卸總量達347萬噸，停靠964艘船隻[98]。中共編隊2009年6月21日首次停泊該港，由第二批護航編隊下轄的3艘艦艇輪流進港實施整補，由於具備完整的港勤設施與後勤支援體系，可滿足中共「護航編隊」的實際需求，[99]故成為中共在亞丁灣整補的重要港埠。薩拉拉港是亞丁灣東端最重要的國際港埠之一，扼守著亞丁灣東端出入口，同時也鄰近中共護航航道的集合A點和國際推薦通行航道東端，因此由薩拉拉啟航欲穿越亞丁灣的船舶，多由此直接申請加入護航編隊或直接行駛國際推薦通行航道。

---

96 〈亞丁港〉，《港口大全－世界港口查詢》。檢索日期：2016.1.2。http://gangkou.51240.com/YEADN_3079__gk/

97 〈科爾號遇襲事件〉，《國際在線》。檢索日期：2016.1.2。http://big5.cri.cn/gate/big5/gb.cri.cn/8606/2006/02/06/1166@885516.htm

98 〈唯一郵輪網〉，《塞拉萊港／阿曼》。檢索日期：2016.1.2。http://www.weiyiyoulun.com/port-1107149797249738

99 胡克勇，〈中共遠洋艦隊與海外休補〉，《台北論壇》。檢索日期：2016.1.2。http://140.119.184.164/print/P_76.php

（3）吉布地港

吉布地港位於吉布地南沿海塔朱拉（Tadjoura）灣的南岸入口處，瀕臨亞丁灣的西南側，北距曼德海峽約77浬，東距亞丁灣約130浬，扼控紅海進入印度洋的咽喉要衝曼德海峽[100]，是吉布地最大的海港，也是東非最大的現代化港口之一。該港始建於1896年，於1917年修通了到阿迪斯阿貝巴（Addis Ababa）的鐵路（全長約781公里，在吉布地境內長約106公里）後，才隨著交通的便利而逐漸繁榮。吉布地原為法屬索馬利亞，1977年6月宣告獨立後改為現名。吉布地港自1949年起就實行自由港政策，獨立後仍保留自由港地位。它是衣索比亞的重要轉運港，同時也是重要的船舶加油站和供應站。港口距吉布地的安布利國際機場（Aéroport international de Djibouti Ambouli）約7公里。港口主要碼頭泊位有11個，港區沿岸長2,300公尺，最大水深為12公尺，有直徑100至400釐米的輸油管供裝卸燃油使用。港區有貨櫃箱和滾裝貨的露天堆放場及庫房。原油裝卸速率每小時可裝卸2,500噸。大船錨地水深達20公尺。[101]

吉布地因戰略位置險要，具有極重要的戰略地位。該港目前也是各國護航艦隊重要的停靠補給基地，包含美國151聯合特遣艦隊、北約508特遣艦隊、歐盟的465特遣艦隊及日本護航編隊等部隊，都在此港設立基地或停泊碼頭。中共第二批護航編隊在亞丁灣執行任務期間，就曾針對吉布地港等亞丁灣周邊港口進行靠港補給可行性調查。[102]而中共首次進入吉布地港進行整補，則是在第四批護航編隊任務執行期間，2010年1月24日飛彈護衛艦（DEG-525）「馬鞍山號」率先進入吉布地港實施為期3天的整補作業。[103]接續飛彈護衛艦（DEG-568）「巢湖號」[104]及（DEG-

[100] 胡克勇，〈中共遠洋艦隊與海外休補〉，《台北論壇》。

[101] 〈非洲港口介紹大匯總（北非西非篇）〉，《中非社》。檢索日期：2016.1.3。http://www.afbiz.info/zixun/article5962.html

[102] 〈中國護航行動進入常態化　多港口成休整基地〉，《中評社》。

[103] 〈中國海軍護航編隊「馬鞍山」號抵達吉布提港進行補給〉，《中華人民共和國駐吉布提共和國大使館》。檢索日期：2016.1.3。http://dj.chineseembassy.org/chn/xwdt/t653660.htm

[104] 〈中國海軍護航編隊「巢湖」號抵達吉布提港補給休整〉，《中華人民共和國駐吉布提共和國大使館》。檢索日期：2016.1.3。http://dj.china-embassy.org/chn/xwdt/t657509.htm

526）「溫州號」[105]先後於1月28日、2月10日停靠吉布地港進行整補，自此吉布地港也成為中共護航編隊在亞丁灣西端的固定整補基地。

（4）吉達港

吉達港位於沙烏地阿拉伯西海岸中部，瀕臨紅海東側，是該國最大的貨櫃運輸港，也是伊斯蘭聖城麥加（Mecca）的重要海上門戶。吉達港於17世紀因朝聖者的集散而興盛，時至今日該港仍為全國的金融和商業中心。港口距阿卜杜勒・阿齊茲國王國際機場（King Abdulaziz International Airport）約35公里。吉達港裝卸設備有各種岸吊、可移式吊、龍門吊、貨櫃箱吊、卸船用門式真空吸管、輸送機、叉車及滾裝設等港區作業施設施，其中可移式吊最大起重能力可達40噸。1992年貨櫃輸送量達84.7萬TEU（Twenty-foot Equivalent Unit：20呎標準貨櫃），約占沙烏地阿拉伯貨櫃箱輸送量的60%，具有極佳的國際物資運輸條件。[106]中共第六批護航編隊結束任務後，於2010年11月27日前往吉達港展開為期5天的友好訪問，這也是中共海軍艦艇首次訪問該港。[107]2011年9月4日第九批護航編隊的飛彈驅逐艦（DDG-169）「武漢艦」首次進入吉達港實施整補，為中共海軍首次在該港實施整補作業。[108]自此吉達港開始成為中共護航編隊在亞丁灣西端的重要補給點，也讓中共艦艇的活動範圍推進至紅海海域。

缺乏海外軍事基地的中共海軍，採用軍民協作的方式，建立起了異於常規補給模式的保障系統。從最初葉門亞丁港的試點，到後期薩拉拉港、吉布地港和吉達港的常態性補給修整。中共在短短的3年內，陸續於亞丁灣周邊建立起4個整補據點。對一支僅有3艘艦艇組成的艦船編隊來說，在固定活動區域設有1至2個補保基地是相當正常的作法。但在單一區域同時設立了4個整補基地（亞丁灣東端1個、西端2

105 〈海軍護航編隊「溫州」艦抵達吉布提港〉，《中華人民共和國駐吉布提共和國大使館》。檢索日期：2016.1.3。http://dj.china-embassy.org/chn/xwdt/t654689.htm

106 〈亞丁港〉，《港口大全—世界港口查詢》。

107 〈中國海軍第六批護航編隊抵達沙烏地阿拉伯吉達港〉，《中國政府網》。檢索日期：2015.1.3。http://big5.gov.cn/gate/big5/www.gov.cn/jrzg/2010-11/28/content_1755136.htm

108 〈海軍第九批護航編隊停靠沙烏地阿拉伯吉達港補給休整〉，《人民網》。檢索日期：2015.1.3。http://military.people.com.cn/BIG5/15583970.html

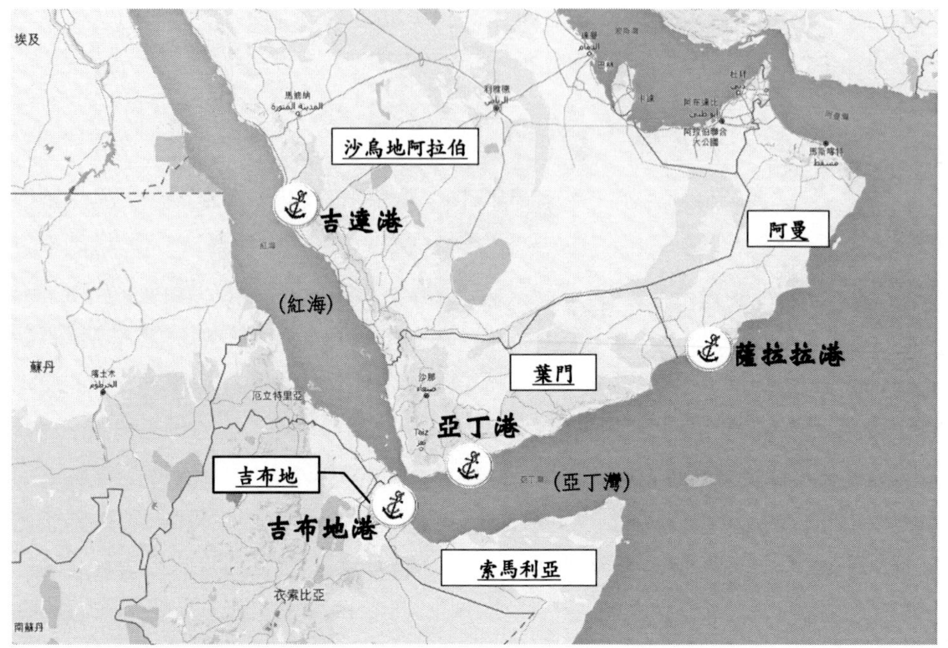

圖3-4　亞丁灣周邊中共補給港分布圖

製表：黃丞佑　2021.08.14

資料來源：黃丞佑資料綜整。

個、紅海海域1個）的情況卻極為少見。研判中共在投入艦艇打擊海盜過程中，因伴隨護航帶來大量的油耗整補需求，故於亞丁灣周邊建立多個補給點外，同時也因護航帶來的成效斐然，使中共開始擬定長期駐兵亞丁灣的規劃。

4、補給戰力全軍化

經過13年39批次的護航編隊任務，中共海軍後勤補給戰力提升是有目共睹的。不僅是新造補給艦的陸續下水、撥交服役，經過亞丁灣護航任務的洗禮後，保障艦隊遠洋後勤補給的能力和自信也大幅成長。從歷次護航任務補給艦派遣模式的改變中觀察，中共海軍已跳脫傳統「艦隊建制」的觀念，開始嘗試「跨艦隊補給」訓練。以下就中共海軍補給艦運用模式的轉變加以說明：

（1）過去：依建制執行任務

前文提過隸屬南海艦隊的「微山湖號」油彈補給艦曾於2005年11月8日至12月18日伴隨同艦隊的飛彈驅逐艦「深圳號」出訪巴基斯坦、印度與泰國，並先後在阿拉伯海、印度洋與泰國海灣分別與三個訪問國進行聯合操演。[109]2006年隸屬東海艦隊的「千島湖號」油彈補給艦啟航前往亞丁灣，伴護從俄羅斯購買的第二批現代級驅逐艦回國撥交給東海艦隊服役。[110]2007年7月24日至10月18日，「微山湖號」與同屬南海艦隊的052B型飛彈驅逐艦「廣州號」前往俄羅斯、英國、西班牙及法國等國進行訪問，並與英國、西班牙、法國海軍進行海上聯合搜救演練。[111]從歷次的海外任務中發現，中共海軍艦艇從事海外任務時都由同一艦隊的補給艦擔任海上航行保障任務，不會調派其他艦隊的補給艦執行補給任務。當開始執行亞丁灣護航任務後，第一批至第十批護航編隊所納編的綜合油彈補給艦，均由同艦隊所屬的艦艇擔任，且艦隊輪值規劃也因為所屬補給艦數量有限，不得不以兩批次編隊由同一艘綜合油彈補給艦連續執行編隊補給任務的方式，來維持編隊補給艦順利派遣。這樣的輪值模式依循著艦隊任務由同艦隊所屬艦艇執行的原則。

（2）現在：跨艦隊補給成形

自第十一批編隊開始，編隊補給艦運作模式有了重大轉變。北海艦隊首次輪值亞丁灣護航任務期間，在欠缺補給艦的情況下由已執行過4批次任務的南海艦隊「微山湖號」補給艦負責此次任務，開啟了編隊艦艇跨艦隊編組的序幕。當輪值模式改為各艦隊結束一批次任務立即交接給另一個艦隊接防的模式後，編隊補給艦的派遣漸漸跳脫過往的慣例。第十四批編隊由北海艦隊擔綱，但編隊補給艦仍由南海艦隊的「微山湖號」擔任。第十五批編隊由南海艦隊執行，編隊補給艦卻換成甫

109 〈福池級油彈補給艦／904型定點補給艦〉，《MDC》。
110 〈福池級油彈補給艦／904型定點補給艦〉，《MDC》。
111 〈福池級油彈補給艦／904型定點補給艦〉，《MDC》。

成軍不滿半年，隸屬北海艦隊的（AOE- 889）「太湖號」補給艦。當南海艦隊執行第十八批編隊任務時，編隊補給艦則由第十七批編隊的東海艦隊（AOE-890）「巢湖號」補給艦擔任。由上述轉變中可看出，中共海軍逐漸打破傳統「艦隊建制」的觀念，補給艦的派遣隨著遠洋補給能力逐漸熟練，開始與作戰艦艇進行跨艦隊搭配執行任務。

2016年1月29日中共海軍第4艘903A型綜合油彈補給艦（AOE-966）「高郵湖號」正式成軍，撥交給東海艦隊服役。該艦為同型艦的第4號艦，[112]也是東海艦隊轄屬的第3艘新型油彈補給艦。自2013至2016年短短的3年間，共有6艘903A型綜合油彈補給艦撥交艦隊服役。由此可見，中共近年積極擴建艦隊補給能量，並透過亞丁灣護航的機會將實務融入訓練中。更藉由實務經驗逐步累積自信，使艦隊海上補給能力大幅提升，並為未來海軍遠洋化奠定良好的基礎。

亞丁灣護航任務加速了中共海軍遠洋化的進程，也提早讓中共海軍面對海外補給與海外據點的課題。中共大幅依賴「國航船舶」（中國海運）與「國營企業海外據點」（中遠集團）的效能，作為海軍編隊的後盾，而中共海軍內部也有聲音批評現有的油料補給模式過度依賴帶中遠集團，海軍無法在採購的各個環節做到資訊全面掌握，以致無法對保障各個環節實施有效監管；此外，油料保障欠缺制度化，缺少指導性的法規或文件規範，還包含油料保障過程的隨意性過大，人員的不確定性因素過多等問題，[113]但從海洋經營與海權建立的角度來看，中共在環境的迫使下跳出海權僅有軍事力量的迷思，靈活運用國家可動用的海上資源來支持海軍的海外軍事行動，就實際效益而言，對建立海權大國有實質且直接的幫助。另外就精神面而言，在這種軍民協作的過程中，同時能將對海軍的認同與海權的意識逐漸融入人民的心中。進而建立起人民的海洋與海外貿易的意識，形成海權六大要素中的「民族特點」。[114]

---

[112] 〈「跛足的海軍」站起來　陸「高郵湖號」補給艦元月入役〉，《ETtoday東森新聞》。檢索日期：2016.1.10。http://www.ettoday.net/news/20160109/627388.htm?feature=88&tab_id=89

[113] 王維源，〈亞丁灣護航行動油料保障問題芻議〉，頁140。

[114] 馬漢著，安常容、成忠勤譯，《海權對歷史的影響1660~1783》，頁64。

（三）國造艦艇實測

由歷次亞丁灣護航編隊的艦艇組成名單可發現，中共海軍派赴亞丁灣護航的艦艇，從早期的051型飛彈驅逐艦，到新一代的071型兩棲船塢登陸艦，皆為中共海軍艦隊中的主力。這些艦艇都是中共自行研發的國造艦艇，甚至連擔任後勤保障的綜合油彈補給艦也都是中共自己設計和生產（除「青島湖號」綜合油彈補給艦外）。中共如此執著使用國造艦艇作為護航編隊的主力，其目的與意涵為何？以下我們就以國造艦艇發展背景與投入亞丁灣護航任務的情況作進一步的探討：

1、國造艦艇的研發

1986年1月25日，時任海軍司令員的中共中央軍委副主席劉華清上將，在「海軍黨委擴大會議」提出確立「海軍戰略」，並定調中共的海軍戰略為「近海防禦」。使中共海軍拋棄了「近岸防禦」的戰略思維、脫離陸軍附庸的角色，逐漸成為維護國家統一、領土完整、海洋權益和應付海上局部戰爭的獨立軍種。[115]隨著國際局勢的改變與中共海洋利益逐漸擴增，中共海軍不斷加速部隊現代化的腳步。憑藉著工業能力與造船技術的提升，各式艦艇的研製與生產同步在各大造船廠進行。自1997年起的短短10多年中，各式新型自艦艇如雨後春筍般陸續撥交部隊服役。其重點在飛彈驅逐艦、飛彈護衛艦、綜合油彈補給艦和兩棲船塢登陸艦的發展。

（1）艦隊主戰艦艇

自1997年起中共開始著手新一代作戰艦艇的研發工程，其中包含少量生產被視為過渡艦型的051B、051C型飛彈驅逐艦和054型飛彈護衛艦，及後續大量投入生產，並成為艦隊主戰艦種的052C型飛彈驅逐艦及054A型飛彈護衛艦。新造作戰艦皆具備遠洋航行能力，平均航速都在27節以上，並具備良好的防空、反艦和反潛能力，是中共海軍未來水面艦的主要戰力。目前中共海軍新造各型飛彈驅逐艦計約28

[115] 劉華清，《劉華清回憶錄》（北京：解放軍出版社，2005），頁436-437。

艘；新造飛彈護衛艦約34艘，054A同型艦仍持續建造中，新型的052D型飛彈驅逐艦也逐步取代052C型艦，撥交海軍部隊服役。甚至在自製航艦成軍後，噸位最大且被視為航艦打擊群護衛主力的055型驅逐艦也相繼入列服役。

（2）艦隊遠洋補保後盾

除了主戰艦艇外，中共海軍同時也為艦隊遠洋補保戰力作了跨世代的規劃。除向烏克蘭採購二手的油彈補給艦（AOR-885）「青島湖號」外，並開始著手研製新型的903型綜合油彈補給艦。自2004年首艘自製具有遠洋保障能力的903型綜合油彈補給艦「微山湖號」成軍後，中共又陸續建造了1艘同型艦及7艘改良型的903A綜合油彈補給艦艦。[116]903/903A型綜合油彈補給艦的加入，使中共海軍真正具備遠洋海上補給戰力，足以跨出近海的侷限走向遠洋。

（3）跨洋兵力投射戰力

中共新一代自製的071型兩棲船塢登陸艦，是中共噸位第二大、可搭載龐大兵力的兩棲作戰艦艇。該型艦滿載排水量為22,000噸，可搭載800名登陸部隊官兵（約為1個陸戰營兵力）；飛行甲板和機庫可同時容納4架艦載直升機，塢艙可容納4艘自製726中型氣墊船，[117]並可同時搭載14輛兩棲裝甲車，[118]是中共兩棲兵力投射的主力之一。首艘「崑崙山號」於2007年撥交南海艦隊服役，後續同型艦又建造了7艘，其中5艘撥交給南海艦隊服役。2016年2月1日成軍的（LSD-988）「沂蒙山號」則撥交給東海艦隊服役，成為東海艦隊首艘的071型登陸艦。[119]

116 〈中國海軍又一萬噸巨艦將入列　艦載機型號曝光〉，《中評社》。檢索日期：2016.1.27。http://gb.chinareviewnews.com/doc/1039/7/2/1/103972103.html?coluid=196&kindid=8780&docid=103972103&mdate=1021082811

117 〈071玉昭級綜合登陸艦〉，《MDC》。檢索日期：2016.1.27。http://www.mdc.idv.tw/mdc/navy/china/071.htm

118 〈中俄軍演練搶灘登陸：071艦投放14輛兩棲戰車〉，《新浪軍事》。檢索日期：2016.1.27。http://mil.news.sina.com.cn/2015-08-25/1605837816.html

119 〈陸第4艘071登陸艦　部署東海艦隊〉，《中時電子報》。檢索日期：2016.1.27。http://www.chinatimes.com/newspapers/20160127000808-260301

2、新型艦艇的實測

前文曾探討過中共三大艦隊選擇亞丁灣任務艦艇的考量因素，而本文則進一步探討為何中共會摒除外購艦艇，積極派遣國造艦艇赴亞丁灣的原因。

（1）以戰代訓的艦隊主力

前文探討過自1997年起中共海軍的艦艇發展開始以國造武器為導向，逐漸走出採購國外新式武器的窘境。雖然在1997年及2002中共先後向俄羅斯採購了4艘現代級系列飛彈驅逐艦，[120]其目的是為了填補海軍兵力轉型過程中的空窗期。尤其是該型艦上配備的SS-N-22（北約代號：日炙）超音速反艦飛彈和SA-N-7防空飛彈，使現代級驅逐艦被視為是當時中共海軍的最強戰力。隨著現代級飛彈驅逐艦返國服役後，中共未再對外採購新型艦艇，而是致力於各式國造新型艦艇的研發工作。從船體設計、武器系統研製到戰鬥系統整合，中共海軍經過近10年的摸索，無論是造船工藝、武器系統設計與戰系整合的能力，皆已具備現代化艦艇的水準。近年來國造艦艇陸續下水服役，也帶動中共海軍世代交替。即便經濟發展使軍隊現代化的腳步逐漸加快，逐步以新型國造艦艇汰換老舊艦艇的中共海軍仍須面對人員訓練與裝備操作能力不足的隱憂。雖然在近幾年中共已加強在近海海域的訓練和演習，甚至不定期將艦隊跨出第一島鏈在西太平洋實施遠海長航訓練，[121]但這仍無法滿足艦隊遠洋作戰的需求。亞丁灣護航是一個難得的契機，讓中共海軍艦艇可以名正言順地在陌生海域，且遠離保障基地庇護的環境中，藉「以戰代訓」的方式，在海外扎實地進行遠洋訓練。護航任務一方面讓艦艇官兵適應不同氣候和海洋環境的作戰場域；另一方面更可藉由編隊作戰的方式，磨練艦隊海上運動、作戰指揮、遠洋後勤保障與國際協作等海上實務，以訓練編隊艦艇與指揮官海上獨立作戰的能力。

---

120 〈杭州級導彈驅逐艦〉，《MDC》。檢索日期：2016.1.27。http://mdc.idv.tw/mdc/navy/china/ddg136.htm

121 〈海軍三大艦隊演兵西太平洋　遠海訓練常態化實戰化〉，《人民網》。檢索日期：2016.1.27。http://military.people.com.cn/n/2015/0107/c1011-26338970.html

（2）國造武器系統測評

中國大陸位於北緯4度（4°N）至北緯53度（53°N）之間，國土範圍與周邊海域橫跨熱帶、亞熱帶及溫帶等氣候區。當前以「近海防禦」為主要戰略構想的三大艦隊，各有專責巡弋區域（北海艦隊主司黃海要域及鞏固京畿門戶；東海艦隊執掌東海海域及對台作戰；南海艦隊則負責南海海疆及海運要道安全）。平時各艦隊艦艇從事訓練與戰備等任務時，均有岸基雷達站、通訊系統和各種感測及偵察設備來提供情報和通訊保障。在船艦受損、故障和發生重大危安事件時，更可隨時回到母港補給或進入修船廠修整。在這些保障條件下，艦艇無法測試出真正的能力與性能極限。然而在距離中國6,000公里（約3,240浬）外的亞丁灣海域，除了衛星、無線電及船舶自動識別系統（Automatic Identification System，AIS）[122]外，沒有其他通訊方式可以輔助艦艇航安資訊。此外，除了艦上的雷達與感測及偵測系統所偵獲的目標參數外，在缺乏岸上的雷達站、指揮部的情報資料提供額外情資情況下，航行中只有倚靠艦艇先進的設備搭配官兵精湛的船藝，才能在沒有後勤保障支援的情況下確保航行順暢。加上亞丁灣緊位於赤道附近的高溫、高濕，是中共海軍艦艇較少活動和作業的環境，長期處在這種環境惡劣、設備妥善率嚴苛的條件下，正好可以測試出國造艦艇及武器設備的效能、妥善率和極限。藉由多次海外編隊任務中所獲得的資料數據，更可作為後續造艦規劃的參考依據，也是檢測中共國造艦艇在複雜氣候條件下，是否仍能夠維持高妥善率戰備能力的良好場域。以052C型飛彈驅逐艦為例，首2艘「蘭州號」和「海口號」，先後於2003年進行海上測試，2005年撥交服役。之後同型艦就未再傳出量產計畫，也未有同型艦生產撥交部隊服役之訊息傳出。直到2010年10月第3艘同型艦（DDG-150）「長春號」才下水進行測試，續於2013年1月撥交東海艦隊服役。[123]雖無法確定中共海軍對052C型驅逐艦量產評

[122] 船舶自動識別系統（Automatic Identification System，AIS）：是安裝在船舶上的一自動追蹤套系統，藉由與鄰近船舶、AIS岸台、以及衛星等設備交換電子資料，除了可以將AIS資料供應到海事雷達，以優先避免在海上交通發生碰撞事故，亦可廣播海象資料、危險警示區，供船舶接收，增進航行安全。資料來源：〈AIS自動辨識系統〉，《交通部航港局》。檢索日期：2022.01.01。https://transport-curation.nat.gov.tw/portAuthority/ais.html

[123] 林宗達，《中共海軍現代化》，頁89。

估為何如此謹慎，也沒有直接證據指出是何種原因促使該型艦在2010年後終獲海軍高層首肯開始量產，但從2008年派遣「海口號」擔負首次護航編隊護航艦，2010年又再次納編同型艦「蘭州號」號加入第四次護航編隊任務的安排作合理的推判，052C型飛彈驅逐艦在首次護航任務期間，所展現的各項表現和數據是令中共海軍高層滿意的。該型艦在亞丁灣貼近實戰環境下呈現的數據與表現，極可能就是後續量產測評的重要參考指標。

（四）特戰常備編制

相較於海軍艦艇護航及外訪等任務的高曝光率，隨艦特戰部隊卻顯得敬陪末座。雖然公開報導中亦提及特戰隊員在執行緊急救援、隨船護航、聯合反海盜演練等任務的精湛表現，但甚少提及該部隊的背景與組成，使這支在亞丁灣海域執行任務的打擊主力，依然蒙上一層神祕的面紗。從現有的公開資料中發現，中共海軍護航編隊特戰人員先後來自代號「蛟龍突擊隊」的海軍特種部隊以及為亞丁灣護航特別組建的「護航特戰隊」等兩支部隊。以下就針對兩支部隊的概況做進一步的說明：

1、「蛟龍突擊隊」臨危受命

從公開資料中了解，該部隊成立於2001年，由原北海艦隊、東海艦「蛟龍突擊隊」隊直屬的「兩棲偵查隊」（俗稱「海特」，為兩艦隊於60年代組建的特戰分隊。海特早先被稱作「海軍第X工作隊」，後來改名為「海上偵察隊」，並劃歸偵察船大隊管轄）與南海艦隊陸戰旅蛙人大隊的菁英所組成，[124]為中共海軍唯一一支國家級特種部隊。「蛟龍突擊隊」與美國海軍海豹特種部隊（United States Navy Sea, Air and Land Teams, SEALs）類似，是一支具備空中、海上及陸上三棲作戰能力的特種部隊，主要負責敵後滲透、突擊作戰及海上反恐等任務。2008年12月中共首次派遣護航編隊前往亞丁灣執行護航任務，編隊特戰部隊正是由「蛟龍突擊隊」的70名特戰隊員擔任。首批特戰隊員與「微山湖號」綜合油彈補給艦一樣，連

---

124 〈軍中之軍劍指何方？中國海軍陸戰隊建軍35週年〉，《新浪網——「出鞘」專刊2015.5.11》。檢索日期：2016.1.18。http://slide.mil.news.sina.com.cn/h/slide_8_62085_35673.html?img=419015#p=17

續執行了兩批次的護航任務，在亞丁灣出勤近300多天後才返國歸建。[125]自完成第三批護航編隊特戰任務後，蛟龍突擊隊開始和新組建的「護航特戰隊」定期輪替，共同擔負亞丁灣護航任務。值得一提的是2015年1月葉門發生內戰後，中共第十九批護航編作戰艦（DEG-547）「臨沂號」飛彈護衛艦於3月底停止護航任務，駛往葉門亞丁港執行撤僑任務。當時跟隨前往協助撤僑任務執行的特戰分遣隊，正是輪值護航任務的「蛟龍突擊隊」，這也是該部隊成軍後首次在海外執行駐外使館人員和僑民撤離任務。[126]身為中共海軍直屬的特種三棲部隊，也是目前中共海軍戰力最強的特種部隊，「蛟龍突擊隊」自亞丁灣護航開始後，除積極參與護航任務、累積實戰經驗外，也持續透過赴海外訓練及參與演訓的機會，彌補共軍特種部隊普遍欠缺的實戰經驗。除多次派員赴國外特種作戰訓練學校進行訓練和「國際偵察兵競賽」磨練隊員的戰技與能力外，[127] 2014年7月中共應邀首次參加美國主導的「環太平洋演習（Rim of the Pacific Exercise，RIMPAC）」時，「蛟龍突擊隊」也組織突擊分遣隊參與演習[128]。從各項資料中可以看出，中共海軍不斷藉由各種的國際交流與實戰歷練，使這支特種部隊成為中共眾多特種部隊中，實戰經驗與國際化最高的部隊。

2、建立常設「護航特戰隊」

為因應常態化的亞丁灣護航任務需要，中共海軍南海艦隊在2009年底開始組建「護航特戰隊」加入護航任務序列中。該部隊於2010年成軍，隊員由陸戰旅（推判應為前「陸戰第164旅」）成員中挑選組成。與陸戰旅中擔任兩棲登陸作戰先遣偵查、滲透、突襲和破壞的兩棲蛙人大隊不同，「護航特戰隊」主要負責海上反恐、

---

125 〈我軍十大特種部隊公開：東方神劍號稱皇牌部隊〉，《環球網》。檢索日期：2016.1.20。http://mil.huanqiu.com/china/2014-12/5249897_5.html

126 〈海軍臨沂艦艦長高克：戰火中率艦葉門撤離中外公民〉，《華夏經緯網》。檢索日期：2016.1.18。http://big5.huaxia.com/zt/js/2004-74/hjxgbd/4513830.html

127 〈中國海軍特種部隊：蛟龍突擊隊〉，《新華網》。檢索日期：2016.1.20。http://news.xinhuanet.com/mil/2010-02/05/content_12935956.htm

128 〈中國軍方派四艦艇參加「環太平洋」聯合軍演〉，《BBC中文網》。檢索日期：2016.1.20。http://www.bbc.com/zhongwen/trad/china/2014/06/140609_china_army_us

隨船伴護和緊急馳援等任務。因此經挑選後的成員，必須接受進行約10個月左右的海上護航、商船結構和基本外語能力等密集培訓，通過訓練後才能前往亞丁灣執行任務。「護航特戰隊」成軍後，自2010年3月起先後參與了包括第四、第五、第九、第十三批編隊的護航任務，[129]並與「蛟龍突擊隊」輪替執行護航特戰任務。目前公開的資料中，僅有南海艦隊陸戰旅成立「護航特戰隊」，其成員也由南海艦隊所屬陸戰旅中抽調菁英組成；東海及北海艦隊在軍改後雖已新組建陸戰隊，惟尚無資料顯已比照南海艦隊組織「護航特戰隊」。但隨著亞丁灣護航任務已常態由三大艦隊輪值擔任，未來東海和北海艦隊所屬陸戰旅是否會比照南海艦隊成立類似「護航特戰隊」的單位，使護航特戰任務由三大艦隊輪流擔任？這將是海上反恐、反海盜及海外特戰任務是否更常態化的重要研判依據之一。

2008年中共決定投入亞丁灣護航任務，在準備期程短暫又必須兼顧任務屬性和部隊能力的情況下，指派海軍直屬的「蛟龍突擊隊」參加首批護航任務實為一時之選。由於突擊隊是為執行特殊任務而設立，平時以小部隊形式編成，成員皆為精挑細選、通過嚴格考核的菁英，平時除要執行亞丁灣護航任務外，亦擔負訓練與戰備任務。由於成員人數不多，加上作戰屬性是以攻擊戰略性目標、高強度打擊和小部隊行動見長，「量少質精」也成為特種部隊的特色之一。首批護航編隊特遣隊員和「微山湖號」補給艦一樣，必須連續執行2批次護航任務後才得以返國歸建，由此可看出，在頻密的護航任務消耗下，單靠「蛟龍突擊隊」執行護航任務是不夠的。當護航任務逐漸常態化後，中共海軍不得不另外成立常規建置的護航特戰部隊，以紓緩護航編隊可能面臨的特戰戰力短缺問題。2009年底南海艦隊從下轄的陸戰旅中擇優挑選成員，組訓「護航特戰隊」來彌補突擊隊成員不足，正式奠定中共海軍組建海上反恐、反劫持及海外特種任務常規戰力的基石。

隨著中共在國際政、經布局的日益擴增，海外經濟利益逐漸成為中共的核心國家利益，中共在2015年5月26日發表的《中國的軍事戰略》白皮書中明確指出：「建設與國家安全和發展利益相適應的現代海上軍事力量體系，維護國家主權和海洋權

[129] 〈中國護航特戰隊訓練探秘〉，《大公報》，2012.12.25，A10版。

益，維護戰略通道和海外利益安全，參與海洋國際合作，為建設海洋強國提供戰略支撐。」[130]因此，海上交通線安全、海上反恐等任務，便成為中共海軍不可避免的課題。透過亞丁灣護航任務的磨練與交流，中共海軍特種部隊走出過往的框架與封閉環境，逐步由「試點」走向「全面建設」，建立執行海外特種任務戰力的雛型。未來這些特戰部隊可常態隨艦隊遠赴海外，執行包含撤僑、護航、搶救任人質及突襲作戰等任務，使中共海軍可以像美國海軍一樣，在世界各地維護中共的國家海外利益。

（五）小結

對中共海軍而言，亞丁灣護航任務是一個偶然的契機，也是一個等待已久的機會，使中共海軍艦隊在聯合國安理會的旗幟下，「師出有名」的遠赴海外執行任務。在無前例可循、無海外基地的環境中，首批編隊的成行是倉促且充滿不確定性的，艦艇調派、特戰部隊遴選、海外補給模式和補給港的選定都是勉為其難下的妥協。在「摸著石頭過河」與「先求有再求好」的無奈中，中共海軍漸漸找到自己的道路。由艦隊補給艦輪值派遣到跨艦隊編組，可以看出中共在亞丁灣護航的過程中，後勤補保戰力已獲得大幅成長，對未來中共海軍遠洋作戰戰力的形成奠定了良好的基礎。從2008年各艦隊戰力懸殊、補給艦數量有限，到2016年各艦隊可正常輪調派遣兵力執行任務，證明中共海軍各艦隊已走過世代交替的過渡期。未來以國造艦艇為主的中共海軍，必定會持續透過護航任務藉「以戰代訓」的模式，讓艦隊官兵和特戰部隊維持定期海外訓練，以累積和培養成為遠洋海軍的經驗與實力。

四、從孤立到接觸

國際政治自古以來就不是一個講求倫理道德的場域，而是一個講求國家實力和影響力的擂台。誰的能力強、誰的影響力夠大，誰就擁有主導權。亞丁灣的打擊海

---

130 〈大陸中軍事戰略白皮書：海上維權長期存在，堅決維護國家主權〉，《南早中文網》。檢索日期：2016.1.18。http://www.nanzao.com/tc/national/14d8e47e5666d51/zhong-guo-jun-shi-zhan-lve-bai-pi-shu-hai-shang-wei-quan-chang-qi-cun-zai-jian-jue-wei-hu-guo-jia-zhu-quan

盜行動，正是國際政治的縮影。自2008年聯合國安理會做出第1816號決議，授權會員國可以在知會索馬利亞政府的前提下，派遣艦艇進入索國周邊海域打擊海盜後。各國出自於海運安全、國際形象與國際事務影響力等不同因素，陸續派遣艦艇前往亞丁灣。在亞丁灣的多國部隊中，除了少數採取獨立護航的國家外，大多依附在軍事同盟組織（北大西洋公約組織）或國際組織（歐洲聯盟），或是加入由美國領導的聯合特遣艦隊行動。中共自2008年宣布將派遣艦隊從事護航任務起，便未曾加入任何一支國際聯合艦隊，而是堅持以獨立護航的姿態、用自己的運作模式執行護航任務。

（一）獨立護航的堅持

中共為何堅持要以獨立護航的姿態執行亞丁灣的任務呢？探討這個問題時必須從聯合國啟動護航授權後的國際政治環境、多國部隊組成背景和中共自身能力等三個層面來探討。以下就針對這三個層面做進一步的分析：

1、聯合國僅為精神象徵

此次各國海軍遠赴亞丁灣執行打擊海盜的護航行動，是國際社會遏止危害海上貿易安全行為的一次「集體行動」。但這個行動，卻僅有形式上的共襄盛舉，而無實質的合作與協同。自聯合國安理會做出4個決議到2009年4月1日止，有多達14個國家依照聯合國決議，陸續派遣了近40艘次的作戰艦艇在亞丁灣及索馬利亞周邊海域執行護航任務，但各國艦隊缺乏統一的指揮體系指揮與整合，造成各國海軍各自為政的局面，[131]不但無法有效監控海盜動向，也大幅降低打擊海盜的效益和力度。當前的亞丁灣有如「現實主義」對國系政治的基本論述一般：「國際體系是一個無政府狀態，缺乏一個具有中央權威的國際秩序約束」。[132]聯合國安理會雖然做出允許會員國出兵索馬利亞的決議，卻並未以聯合國的名義成立一支多國部隊來打擊索馬利亞海盜，也並未在聯合國的領導下成立一個統籌機構，指揮和統合各個國家的

---

[131] 王威，〈中國海軍第一批護航編隊任務總結報告〉，《現代艦船》，頁8。

[132] 張亞中、左正東主編，《國際關係總論》（新北市：揚智文化事業股份有限公司，2012），頁46。

部隊。在無最高指揮機構統一指揮的情況下，逐漸形成強國各自為政，小國則依附在強國領導下的局面。身為聯合國安理會常任理事國的中共既不願意服膺於以美國為首的團隊領導，又想展現身為世界強權的威望，因此，堅持以獨立護航的姿態，踏上亞丁灣護航的航程。

2、欠缺合作契機

摒除採取獨立護航的俄羅斯、日本和印度等國，目前在亞丁灣執行海盜打擊或護航任務的主要團隊包含了北大西洋公約組織的508特遣艦隊、歐洲聯盟的465特遣艦隊和由美國領導的151聯合特遣艦隊等部隊。由於中共既非北約成員國也不是歐盟會員國，因而無法以成員的身分加入上述機構所屬的聯合特遣艦隊。雖然當前北約與歐盟已接納具戰略夥伴關係的國家參與其所屬的特遣艦隊（例如：烏克蘭、澳洲、挪威等國分別參與了北約或歐盟的特遣艦隊），但中共目前與這兩個國際組織尚未建立任何戰略夥伴合作關係，因此也不可能以此方式加入這兩個以軍事同盟和區域性政府組織為背景的護航艦隊。唯一可能加入的，僅有以美國為首的151聯合特遣艦隊。在多國聯合特遣隊的體系中，可以解決後勤補給、情報及資訊等後勤問題，這對初次執行海外任務的中共而言，具有極大的誘因。此外，希臘裔美軍研究人員道格拉斯・梅加洛馬蒂斯教授（Prof. Douglas Megalommatis）在接受媒體專訪時更指出：「中共海軍目前與印度海軍一樣，是獨立執行護航與反海盜任務。不過『150聯合特遣隊』（為美國領導的海上執法的特遣艦隊，主要在中東和東非海域執行反恐及打擊走私任務）指揮官曾和我對話，表示希望邀請中共海軍加入，且美國第五艦隊對此也表示支持。雖然能理解中共與印度海軍希望獨立行動，但加入150聯合特遣隊對於中共及印海軍，特別是對於中共海軍來說具有莫大好處，就是讓中共海軍指揮官獲得指揮多國大型編隊協同行動的能力。」[133]但如前文分析所言，身為聯合國安全理會五強之一的中共，並不願意將部隊行動的主導權讓美國置

[133] 〈中國海軍獨立護航不受外國指揮〉，《中評社》。檢索日期：2016.1.18。http://www.nanzao.com/tc/national/14d8e47e5666d51/zhong-guo-jun-shi-zhan-lve-bai-pi-shu-hai-shang-wei-quan-chang-qi-cun-zai-jian-jue-wei-hu-guo-jia-zhu-quan

喙，加上亞丁灣護航係中共首次派遣艦艇執行海外任務，在毫無經驗的情況下加入美國領導的團隊中，很難為自己的行動自主取得有利的話語權。在資格不符和不願釋出領導權的情況下，中共才會堅持走獨立護航的道路。

3、缺乏海外任務的經驗

甫從近岸防禦轉向近海防禦戰略的中共海軍，因沒有執行海外任務的機會，加上採取「不結盟政策」的外交政策，[134]軍事的合作方面只有「戰略夥伴」，而無真正的軍事同盟，自然缺乏如美國和盟邦國家頻繁軍事演習與交流的慣例。雖然中共近年積極與俄羅斯共同參與「和平使命」系列演習，也透過上海合作組織的架構，頻密與成員國定期舉行軍事演習，藉以增加與外軍交流的力度，來提升共軍在軍事交流及聯合軍事行動上的不足，惟海軍在海外軍事行動合作的經驗上仍相當缺乏。2008年前的中共海軍正處在世代交替的過渡期，當時新一代兵力尚未完全到位，也欠缺經營海外行動的需求和契機。首次護航編隊雖然不能完全以倉促成軍來形容，卻也是在摸索中逐步建立制度和運作模式，循序漸進累積海外軍事行動的經驗。此時中共若貿然加入其他軍事組織的聯合行動中，不僅需要依循別人制定的規則運作，且在合作的過程中也容易暴露出自身能力的缺陷與不足。尤其在缺乏合作基礎的情況下，無論是指令、術語的下達、用兵思維的差異及偵察、感測設備參數分享等問題，都是各國相互探測的重要情報。因此中共寧願採取獨立護航，也不願意在聯合運作的體系中讓其他國家窺探其真正實力。

（二）艦隊互訪與交流

中共在亞丁灣海域行動中，雖然選擇了避行國際推薦通行航道、採取獨立護航政策和建立獨特的護航制度，但在這個繼第二次世界大戰以來，最大的多國海軍聯合行動中，中共海軍仍秉持「海軍為國際軍種」和「半個外交官」的精神，透過艦隊指揮官層級的互訪、護航部隊的聯合演練和聯合護航等行動，積極與各國海軍進

---

134 〈鄧聿文：北京的外交變革與不結盟政策〉，《中評社》。

行交流。依據互動的程度可分為「高層相互訪問」、「艦隊聯合演習」及「聯合護航行動」等三種層次的交流。

1、高層相互訪問

高層互相訪問是由艦隊指揮官主動邀請，或接受外軍編隊指揮官的邀請到對方旗艦參訪、了解任務執行概況並交換護航心得的友好訪問，通常編隊指揮官會在編隊的高階參謀陪同下應邀前往。待訪問對方旗艦後，按慣例受邀請方會回請對方指揮官參訪自己的部隊，並為其進行任務說明。中共護航編隊首次與外軍從事交流訪問是在2009年3月14日，時任首批護航編隊指揮員的杜景臣少將應美國海軍151聯合特遣艦隊的輪值指揮官麥克・奈特（Terry McKnigh）少將的邀請，訪問美國海軍兩棲攻擊艦（LHD-4）「拳師號」（Boxer），並就亞丁灣護航任務交換心得與意見。2009年10月10日，時任北約508護航編隊指揮官的英國皇家海軍奇克（S. J. Cheek）准將等一行4員，應中共第三批護航編隊指揮員王志國少將的邀請前往編隊旗艦（DEG-529）「舟山號」進行訪問，為中共海軍編隊指揮員與北約508特遣艦隊指揮官的首次會晤。同年11月2日王志國少將等一行7員，應時任歐盟海軍465特遣艦隊指揮官的荷蘭海軍彼得・賓特（Pieter Bindt）准將邀請，前往特遣艦隊旗艦——荷蘭海軍護衛艦「埃沃特森號」（Evertsen）訪問，該次訪問是中共海軍護航編隊首次訪問歐盟465護航編隊。[135]爾後中共護航編隊指揮員即不定期與上述三支聯合特遣艦隊指揮官進行會晤與交流。不僅聯合編隊指揮官間會進行互訪，隸屬在聯合編隊下或獨立執行護航任務的海軍艦長和指揮官，也不定時與中共護航編隊實施互訪。海軍艦隊高層互訪，也成為中共亞丁灣護航任務中的重要外交任務之一。

2、艦隊聯合演習

相較於以北大西洋公約組織、歐洲聯盟和美國軍事同盟成員國的海軍而言，中共和俄羅斯海軍是比較孤立和封閉的個體。當中共海軍編隊對亞丁灣護航任務的節

[135] 〈中國海軍護航行動大事記〉，《中國軍網》。

奏與模式漸漸嫻熟後，開始不定期與外軍部隊從事聯合打擊海盜演習，期望透過聯合演習的互動、觀摩外軍的戰術戰法，藉以提升共軍的視野與戰術和技能，也透過聯合軍演的機會建立與外軍溝通的語言和同步行動的觀念，為將來彼此合作的可能性建立基礎。2009年10月18日，中共第三批護航編隊與俄羅斯海軍護航編隊在亞丁灣西部海域舉行代號「和平藍盾－2009」的海上聯合反海盜演習，為中共海軍護航編隊首次在索馬利亞海域與外軍進行的聯合演習。2010年4月30日，中共第五批護航編隊指揮官張文旦大校應美國海軍151聯合特遣艦隊輪值指揮官——韓國海軍第七海上特遣艦隊司令李凡林少將的邀請，前往韓國飛彈驅逐艦（DDH-979）「姜邯贊號」（Kang gam chan）交流，並討論兩國護航艦艇加強合作與交流的議題。5月13日中共與韓海軍護航艦艇在亞丁灣東部海域就通信指揮及海空協同等科目，舉行了首次聯合演練。[136]這是中共海軍編隊在亞丁灣首次與傳統戰略夥伴（俄羅斯）以外的國家實施聯合演習，也奠定中共在亞丁灣與多國艦隊聯合演習的基礎。自此，中共海軍護航編隊陸續與美國在內的多國部隊建立起不定期演習的對話機制。

3、聯合護航行動

兩個國家的海軍要做到聯合行動，必須具備良好的互動基礎。尤其在戰術戰法、用兵思維和作戰參數透明度，都要有相當程度的分享與默契才可能達到。在亞丁灣護航的多國部隊中，只有俄羅斯海軍才具備與中共海軍執行聯合行動的條件。中共海軍師承俄羅斯海軍，無論是武器設備或是戰術戰法，與俄羅斯有極為密切的合作與淵源。2005年8月在俄羅斯海參崴和山東半島附近海域，中共與俄海軍舉行了代號「和平使命－2005」的演習，為兩國海軍舉行的首次聯合軍事演習。[137]該次演習使兩國海軍的關係日益密切，也奠定了亞丁灣護航期間兩國護航編隊實施聯合護航的基礎。2009年9月10日至12日，中共海軍護航編隊飛彈護衛艦（DEG-529）

[136] 〈中國海軍護航行動大事記〉，《中國軍網》。檢索日期：2016.1.18。http://www.81.cn/big5/2014hjhh/2014-12/23/content_6281269_3.htm

[137] 〈中俄兩國海軍聯合軍演回顧〉，《新華網》。檢索日期：2016.1.18。http://news.xinhuanet.com/world/2015-08/15/c_1116264568.htm

「舟山號」與俄羅斯海軍護航編隊大型反潛驅逐艦（DDG-564）「特里布茨海軍上將號」（Admiral Tributs）執行首次聯合護航任務。該次船團編隊內包括中共、俄羅斯及其他國家在內16艘商船，在中、俄軍艦的護航下經由國際推薦通行航道由西向東穿越亞丁灣，並由兩國編隊指揮官輪流指揮艦隊執行護航任務。這是中共海軍首次與外國海軍實施聯合護航，也是中共海軍護航編隊唯一一次正式的聯合護航行動。即便爾後中共海軍護航編隊與歐盟的465特遣艦隊展開密切的合作，也僅是雙方以接力護航方式，為聯合國世界糧食計畫署的人道物資救援船實施護航。

（三）小結

與英國、美國及日本等傳統海軍強權相比，中共軍海軍無論在國際交流、軍事合作或是執行海外任務的執行上，就像是一個無實戰經驗的新兵。在缺乏經驗與能力，又必須顧全主體性和大國尊嚴的情況下，中共只能選擇土法煉鋼的方法，從學習中摸索並找尋答案。然而亞丁灣的護航行動，並不如軍事演習想定可以從錯誤決策中，透過一次次修正獲得完美答案。這裡是一個真實的戰場，只要一個錯誤的規劃和決策，就必須付出慘痛的代價。這對久未經歷戰爭的中共海軍而言，絕對是個極大的考驗。因此，中共在堅持獨立護航的同時，仍積極與外軍進行交流和訪問、聯合演習甚至是聯合護航，其目的就是希望在行動自主的前提下，透過與外軍的交流吸收外軍的操作經驗，藉以彌補中共海軍在海外軍事行動與海上反恐任務能力的不足。如此既可顧全身為大國的尊嚴，亦可提升部隊的能力，是當前較務實且周全的作法。

五、由點發展到面

2008年中共派遣艦隊執行亞丁灣護航任務，最初目的是為了響應聯合國安理會打擊索馬利亞海盜、維護海上航運安全的決議。當中共海軍對護航任務漸漸熟練後，開始將護航編隊的力量延伸至其他領域中。從海上救護、醫療演練、參加外軍聯合演習到撤僑行動，中共護航編隊的任務不僅未隨著亞丁灣海盜肆虐情形趨緩轉為單純，反而變為更加多元化。這是中共海軍自建軍以來，除了海外敦睦遠訪及參加海上聯合演習外，海軍艦隊真正開始藉國家海外利益維護，來累積遠洋海軍的實力與經驗。以下就中共護航編隊在打擊海盜與護航之外，新增加的特殊任務作完整的說明。

（一）參與軍事演習

中共護航編隊在亞丁灣海域執行護航任務期間，不定期與外軍針對護航和反海盜作戰實施聯合演習與交流，以增進海上協作默契、交換戰術戰法心得。另也配合中共海軍醫院船（AH-866）「和平方舟號」赴索馬利亞執行「和諧使命」系列任務時，從事代號「藍海天使－2010」的海上救助演練，[138]來驗證海軍海上救助和海上衛勤能力。除了在亞丁灣巡航期間與外軍從事軍事演習、反海盜演練外，自第八批護航編隊起，編隊艦艇於接替護航任務前或結束護航任務後，開始不定期參與友軍或多國部隊的聯合軍事演習。依據參與演習的模式區分，概可分為「參與特定演習」和「訪問中的附加演習」兩種不同模式：

1、參與特定演習

編隊艦艇於亞丁灣護航前、後，會由中共海軍指派前往海外參加聯合軍事演習。這一類演習係事先規劃的既定任務，護航編隊被指派前往主要是基於「兵力派遣」的便利性與「兵力調度」考量。中共亞丁灣護航編隊以上述模式參加的演習中，較具代表性的為由巴基斯坦主辦的「和平系列」演習及中、俄聯合舉辦的「海上聯合－2015（Ｉ）」演習。

（1）「和平系列」演習

「和平系列」演習係以「海上反恐」行動為主要目的，該演習自2007年起每2年在巴基斯坦喀拉蚩港（Karachi）附近海域舉行，固定參與成員除了英、美、

[138] 〈中國海軍亞丁灣展開首次遠海醫療救護演練〉，《中評社》。

中、法、日等國外，新加坡、馬來西、亞澳大利亞等多國海軍也都共襄盛舉，[139]是印度洋海域例行性的重要海上演習之一。演習內容雖以海上反恐為主，但操作科目包含海上編隊運動、實彈射擊、聯合搜救、聯合封鎖、海上補給和防空演練等戰術科目，[140]其操演內容早已遠超出海上反恐任務的範疇。中共海軍2007年派遣艦艇參與首屆「和平－07」海上聯合軍事演習，[141]2009年也特別派遣（DDG-168）「廣州號」飛彈驅逐艦參加「和平－09」海上聯合軍事演習。[142]2011年的「和平－11」海上聯合軍事演習，中共改派遣甫由母港出發前往索馬利亞接替護航任務的第八批護航編隊參加演習，該批編隊於演習結束後，再前往亞丁灣接防。2013年的「和平－13」海上聯合軍事演習也依循相同模式，由準備接防的第十四批護航編隊前往參加。由於「和平系列演習」舉辦時間與中共接替防務的護航編隊啟航時間相當接近，因此就近由護航編隊直接前往參與演習。這種作法對中共海軍而言可以減少額外的兵力調度和後勤整備的困擾。

（2）中、俄「海上聯合2015（Ⅰ）」演習

2015年5月11至21日，中、俄兩國在地中海和黑海海域舉行為期11天的「海上聯合－2015（Ⅰ）」演習。此次演習為「海上聯合－2015系列演習」的第一階段操演，[143]第二個階段的「海上聯合－2015（Ⅱ）」演習則在同年8月移師到日本海海域實施。[144]第一階段的演習目的為維護遠海航運安全行動階段，操作科目包括海上防禦、海上補給及護航行動等，其中也包含實彈射擊等科目。[145]此次演習為中、俄

---

139 〈「和平－11」多國海上聯合軍演開始舉行〉，《中國網》。檢索日期：2016.1.22。http://www.china.com.cn/photochina/2011-03/09/content_22093260_4.htm

140 〈中國3艘軍艦參演「和平－13」多國海上聯合軍演〉，《中國新聞網》。檢索日期：2016.1.22。http://www.chinanews.com/mil/2013/03-05/4617986.shtml

141 〈「和平－07」海上多國聯合軍演拉開序幕〉，《人民網》。檢索日期：2016.1.22。http://military.people.com.cn/GB/42962/5455224.html

142 〈參加聯合軍演的中國驅逐艦抵達巴基斯坦喀拉蚩〉，《人民網》。檢索日期：2016.1.22。http://military.people.com.cn/BIG5/1076/52965/8914933.html

143 〈中俄「海上聯合－2015（Ⅰ）」軍事演習　正式開始〉，《中時電子報》。檢索日期：2016.1.25。http://www.chinatimes.com/realtimenews/20150511004386-260409l

144 〈中俄8月20日起舉行海上軍演　地點包括日本海海空域〉，《人民網》。檢索日期：2016.1.25。http://military.people.com.cn/BIG5/n/2015/0730/c52936-27387539.html

145 〈中俄「海上聯合－2015（Ⅰ）」軍事演習　正式開始〉，《中時電子報》。

海軍首次移師地中海和黑海實施軍事演習，雖然中共國防部發言人耿雁生大校表示演習並不針對第三方也與區域情勢無關，但事實上自2014年俄羅斯支持克里米亞自烏克蘭獨立，並以軍事力量干預烏克蘭對克里米亞脫離的攔阻後，俄羅斯與北約的關係便急轉直下，雙方的軍事部署逐漸形成「準冷戰」的對峙情況。[146]此外，在敘利亞和利比亞（Libya）問題上，俄羅斯抱持著與西方國家意見相左的立場，使這次海上聯合軍演被視為藉由中、俄間強化軍事合作的展現，與北約在地緣戰略上的較勁。中共此次派遣剛結束護航任務的第十九批護航編隊前往地中海參與演習，[147]除了地緣上有兵力派遣的考量外，同時展現中共海軍部隊的機動性和應變能力；另一方面也透露出中共海軍已有隨時進出地中海執行軍事行動的能力：當戰略布局和國際情勢迫使中共必須進入地中海海域時，中共海軍可隨時抽調位於亞丁灣的艦船編隊，支援俄羅斯在地中海的軍事行動。

2、訪問中的附加演習

自第二批次護航編隊起，結束護航任務離開亞丁灣海域後，編隊依例會前往不同的國家進行友好訪問。通常訪問模式為停泊港口補給、拜會該國政要、與該國海軍展開交流及參訪活動，並開放當地民眾登艦參觀。初期的訪問主要集中在外交訪問、海軍官兵岸上的交流以及開放民眾參訪等靜態活動。當中共海軍的外訪已成常態後，開始在訪問行程中加入小規模的聯合軍事演習，這一類演習主要是增進兩國海軍溝通與合作的默契，主軸仍是以海上反恐和艦隊基礎戰術科目為主，包含艦艇通信、編隊運動、直升機聯合搜救、航行補給、海上臨檢等科目。[148]以中共第十八批亞丁灣護航編隊為例，當編隊結束護航任務後隨即前往歐洲從事友好訪問，期間先後與希臘、法國海軍從事小規模的海上聯合演習。[149]這一類演習雖被視為低階且

---

146 〈地中海軍演展露俄中新戰略〉，《BBC中文網》。檢索日期：2016.1.30。http://www.bbc.com/zhongwen/trad/china/2015/05/150511_analysis_markus_china_mediterranean

147 〈中俄地中海軍演　5月中登場〉，《聯合新聞網》。檢索日期：2016.1.30。http://udn.com/news/story/7331/874609-中俄地中海軍演5月中登場

148 〈中國海軍第十八批護航編隊結束訪問希臘〉，《中共國防部官方網站》。檢索日期：2016.1.30。http://news.mod.gov.cn/big5/headlines/2015-02/20/content_4571185.htm

149 〈中國海軍第十八批護航編隊抵達法國訪問〉，《人民網》。檢索日期：2016.1.30。http://world.people.

較為基礎的演練科目，對長期缺乏軍事交流機制的中共海軍而言，卻是重要的交流平台，不僅有機會觀摩外軍的實力，這類演習也替未來兩國可能的合作關係奠定重要的基石。

（二）非傳統安全任務

以打擊索馬利亞海盜及為航經亞丁灣海域船舶護航為宗旨的中共海軍護航編隊，自第七批編隊起任務性質有了重大轉變。2011年2月，正在亞丁灣執行護航任務的飛彈護衛艦（DEG-530）「徐州號」駛往利比亞，協助外交部的撤僑行動。[150] 這是中共海軍首次進入地中海執行撤僑任務，也是中共亞丁灣護航編隊首次受命執行打擊索馬利亞海盜以外的軍事任務。自利比亞撤僑後，中共護航編隊的角色逐漸多樣化，中共中央軍委持續抽調編隊艦艇執行具臨時性、急迫性的海外任務。這些護航以外的任務，依屬性和目的概可分為「保護海外公民與人道救援」及「建立國際形象」兩大類：

1、保護海外公民與人道救援

這類任務主要展現在非洲等動盪地區的撤僑行動上。當非洲國家發生內戰或危急情況需要撤僑時，中共中央就近調派於亞丁灣護航的艦船編隊前往馳援，協助外交部和外館人員將該地區的中資企業員工、海外僑民及駐外人員撤離。另2014年馬航班機在南海失事，各國陸續派遣機、艦前往搜尋，中共除調派專業搜救團隊前往支援外，第十七批護航編隊更在前往亞丁灣接防前，特別前往失事海域協助搜救。

（1）利比亞撤僑行動

2011年利比亞因革命引發內戰，國內政局動盪不安。隨著利比亞局勢不斷惡化，各國政府陸續研擬自利比亞撤離僑民，中共也史無前例地動員陸、海、空運

---

com.cn/n/2015/0209/c157278-26535394.html

150 〈我護航軍艦趕赴利比亞附近海域保護中國人撤離〉，《新華網》。檢索日期：2016.1.31。http://news.xinhuanet.com/mil/2011-02/25/c_121121915.htm

輸，透過客運、郵輪和包機等方式進行大規模撤僑行動。在中共中央軍委會的批准下，當時正在亞丁灣執行護航任務的飛彈護衛艦（DEG-530）「徐州號」脫離第七批護航編隊，穿越蘇伊士運河駛往利比亞的第二大城班加西（Benghazi）外停泊待命，為撤離利比亞受困人員的郵輪提供支援和戒護任務。這是中共海軍首次執行撤僑任務，也是護航編隊首次執行撤僑任務，雖然只是擔任戒護和支援工作，但已成功建立海軍海外人道救援行動的先例。

（2）葉門撤僑行動

2015年被視為中東石油輸出門戶的葉門，受到國內伊斯蘭什葉派的胡塞武裝組織（Houthis）攻擊，總統哈迪（Abdrabbuh Mansour Hadi）流亡沙烏地阿拉伯（Kingdom of Saudi Arabia）利雅德（Riyadh）；葉門國內多數地區已被胡塞武裝組織占領，並逐漸威脅到鄰近的沙烏地阿拉伯安全。3月26日，沙烏地阿拉伯、巴林、科威特、卡達、阿拉伯聯合大公國、蘇丹、摩洛哥、埃及、約旦等9個國家針對胡塞武裝發動了代號「果斷風暴」（Operation Decisive Storm）的空襲行動，空襲中也癱瘓了該國的首都國際機場，使葉門情勢嚴重威脅到各國僑民與駐外人員。[151]3月27日負責發布海軍護航編隊訊息的「中國船東協會」突然在網站上發布「即日起中共海軍護航編隊『暫停』亞丁灣護航任務，恢復時間尚不明確」的公告，要求各航運公司暫時停止向「中國船東協會」、「中國海上搜救中心」及「中共海軍」提交申請護航報告單，並要往來索馬利亞海域船舶作好防範海盜工作。[152]3月29至30日，隸屬中共第十九批護航編隊的飛彈護衛艦（DEG-547）「臨沂號」和（DEG-550）「濰坊號」在綜合油彈補給艦「微山湖號」的支援下，先後駛入葉門的荷台達港（Hodeidah）。護航編隊分兩梯次將500多名華僑、駐外人員和少數外籍人員撤往吉布地安置。[153]這是中共護航編隊第二次執行海外撤僑行動，

---

151 〈葉門之戰無功而返9國聯軍停止空襲〉，《風傳媒》。檢索日期：2016.1.31。http://www.storm.mg/article/46952

152 〈中國海軍暫停亞丁灣護航　專家：或赴葉門參加撤僑〉，《環球網》。檢索日期：2016.1.31。http://big5.cri.cn/gate/big5/gb.cri.cn/42071/2015/03/28/2225s4916085.htm

153 〈中國海軍圓滿完成葉門撤僑任務〉，《國際在線》。檢索日期：2016.1.31。http://big5.cri.cn/gate/big5/gb.cri.cn/42071/2015/03/31/8011s4918705.htm

也是自2008年來第一次編隊「停止護航」投入海外緊急人道救援任務。[154]

（3）協助馬航搜救任務

馬來西亞航空MH370號班機在馬來西亞、越南交界海域與馬來西亞梳邦空管中心失去聯繫，機上227名乘客（其中154名為中國大陸籍旅客）下落不明。事件發生後，各國陸續派出專業的救難船、海軍艦艇和各式巡邏機協助搜救，參與協尋的國家達到25國。[155]由於班機多數為中國大陸籍乘客，中共中央在事件發生後第一時間立刻派出機、艦前往客機失蹤海域協助，海軍第十七批護航編隊艦艇也被指派前往支援搜救任務。為此護航編隊將啟航時間提前10天，目的就是能有充分的時間協助搜尋工作。這是護航編隊繼利比亞撤僑後，首次參與國際人道救援行動。一方面是為了增加對馬航班機的搜索力度，另一方面也是讓海軍官兵累積海上搜索、海上搜救的實務經驗。

2、建立國際形象

海軍常常被稱為是國際軍種，也被稱為是半個外交官，主要是因為海軍是為了維護國家海外利益而存在的軍種，軍艦乃為提供國家達成任務所使用，其具有表現國家主權之特性。[156]海軍除透過武力達到政治上的目的外，也常常要代表政府執行包括友好訪問、人道救助及主權宣示等外交工作。海軍因具有極高的政治指標，常常也被作為表達政治意向的工作。中共的亞丁灣護航編隊除被中共運用在人道救援外，也被作為政治立場和宣示的工具，最顯著的例子就是2014年中共第十六批護航編隊的飛彈護衛艦（DEG-546）「鹽城號」前往地中海為敘利亞化學武器銷毀船護航的任務。如前文所述，2013年12月18日聯合國禁止化學武器組織宣布由中共、俄羅斯、美國、挪威等國將共同協助敘利亞完成化學武器銷毀工作，中共、俄羅斯將為海外銷毀敘利亞化學武器任務提供海上護航。19日中共外交部發言人華春瑩在

---

154 〈中國海軍暫停亞丁灣護航　專家：或赴葉門參加撤僑〉，《環球網》。

155 〈馬來西亞宣布馬航370航班失事〉，《新華社》。檢索日期：2016.2.5。http://news.xinhuanet.com/world/2015-01/29/c_1114184078.htm

156 黃忠成，《海軍與國際海洋法》，頁65。

記者會中證實，中共將依據聯合國安理會第2118號決議派遣軍艦協助敘利亞武器銷毀行動。[157]2013年12月31日中共第十六批護航編下轄的隊飛彈護衛艦（DEG-546）「鹽城號」，在沙烏地阿拉伯吉達港完成修整後，隨即啟航前往塞浦路斯的利馬索爾港與各國部隊會合，並於2014年1月7日開始執行化武運輸船的護航任務。[158]這是中共護航編隊首次在打擊索馬利亞海盜任務外，執行聯合國安理會決議的軍事行動。「中國國際問題研究所」副所長董漫遠認為，中共海軍參與化武銷毀船護航是為了保障敘利亞化學武器銷毀順利進行、避免節外生枝，進而為敘利亞問題政治解決創造有利條件。同時，也證明了中共是保障地區穩定、維護世界和平的堅定力量，彰顯了中共身為負責任的發展中大國形象。[159]

（三）小結

中共海軍護航編隊從單純的護航與打擊海盜，逐漸擴展到參與軍事演習、執行人道救援、協助空難搜救及執行化武禁運護航等任務，顯示中共亞丁灣護航編隊已跳脫最初護航任務的框架，成為中共在海外常駐的重要武裝力量。這個轉變也透露出以下幾個訊息：

1、中共海軍對海外軍事行動已累積足夠的經驗。

2、中共海軍的軍事實力大幅成長，已具備維護海外國家利益的能力。

3、中共隨著政經地位的提升，藉由參加國際行動來建立負責任大國的形象。

4、在亞丁灣常態護航的艦船編隊，已成為中共海外緊急應援的重要武裝力量。

「海軍軍事學術研究所」研究員張軍社認為，中共海軍在非洲執行撤僑及人道救援等任務上之所以能夠快速應變，是因為中共海軍在亞丁灣海域常態化護航累積的能量所發揮的作用。[160]未來中共是否會更廣泛地利用護航編隊常駐海外的地緣優勢，進一步執行更多攸關國家利益的任務，將是後續觀察的重點之一。

---

[157] 〈銷毀敘化武行動今天開始中國海軍將赴地中海護航〉，《中國新聞網》。

[158] 〈中國海軍艦艇已赴地中海為運輸敘化武船隻護航〉，《中評社》。

[159] 〈專家：中國海軍參與敘化武海運護航彰顯負責任大國形象〉，《中國新聞網》。檢索日期：2016.2.4。http://www.chinanews.com/mil/2013/12-19/5641113.shtml

[160] 〈中國戰艦撤僑為何載外國人？海軍最初為何沉默？〉，《環球網》。檢索日期：2016.2.4。http://mil.huanqiu.com/observation/2015-04/6075583.html

六、結論

中共亞丁灣護航編隊從派遣之初毫無前例可循，到中期透過經驗的累積、與外軍的交流，轉化成自己獨到的創見，進而單獨執行葉門撤僑行動的成熟，顯示在多年護航的過程中，中共海軍藉由自我摸索、觀摩外軍、學習效仿等方式，建立出屬於自己的海外用兵思維與模式。與歐美等老牌海軍相比，中共海軍起步甚晚，且初期並無問鼎大洋海軍的雄心壯志。然而在戰略思維的牽引下，中共海軍經由護航任務開始練兵，無論是在後勤補給、艦艇派遣還是特戰人員運用，進入常態化護航的中共海軍逐漸將缺乏的海外行動經驗彌補。這對中共未來可能因海外重要利益而長期駐軍打下重要的基礎。從堅持單獨執行護航任務，可看出中共對用兵自主性的重視，但在擁有自主性的前提下，又不排斥與他國建立合作與交流的空間。在這樣既孤立又合作的環境下，中共海軍逐漸摸索出自己的道路，並藉由亞丁灣的護航任務，從點到面建立起中共海軍在國際間的形象與威望。

第肆章　操作特點

前文介紹了中共護航編隊的發展和演變，發現到中共海軍藉著航任務從中摸索與學習，從錯誤中找尋方向。這個從無到有的過程中，中共在主觀和客觀因素考量下，發展出獨特的操作模式和作業機制，且在護航過程中透過觀摩與交流，加入自己的思維與創建，發展出有中共特色操作模式。以下就針對「兼顧獨立與合作」、「外訪與海外港埠」、「提升任務複雜性」及「承平下的重要戰功」等4個特點進一步分析和說明。

一、兼顧獨立與合作

中共海軍護航編隊從參與護航之初即採取「獨立護航」模式，不參與任何現有的聯合特遣艦隊，也不與其他國家合組聯合艦隊，突顯出打擊索馬利亞海盜雖是在聯合國安理會的決議下達成的共識，卻因缺乏國際統一行動、護航區域難以統一規劃等現實問題，以致各國仍依據自己的立場和考量作出不同的選擇，[1]因此中共堅持在獨立護航的原則下，卻仍保持與各國海軍及各聯合艦隊之間建立交流與溝通。在主觀立場上因「自主權」的因素使中共不願意任加入何一支聯合艦隊外，國際政治角力和軍事安全等因素也是使中共在行動上再三思量的重要考量；雖是如此，中共海軍與外軍的交流、聯合演習甚至是聯合護航的過程中，卻又可以看出中共透過海軍護航編隊的力量，建立新型態的軍事合作關係。

1　〈索馬利亞海盜襲擊事件頻繁　分區護航做法聰明〉，《華夏經緯網》。

（一）堅持獨立自主性

自聯合國安理會通過第1816號決議至今已經過14餘年。自2008年迄今中共先後派39批次護航編隊，並堅持以「獨立護航」原則在亞丁灣海域執行護航任務。護航任務採取獨立自主甚至幾近「孤僻」的態度，使中共海軍護航編隊在各國艦隊中亞獨樹一格。中共堅持獨立護航，有以下幾點因素：

1、堅持國家的自主權

不願意釋出軍隊指揮權的觀念普遍存在於各國派赴索馬利亞的海軍中，也是造成當前各國海軍無法有效掌控索馬利亞海域的根本原因。如前文所述，雖然出兵索馬利亞是聯合國安理會作出的共識，但聯合國並未建立一個有效的統合機構指揮各國部隊與分配任務，以致出現各自為政的情況，使打擊海盜在實務上產生諸多死角和盲點。經過2009年8月和11月兩次的「亞丁灣護航國際合作協調會議」（以下簡稱「護航協調會議」）後，各國對「分區護航」及「設立統一指揮機構」的提議仍無法達成明確共識，以至於各自為政的情況仍持續至今。中共在「第二次護航協調會議」中曾明確表示願意在聯合國的框架下，由聯合國領導護航任務的調配，並以分區護航模式統一規劃與分配各國艦隊責任區。此做法一方面可有效解決各自為政的困境，且各國艦隊仍可保有自己的自主性。[2]從中共的提案中可以看出中共並非全然地堅持孤立，而是在主導權不受制於他國的前提下，展現與其他國家合作的願意。

2、擔心海軍實力遭摸清

對於中共海軍首次加入國際軍事行動，國際社會除表示支持外，更多是抱持著觀察與觀望的態度。特別是長久以來中共海軍鮮少與國際社會互動，使中共海軍無論是觀念或是部隊指揮上，都難以跟國際社會接軌。此次護航行動是中共首次走

[2] 〈亞丁灣護航國際合作協調會議在北京召開〉，《新華網》。

向遠洋，其海軍的能力必然成為各界觀察目標。該行動除受到各國的支持外，美國海軍也曾表示歡迎中共海軍加入由其領導的聯合護航特遣艦隊（150聯合特遣艦隊），更以「加入聯合艦隊中共海軍指揮官將獲得指揮多國大型編隊協同行動的能力」作為號召。[3]但中共也深知自己未曾執行過海外軍事行動，艦隊未曾在海外長時間駐紮等問題，以致在決定從事護航任務前，海軍內部更就是否該參與護航行動做過激烈的討論。中共海軍是否有能力執行護航任務，這是連中共海軍高層都不敢百分之百肯定的變數，[4]加上現有的編隊中「歐盟465特遣艦隊」和「北約508特遣艦隊」都是具區域性或組織性的聯合艦隊，非其成員國無法加入，中共若欲加入聯合編隊，只能參加由美國主導的「150聯合特遣艦隊」或「151聯合特遣艦隊」。惟加入聯合艦隊後，就必須與艦隊成員國有更密切的合作、訊息分享和戰術戰法的協調。在沒有經驗和信任基礎的前提下（中共與美國之間存在矛盾的競合關係）貿然加入聯合艦隊，在資訊必須充分公開的環境中，容易使外軍（特別是美軍）摸清楚中共海軍的實力。

3、身為大國的尊嚴

除由歐盟成員國組成的「465特遣艦隊」和由北約成員國組成的「508特遣艦隊」這兩個具有區域性及組織性質的聯合艦隊外，大多數國家均加入美國主導的「151聯合特遣艦隊」。聯合國安理會五大常任理事國中，美國、英國、法國具有北約或歐盟成員國的身分，皆以隸屬組織的名義出兵索馬利亞。既不具備歐盟、北約成員國身分，又不願意與美國為伍的俄羅斯和中共，在無聯合護航的共識下，只能選擇採取獨立護航的路線。加上東北亞和南亞的海軍強國日本和印度，也都堅持採取獨立護航的態度（日本直到2013年才派遣艦艇加入「151聯合特遣艦隊」，但仍同時保持獨立護航的兵力）。[5]中共若不能堅持獨立護航、堅守自主權的立場，將有失聯合國安理會常任理事國以及世界（區域）大國的尊嚴。

---

[3] 〈中國海軍獨立護航不受外國指揮〉，《中評社》。

[4] 柏子、靳航，《護航亞丁灣——沉思錄》，頁83。

[5] 〈日本自衛隊護衛艦開始參與多國部隊在索馬利亞護航〉，《華夏經緯網》。檢索日期：2016.1.19。http://big5.huaxia.com/zt/js/08-069/3655615.html

從主觀的指揮權自主與隱藏海軍實力到客觀的大國尊嚴問題，都迫使中共必須堅守獨立護航立場的無奈。只有在獨立護航的環境下，中共才能擁有深入探索和成長的空間，也唯有保持獨立自主的態度，才能在索馬利亞打擊海盜的議題上具有更多的發言權。

（二）艦隊交流與訪問

海軍的海外行動是政府公權力的延伸，也代表著國家意志的展現。[6]艦隊指揮官間的互訪，亦是表達國家政治立場的重要指標之一。中共首次派遣部隊赴海外執行軍事任務，是近年來備受國際矚目的重要事件。早在中共尚未決定是否派兵參與行動前，中共中央的態度已是國際間關注的焦點，尤其事關中共海軍首次的海外軍事行動，其在亞丁灣的一舉一動自然為各國海軍所重視。自中共首批編隊起，無論是主動或被動和外軍艦隊指揮官進行交流與訪問，都顯示出國際社會對中共參與亞丁灣護航的興趣。除可藉此明瞭中共海軍在索馬利亞打擊海盜行動中扮演的角色外，也期望能深入認識中共海軍的能力。此外，透過交流和訪問的平台，使中共護航編隊與各國艦隊間建立起合作機制，並成為彼此間在亞丁灣的正式溝通管道之一。艦隊指揮官互訪也成為非正式的「戰地協調會議」，更被視為是國際合作的重要指標。

除了透過艦隊高層互訪、協議情報共享及訊息交流等合作外，艦隊協同的實務合作也是駐紮亞丁灣海域的各國艦隊未曾忽視的重點。目前各國派駐在亞丁灣海域的艦艇除少數堅持獨立執行打擊海盜任務的國家外，包含「美國150聯合特遣艦隊」、「美國151聯合特遣艦隊」、「北約508特遣艦隊」和「歐盟465特遣艦隊」在內的多國部隊，仍是該海域打擊海盜及護航的主要力量。各艦隊有其任務目標、指揮體系、作業模式甚至是巡航海域，彼此間互不隸屬也互不干涉。2009年的「護航協調會議」中明確指出，因為艦隊各自為政的緣故，使各國派駐的艦艇數量雖多，卻無法完全掌握亞丁灣海域海盜動態，以致難以確保過往船舶的安全。尤其各

6 黃忠成，《海軍與國際海洋法》，頁65。

艦隊在輪值及交接的過程中容易產生監控罅隙，使海盜有機可趁，[7]唯有透過跨艦隊合作、資訊交流和相互支援，才得以達到有效監控的目標。有鑑於各艦隊成員來自不同國家，無論是戰術戰法、指揮通訊和用兵思想等都有程度不一的差異，除已具有軍事同盟身分的海軍艦隊間較無影響外，長期孤立在國際海軍社群之外的國家，則必須透過聯合演習方式來熟悉彼此的戰技、戰術和觀念，才能夠進一步做到合作與協同作戰的目標。

前文提及的四支聯合艦隊，雖然是以美國或國際組織的名義招募而成，但聯合艦隊的指揮官卻是由成員國輪流擔任。[8]輪值指揮官除具有聯合艦隊指揮官的頭銜外，同時也是原隸屬國艦艇指揮官，代表該國行駛政府海外公權力，因此各國艦隊除打擊海盜外，同時也須擔負艦隊外交的職責。中共護航編隊在亞丁灣駐防期間，多次與外國艦隊進行高層互訪及聯合演習，除增進彼此的瞭解、分享海盜活動情報及探討合作可能性外，也隱含著濃厚的戰略意涵。從中共護航編隊與各國艦隊互訪中，可看出亞丁灣這個海軍的外交場域中，潛藏著各國政治的角力和盤算。其中以美國、南韓、日本、歐洲國家與中共的互動過程，更值得進一步深入探討和琢磨。

1、美國的積極態度

中共首批護航編隊於2009年1月6日抵達亞丁灣海域展開護航任務，編隊指揮員杜景臣少將於同年3月14日接受美國「151聯合特遣艦隊」指揮官麥克・奈特少將的邀請，率員前往美國海軍「拳師號」兩棲攻擊艦（LHD-4）進行訪問。[9]此次訪問是中共海軍護航編隊首次於亞丁灣海域與外軍接觸，也是美國海軍首次邀請中共護航編隊指揮官蒞艦訪問。同年11月2日，中共第三批護航編隊指揮員王志國少將邀請美國「151聯合特遣艦隊」輪值指揮官，史考特・桑德斯（Scott Sanders）少將前往編隊旗艦（DEG-529）「舟山號」飛彈護衛艦訪問，並就兩國海軍在海盜活

7 〈索馬利亞海盜襲擊事件頻繁　分區護航做法聰明〉，《華夏經緯網》。

8 CTF 151: Counter-piracy, Combined Maritime Forces - U.S. 5th FLEET: Combined Maritime Forces. 檢索日期：2016.1.19。https://combinedmaritimeforces.com/ctf-151-counter-piracy/

9 〈中國海軍護航行動大事記〉，《中國軍網》。

動情報分享、商船航行資訊和艦艇護航計畫等方面的合作展開討論。[10]此後，美國海軍不定期以「151聯合特遣艦隊」指揮官身分或美國艦艇指揮官身分與中共護航編隊進行訪問和交流。中、美兩國的艦隊交流活動，也逐漸在亞丁灣的任務中形成常態。

美國海軍搶在各國海軍之前與中共護航編隊建立友好關係，其主要目的研判是在宣示領導地位。雖然各聯合艦隊是由多個國家組成，不隸屬任何單一國家，但在整個打擊海盜行動中，美國海軍仍是西方聯盟最大的主導國。美國海軍急於與中共護航編隊交流，一方面是希望透過交流與訪問來釐清中共在打擊海盜行動的規劃與想法，並就未來可能的情報交流和協同作戰釋出善意；另一方面也是在向中共宣告，在打擊索馬利亞海盜的行動中美國海軍仍是西方各國的領導者。美國的態度除了反映出對中共派遣艦隊參加護航行動的重視外，也顯示希望藉由亞丁灣的軍事行動，深入觀察和認識中共海軍。

經過多次高層互訪建立互信基礎後，2012年9月18日第十二批護航編隊（DEG-548）「益陽號」飛彈護衛艦與美海軍「151聯合特遣艦隊」（DDG-81）「溫斯頓・邱吉爾號」（Winston S. Churchill）飛彈驅逐艦在亞丁灣海域展開聯合反海盜演練。此次演練由「溫斯頓・邱吉爾號」擔任目標商船，由雙方特戰人員組成混合編組實施「登船臨檢」科目。[11]這是中共與美國海軍首次在亞丁灣實施聯合演習，雖然演練科目只侷限於特戰人員聯合執行臨檢行動，卻已是兩國海軍頗具突破性的互動。2013年8月24至25日，中共與美海軍實施了為期2天的第二次聯合演習，雙方共派出3艘艦艇、直升機和特戰人員參演，演習科目也擴增到輕武器射擊、主炮對海射擊、夜間直升機接力跟蹤可疑目標、直升機交互落艦及聯合武力營救被劫商船等10餘個科目，其規模更勝2012年的首次演習。此外，演習中雙方更輪流擔任任務指揮官，指揮兩國艦隊執行任務。在臨檢拿捕及武力營救被劫商船等演練科

[10] 〈中美特戰隊在亞丁灣聯演反海盜〉，《新華網》。檢索日期：2016.1.20。http://news.xinhuanet.com/mil/2012-09/19/c_123733613.htm

[11] 〈美軍少將訪問中國海軍舟山號護航軍艦〉，《環球網》。檢索日期：2016.1.20。http://mil.huanqiu.com/china/2009-11/620796.html

目中，雙方也採取現場聯合指揮方式加強彼此間合作的默契。[12] 2014年12月11至12日，中共與美海軍展開第三次聯合反海盜演練。此次演練除維持第二次操演中的各項科目與輪流擔任指揮官模式外，還採取現場聯合指揮方式，協同指揮兵力行動。雙方更互派1名聯絡員和3名觀察員負責演練現場的協調溝通，同時也針對航行組織進行觀摩交流。值得注意的是，這次演練雙方全程按照國際通用的《戰術1000》標準進行通信聯絡，完成對參演兵力的指揮。此外，雙方更依據2014版的《海上意外相遇行為準則》模擬中、美海軍艦艇「不期而遇」的通話操演和實際機動等演練，以進一步驗證《海上意外相遇行為準則》的必要性和適用性。[13]中、美兩國循序漸進的互動，可視為中共海軍逐漸融入國際體系的重要指標。

中、美兩國在亞丁灣密切的互訪與聯合演練，很難讓人相信兩國是「潛在競爭者」。此現象也顯示在國際海事安全議題上，美國希望將中共海軍拉進國際體系的框架，共同分攤維護國際安全責任的意圖。另一方面，從中、美海軍演習科目和模式的演變，也可以看出中、美兩國皆已意識到未來不可避免的海上相遇問題，並嘗試透過「規則」的制定和默契來建立未來的行為準則。對中共而言，透過多次的互訪與聯合演習，也扎扎實實地讓中共海軍觀摩到世界最強海軍的運作和典範，無論是實務面或是思想層面，皆有助於提升中共海軍的素質和實力。第十八批護航編隊指揮員張傳書少將在接受媒體專訪時曾表示：「透過中、美雙方的演習，一方面使中共護航編隊能夠學習、借鑑美軍在航行組織實施、日常部署指揮及專業技戰術素養的做法，提高開展聯合反海盜護航行動中的指揮和協同能力；另一方面可以促使兩國海軍更加密切的交流，藉由增加互動來增進雙方的互信。」[14]這種良性互動未來若持續深化，將可成為中、美兩國海軍間互信與否的重要指標。

---

12 〈第十四批護航編隊指揮員談中美海上聯演亮點〉，《中國廣播網》。檢索日期：2016.1.22。http://fan.cnr.cn/gate/big5/native.cnr.cn/news/201308/t20130826_513412389.shtml

13 〈中美海軍在亞丁灣舉行聯合反海盜演練〉，《中國新聞網》。

14 〈中美海軍在亞丁灣舉行聯合反海盜演練〉，《中國新聞網》。檢索日期：2016.1.22。

2、韓國的積極善意

南韓身為「151聯合特遣艦隊」的一員，其派赴亞丁灣的海軍艦艇皆由聯合艦隊指揮官統一調度與指揮。相較於作戰行動上處於被動態勢，在艦隊外交上南韓反而積極與中共進行接觸。2009年9月26日，南韓海軍（DDH-977）「大祚榮號」（Daejoyoung）飛彈驅逐艦指揮官金尚武上校率員前往中共第三批護航編隊旗艦（DDG-529）「舟山號」飛彈驅逐艦訪問。同年10月11日，中共第三批護航編隊指揮員王志國少將一行人登上「大祚榮號」回訪。此為中共與南韓海軍雙方指揮官首次互訪，也是南韓海軍護航艦指揮官首次以南韓國家代表的身分，與中共在亞丁灣這個國際政治場域進行交流。此外，南韓也是繼美國之後第一個與中共護航編隊建立訪問關係的國家。繼2009年雙方首次互訪後，2010年4月30日，中共第五批護航編隊指揮員張文旦大校應「151聯合特遣艦隊」輪值指揮官，同時也是韓國海軍第七海上特遣艦隊司令李凡林少將的邀請，登上南韓海軍（DDH-979）「姜邯贊號」飛彈驅逐艦訪問。期間探討了當前亞丁灣、索馬利亞海域的海盜形勢及雙方加強資訊交流情況，並就中、韓兩國護航艦艇開展聯合演練等事宜交換意見。5月13日韓國海軍派遣「姜邯贊號」與中共海軍（DDG-168）「廣州號」飛彈驅逐艦在索馬利亞東部海域舉行兩國的首次聯合演習，演習期間由第五批護航編隊指揮官張文旦大校及韓國第七海上特遣隊司令李凡林少將分階段輪流擔任演習指揮官，雙方就指揮艦艇從事通信、編隊運動以及直升機起落艦等科目進行演練。兩國海軍透過演習加深對彼此的了解，並加強與深化未來合作的機會。[15] 2012年8月8日，時任「151聯合特遣艦隊」輪值指揮官的南韓海軍少將鄭安鎬，以聯合特遣艦隊指揮官的身分由南韓海軍（DDH-978）「王建號」（Wang Geon）飛彈驅逐艦前往中共第十二批護航編隊（DEG-548）「益陽號」飛彈護衛艦拜會編隊指揮員周煦明少將，[16]顯示中、韓雙方海軍間的互動日趨常態化。經由南韓海軍與中共海軍間頻密的訪問與演習，使南韓成為中共在亞丁灣互動關係最密切的亞洲國家。

---

[15] 柏子、靳航，《護航亞丁灣——沉思錄》，頁259-260。

[16] 〈中國海軍護航行動大事記〉，《中國軍網》。

南韓海軍在亞丁灣積極與中共互動，除顯示南韓希望在打擊索馬利亞海盜任務上與中共護航編隊建立良好合作關係外，也顯現出南韓在亞洲區域安全問題上的布局。目前南韓為美軍在東北亞的第二大同盟國，駐韓美軍人數約30,000人左右。[17]在安全議題上，美軍無疑是南韓最大的後盾。但受北韓長期軍事威脅的南韓，除需要美國在軍事上的支持，也需要中共在背後牽制和約束北韓的躁動。透過亞丁灣海軍的交流與互訪，可為兩國軍事和政治合作建立良好的基礎。南韓更可藉由亞丁灣護航的機會，開啟與中共非正式軍事合作的管道。

3、中、日間的恩怨情仇

中國與日本長期以來處在「剪不斷理還亂」的複雜關係中。不論在歷史、地緣戰略或是政治意識形態上，兩國的關係往往隨著中、日之間的利益衝突而消長。中共派遣部隊進入索馬利亞海域協助打擊海盜，日本就海上安全利益的考量上是極為贊同的。日本防衛省海上幕僚長（相當我國海軍司令）赤星慶治上將曾於2009年7月21日的例行記者會上表示：「在7月13日訪中時已就索馬利亞海域海盜對策問題與中方達成一致共識，並同意加強雙方在該地區的資訊交流。」[18]顯示在海上安全問題上，中共與日本的利益與目標是一致的。2010年4月28日，日本護航編隊指揮官南孝宜上校（時任海上自衛隊第六護衛隊司令）等一行5員，應中共第五批護航編隊指揮員張文旦大校邀請前往「廣州號」飛彈驅逐艦訪問，這是中、日兩國海軍編隊指揮官首次在索馬利亞海域進行訪問。5月23日張文旦等一行人則應邀登上日本海上自衛隊護航編隊指揮艦（DD-111）「大波號」驅逐艦回訪。[19]2011年的指揮官互訪，是中、日兩國亞丁灣編隊唯一一次交流，雖然後續未有更進一步的交流活動，但先前海上自衛隊幕僚長的談話中已明確表示，兩國艦隊將加強在情

---

17 〈美韓成立聯合師團　軍事同盟關係重整〉，《青年日報》。檢索日期：2016.1.24。http://news.gpwb.gov.tw/news.aspx?ydn=026dTHGgTRNpmRFEgxcbfTZFpwNJsTJB%2fW2cQuLeJ029c4Foyuh50ruXho0bpiFUnCBoQNIWjp2QkpFuywgpvJHogVn4T1bzjxIZHrLgYC0%3d

18 〈日本海自參謀長將首次訪華　或談海盜及航母話題〉，《人民網》。檢索日期：2016.1.24。http://military.people.com.cn/BIG5/1077/52987/9613991.html

19 〈海軍第五批護航編隊指揮員訪問日本護航艦艇〉，《新華網》。檢索日期：2016.1.24。http://big5.xinhuanet.com/gate/big5/news.xinhuanet.com/mil/2010-05/24/content_13552263.htm

報與資訊等方面的交流合作，而日本也是繼南韓之後第二個與中共護航編隊進行互訪的亞洲國家。從海上幕僚長的談話、艦隊指揮官的互訪在在顯示出，2011年是中、日兩國關係最為融洽的一年。然而在2012年9月10日，日本政府將「釣魚台國有化」後，中、日關係就急轉直下。隨著雙方在東海議題上劍拔弩張，使得在亞丁灣的護航艦隊間的關係也出現微妙變化。除兩國編隊指揮官未再傳出互訪和交流的消息外，日本原先採取獨立護航的態度也隨著釣魚台國有化而改變。2013年11月23日，中共斷然宣布在東海畫設「防空識別區」（Air Defense Identification Zone, ADIZ），立刻引發中、日之間更強烈的軍事對峙，[20]更使中、日兩國關係瞬間降至冰點。同年12月10日，日本防衛大臣小野寺五典突然宣布將從在亞丁灣執行護航任務的2艘艦艇中抽調1艘加入美國「151聯合特遣艦隊」。[21]此舉顯示日本希望透過加強與美的合作，取得美國在東海問題上的支持。自釣魚台問題爆發後，中、日護航編隊至今未有過交流和互訪。甚至當日本海上自衛隊第4護衛隊群司令伊藤弘（軍銜為「海將補」，等同我國海軍少將）[22]於2015年出任「151聯合特遣艦隊」指揮官期間，[23]中共護航編隊指揮官也未依慣例進行互訪，顯現中共海軍在亞丁灣的軍事交流，仍然隨著國際環境與政治因素的影響而變化。

4、開啟與歐洲對話契機

在索馬利亞打擊海盜行動中，歐洲國家分別以不同的身分派遣了兩支特遣艦隊前往亞丁灣執行任務。一支是由北約組成的「508特遣艦隊」，另一支則是由歐盟成員國組成的「465特遣艦隊」。過去中共海軍受制於地理位置和戰略布局，除執行敦睦外訪、特定聯合演習以及參加防務展或觀艦式外，鮮少有機會與歐洲國家海軍接觸。此次透過打擊索馬利亞海盜的契機，中共與歐洲國家海軍開始建立起常態

20 〈中日防空識別區重疊　中國後發制人？〉，《BBC中文網》。檢索日期：2016.1.24。http://www.bbc.com/zhongwen/trad/china/2013/11/131125_china_japan_east_sea

21 〈日本自衛隊護衛艦開始參與多國部隊在索馬利亞護航〉，《華夏經緯網》。

22 〈海將補　伊藤弘〉，《海上自衛隊第4護衛隊群——歷代群司令》。檢索日期：2016.1.26。http://www.mod.go.jp/msdf/4el/cf4_info.html

23 〈日本自衛隊首次向海外派指揮官　加入多國籍部隊〉，《中新網》。檢索日期：2016.1.26。http://www.chinanews.com/gj/2015/02-03/7029973.shtml

的交流與溝通管道。自2009年10月10日中共護航編隊首次與北約「508護航編隊」輪值指揮官——英國皇家海軍奇克准將會晤後，[24]正式開啟中共與歐洲海軍交流的大門。同年11月2日王志國少將與歐盟「465特遣艦隊」輪值指揮官荷蘭海軍彼得・賓特准將的會面，則是中共海軍首次與歐盟海軍的交流。歐洲的兩支艦隊因為主導單位的不同，代表的意涵也有所差異。北約成員國雖以歐洲國家為主，但在美國的領導下北約這個現今唯一仍維持「集體防衛」制度的軍事組織，長期以來一直被視為是在歐洲地區執行美國意志的軍事機構；而歐洲聯盟則是在德、法等國家的強勢主導下，以標榜遂行歐洲人民的意志為宗旨的跨國政治實體。歐盟「465特遣艦隊」是歐盟國家共同安全政策下的產物，也可謂是代表獨立歐洲意志的展現。中共從事交流訪問時，除了考量到艦隊的主體性和隸屬性外。從政治對話的意涵上解讀，分別代表與大西洋地區軍事集團和歐洲政治集團的對話與合作。由中共護航編隊頻密與北約、歐盟特遣艦隊進行訪問和交流觀察，中共對歐洲海軍的交往與合作，基本上是抱持著積極進取的態度。深入觀察中共與「北約」和「歐盟」的合作，更可進一步看出這兩個歐洲組織與中共互動的關係：

（1）如履薄冰的互動

中共護航編隊與歐洲各國海軍的交流相較美國、俄羅斯和南韓的時間晚了許多，但與歐洲建立合作關係的積極程度上，並不亞於和亞太國家的互動。最早與中共護航編隊舉行聯合軍事演習的歐洲國家是烏克蘭。2013年11月底，中共第十五批護航編隊（DEG-572）「衡水號」飛彈護衛艦與烏克蘭海軍（U-130）「海特曼・薩蓋達奇內號」（Hetman Sahaidachny）飛彈護衛艦在亞丁灣首次舉行聯合演習，演習內容包括編隊運動操演、聯合搜救和登船臨檢查等科目。[25]這次演習被視為是中共與烏克蘭之間的雙邊演習，不過因為烏克蘭海軍加入北約「508特遣艦隊」，且當時正好由烏克蘭海軍塔拉索夫（Tarasov）少將擔任特遣艦隊輪值指揮

[24] 〈北約海軍508護航編隊指揮官訪問中國「舟山」艦〉，《中國網》。檢索日期：2016.1.28。http://www.gov.cn/jrzg/2009-10/12/content_1436609.htm

[25] 〈中國和烏克蘭首次舉行海軍演習：演練海上臨檢〉，《環球網》。檢索日期：2016.1.29。http://military.china.com/news/568/20131115/18150899.html

官，該次演習也被視為是中共海軍首次與北約海軍聯合演訓的指標。進一步分析，為何中共選擇在烏克蘭擔任「508特遣艦隊」指揮官期間與從事軍演？研判由於中共與北約過去並無交集，且與亞太地區國家相比，中共對歐洲國家海軍的戰備情況相對陌生。基於中、烏之間過去在軍事合作與武器採購上的密切關係，故藉由透過與烏克蘭海軍的聯合演習，進一步達到與北約建立合作關係的目的。2015年12月25日中共與北約「508特遣艦隊」第2次的聯合演習，[26]是由中共第二十一批護航編隊（DEG-573）「柳州艦」飛彈護衛艦與丹麥海軍（L-16）「阿布沙龍號」（HDMS Absalon）多功能支援艦，在亞丁灣實施艦機協同、登臨檢查及海上補給等訓練科目。從兩次演練中可以發現，中共並未選擇與北約核心成員國從事聯合演習，而是跟在區域影響力中相對較弱勢的國家，甚至是非成員國實施操演，推判其原因係北約為由美國所領導的軍事組織，且為當今世上最大的軍事同盟。中共若過度與北約交流及合作恐會造成美國的威脅感，使美國對中共有更多的猜忌。

（2）深化合作的中、歐關係

亞丁灣四支主要艦隊中，最晚與中共實施演訓的是歐盟的「465特遣艦隊」。2014年3月20日由中共第十六批護航編隊（DEG-546）「鹽城號」飛彈護衛艦、（AOE-889）「太湖號」油彈補給艦與法國海軍（L-9012）「西羅科風號」（Siroco）船塢登陸艦及德國海軍（F-221）「黑森號」（Hessen）飛彈護衛艦，在亞丁灣海域舉行聯合反海盜演習，演練科目包括艦隊運動演練、海上臨檢部署及輕武器實彈射擊等。[27]根據官方表示，中、歐聯合演習係落實了2013年共同發表的《中歐合作2020戰略規劃》協議，在該協議中〈和平安全〉項目下的「繼續開展海上安全和反海盜合作，開展反海盜聯合演練」合作。[28]值得注意的是，有別於中共與其他國家舉行的雙邊聯合演習採取單一國家互動，中、歐聯合反海盜演

26 〈中國海軍護航編隊與北約508編隊舉行聯合反海盜演練〉，《新華網》。檢索日期：2016.1.29。http://www.chinanews.com/mil/2015/11-26/7643338.shtml

27 〈解讀中歐首次反海盜聯演：多國參與　擴大安全合作〉，《新華網》。檢索日期：2016.1.29。http://news.xinhuanet.com/mil/2014-03/24/c_126304953.htm?prolongation=1

28 〈中歐合作2020戰略規劃〉，《中華人民共和國商務部歐洲司》。檢索日期：2016.1.29。http://ozs.mofcom.gov.cn/article/hzcg/201601/20160101233963.shtml

習皆為多國共同參與的多邊演習。2016年2月27日，中、歐舉行第二次聯合反海盜演習。該次演習分別由中共第二十二批護航編隊（DEG-576）「大慶號」飛彈護衛艦、（AOE-889）「太湖號」油彈補給艦與德國海軍（F-262）「埃爾福特號」（Erfurt）飛彈護衛艦及西班牙海軍（P-44）「托雷多號」（Toledo）近海巡邏艦共同實施，演練項目包含海上遭遇、海上補給、艦隊運動、燈光通信及聯合護航演練等科目，並由雙方指揮官輪流指揮混合編隊。[29]從演練雙方同樣依據《海上意外相遇行為準則》規範操演來看，更可以確認中共海軍已逐漸融入國際海軍「規範」的體系中。這將促使中共海軍與歐盟海軍的合作更加制度化。另外，歐盟的獨立性美國無法干預，這也使未來中、歐之間的合作領域有更多的發展空間。

打擊索馬利亞海盜行動讓中共海軍走出近海和島鏈封鎖的禁錮，更使其有機會與各國海軍展開正式的交流與互動，也促使中共海軍能與國際接軌，逐漸融入國際海軍的運作體系中。

（三）聯合演訓與護航

比起聯合反海盜演習，聯合護航是兩國或多國海軍之間更深化的合作關係。中共護航編隊因為堅持獨立護航的政策，未加入任何聯合艦隊，唯一的聯合護航行動是2009年與俄羅斯海軍艦艇組成任務編隊，先後執行了兩批次的護航任務，共計護送41艘商船通過亞丁灣海域。2013年中共與歐盟海軍以接力護航的方式，分段護送「聯合國世界糧食計畫署」人道物資運輸船通過亞丁灣，則是中共海軍在亞丁灣少數聯合護航的案例。堅持獨立自主的中共護航編隊，願意與俄羅斯、歐盟執行聯合護航行動，究竟其發展的動機、代表含意為何？以下我們將作更進一步的分析與探討。

1、傳統戰略夥伴的維繫

中共護航編隊在亞丁灣海域首次與外軍執行聯合護航行動，是2009年9月10

[29] 〈中俄護航編隊將舉行「和平藍盾－2009」聯合演習〉，《中國網》。檢索日期：2016.2.1。http://big5.gov.cn/gate/big5/www.gov.cn/jrzg/2009-09/17/content_1420059.htm

至12日。中共第三批護航編隊（DEG-529）「舟山號」飛彈護衛艦與俄羅斯海軍（DDG-564）「特里布茨海軍上將號」大型反潛驅逐艦，共同護衛16艘商船由西向東行經國際推薦通行航道穿越亞丁灣。護航過程共分為兩階段，先後由中共第三批護航編隊指揮官王志國少將與俄羅斯艦船編隊指揮官謝爾蓋・阿廖克明斯基（Sergei Alekminski）少將（時任俄軍東北武裝力量集群第一副司令）輪流擔任混合編隊指揮官，[30]安全將船舶護送至亞丁灣海域西端，結束首次聯合護航行動。

中、俄在首次聯合護航後，兩國海軍更於10月18日在亞丁灣西部海域舉行代號「和平藍盾－2009」的聯合演習。此次演習中共計派出（DEG-529）「舟山號」與（DEG-530）「徐州號」054A型飛彈護衛艦及（AOE-886）「千島湖號」綜合油彈補給艦等3艘艦艇參演；俄羅斯參演艦艇計有（DDG-564）「特里布茨海軍上將號」大型反潛艦、「鮑里斯・布托瑪號」（Boris Butoma）綜合補給艦和「MB-9號」拖船等3艘艦艇參演。[31]演習內容包含兩國護航編隊溝通聯絡與會合、編隊機動變換隊形、旗語通信、航行補給、直升機與艦艇協同查證可疑船隻、副炮對海射擊以及聯合海上閱兵等7個科目。「和平藍盾－2009」是中共護航編隊在亞丁灣海域首次與外軍舉行的聯合演習，也是中共海軍在亞丁灣參與的聯合演習中，規模最龐大、動員艦船數量最多的一次演習。

中、俄兩國海軍結束「和平藍盾－2009」海上聯合反海盜演習後，於當日晚間再次伴護25艘各國商船，沿中共護航航線由西向東穿越亞丁灣，執行第二次聯合護航行動，期間中、俄艦載直升機先後進行了多次巡邏警戒，即時向被護船舶通報編隊航行及海域安全相關情況。[32]此次護航過程中，中共護航編隊油彈補給艦「千島湖號」也納入混合編隊任務編組中，擔任混合編隊支援任務。2009年中、俄兩次的聯合護航，是中共亞丁灣護航編隊至目前為止，唯一有計畫性與外軍的聯合護航行動。觀察兩國的護航行動，可看出以下兩個重要意涵：

---

30 〈中俄海軍首次在亞丁灣海域開始執行聯合護航任務〉，《中國政府網》。檢索日期：2016.2.18。http://big5.gov.cn/gate/big5/www.gov.cn/jrzg/2009-09/11/content_1415653.htm

31 〈中俄海軍完成第二次聯合護航〉，《新華網》。檢索日期：2016.2.1。http://news.xinhuanet.com/mil/2009-09/21/content_12090575.htm

32 〈中俄海軍完成第二次聯合護航〉，《新華網》。

（1）軍事同盟關係的實踐

中、俄聯合護航是中共在亞丁灣唯一具有計畫性的聯合護航行動，代表兩國戰略夥伴關係下聯合軍事行動的實踐，也見證了中、俄兩國長久以來建立的特殊戰略夥伴關係。在此之前中共已經派遣兩批次的護航編隊執行任務，對護航任務的規劃和操作模式已有相當程度的瞭解。亞丁灣護航行動為中共首次海外軍事行動，兩國海軍實施聯合護航更代表著俄羅斯在國際海事安全政策上支持中共的參與。這是繼兩國武裝部隊定期實施聯合演習外，首次共同參與國際軍事行動，除意味著兩國將定期軍事協同演習化為實際行動外，也代表著兩國軍事合作關係的落實。中、俄的合作成為亞丁灣多國海軍艦隊間，有別北約「508特遣艦隊」、美國「150聯合特遣艦隊」及「151聯合特遣艦隊」等親美同盟的另一股勢力。兩國於聯合演習與執行聯合護航後，更在2013年敘利亞化武銷毀行動中再次合作，共同擔任化武運輸船護航任務。由上述的合作顯示，中、俄將軍事合作的默契，已逐步落實在面對非傳統安全軍事行動中。

（2）建立海上協作機制

當前中、俄兩國每年藉由定期的雙邊聯合軍事演習，加強兩國部隊在協同作戰和聯合指揮等方面的能力，[33]另外更透過「上海合作組織」的平台與亞洲各個成員國建立共同作戰的合作機制，強化區域內軍事行動運作。[34]中、俄兩國武裝部隊對彼此的戰術戰法、指揮管制早已不陌生，但在遠離本土保障基地、情監偵系統支援和後勤保障的海外執行非戰爭軍事行動，兩國海軍過去並無相關協作經驗。尤其在面對索馬利亞海盜這種低強度目標時，該如何建立共同語言和作業機制，對兩國海

33 〈中俄兩國海軍聯合軍演回顧〉，《新華網》。

34 中共與俄羅斯及哈薩克、塔吉克、吉爾吉斯等中亞國家的多邊關係。在各方積極談判協商下形成上海合作組織的前身——「上海五國」，自1998年起上海五國的地區論壇機制逐漸朝向地區安全合作發展，促使五國進一步組成新的地區安全體系，在2001年6月15日，五國加一（烏茲別克）成立上海合作組織，以「安全」和「經濟」兩大主軸進行區域安全合作。資料來源：黃一哲，〈上海合作組織的現況與發展〉，《國防雜誌》，第24卷，第3期，2009.6（桃園：國防大學，2009年6月1日），頁6。

軍是一大考驗。兩國首次的聯合護航採取混合編隊及分階段指揮模式，目的就是在建立兩軍合作時的共同語言和統一思維。此外，在第一次聯合護航與第二次聯合護航間，安排了「和平藍盾－2009」海上聯合反海盜演習，也具有任務成果檢討、加強演練與建立共同作業機制的意味。另外，在護航航道的選擇上，第一次聯合護航選擇航行國際推薦通行航道，第二次聯合護航時則改航行「中共護航航道」，顯示兩次的護航任務中，除了建立共同作業模式外，也讓中、俄兩國部隊熟悉彼此的作業環境，提高兩國部隊在面臨共同打擊海盜時對作業海域的適應程度。

2、新伙伴關係的建立

中共海軍在亞丁灣護航期間，除了與傳統的戰略夥伴延續及實踐軍事同盟的合作外，也悄悄展開與歐洲國家的軍事合作。2010年歐盟海軍執行索馬利亞海域護航任務的（EU NAVFOR）艦隊副司令托馬斯・恩斯特少將（Thomas Ernst）對媒體透露，中共海軍有意幫助歐盟艦隊為聯合國世界糧食計畫署進出索馬利亞海域的糧食運輸船提供護航。[35]保護聯合國世界糧食計畫署糧食運輸船，是歐盟「465特遣艦隊」在亞丁灣海域的主要任務之一。中共主動提出願意提供歐盟艦隊相關支援與幫助，除表示信守為聯合國世界糧食計畫署人道物資運輸船安全提供護航保障的承諾外，也是積極拉攏歐盟國家並與其海軍建立軍事合作關係的表現。自2011年起至2018年止，中共海軍護航編隊艦艇先後協助歐盟特遣艦隊執行了11次保護聯合國世界糧食計畫署糧食運輸船任務，更於2013年6月和7月，第十四批護航編隊艦艇直接與「歐盟465特遣艦隊」合作，以「接力護航」的模式為聯合國人道物資船實施聯合護航任務。這是中共海軍首次與歐盟海軍實施「聯合護航」，更是中共與歐盟首次實施聯合軍事行動。由於雙方海軍並非採取「共同伴隨護航」，而是採「接力護航」的方式分段護衛糧食運輸船，在戰術、戰法的執行上，並不存在與俄羅斯海軍聯合護航時所需面對的作戰觀念同步問題。

許多專家學者相繼指出，中共海軍透過在索馬利亞海域護航人道物資船，有助

[35] 〈中國海軍或協助歐盟護航世界糧食署船隻〉，《香港新聞網》。檢索日期：2015.12.18。http://www.hkcna.hk/content/2010/1209/79141.shtml

於其「融入」整個歐盟的護航行動中。這將提高中、歐雙方艦隊的協調與合作，進而加強國際社會在索馬利亞海域護航和打擊海盜的效率。[36]中、歐海軍艦隊的合作雖然不如中、俄之間密切，卻代表中共已成功開啟與歐盟在軍事領域的合作之門。德國海軍總監在中共決定派遣艦隊參與打擊索馬利亞海盜前，即提出希望與中共海軍共同打擊海盜的意願，這就顯示中、歐之間在國際政治上的合作，相較於中、美之間「鬥而不破」的微妙競合關係，更多了軍事及政治層面合作的可行性。相較於由美國主導的北大西洋公約組織，歐洲聯盟更強調歐洲國家的自主性與歐洲意志。中共選擇以歐盟「465特遣艦隊」作為打開與歐洲國家軍事合作的試金石，並以保護聯合國人道物資船為媒介，除可避免美國的干涉和置喙外，更可避免遭受到軍事擴張的質疑。在可預見的未來，中、歐雙方海軍雖未必會結成軍事同盟或成為固定的軍事戰略夥伴關係，但在「非傳統安全威脅」領域上，雙方的合作將會日益擴大與深化。

從亞丁灣護航任務的國際互動中可以看出，隨著中共國力和對世界影響力逐漸增加，使過去在軍事行動上強調「韜光養晦」的中共海軍，也逐漸走向開放與積極的合作態度。中共在亞丁灣除穩固與亞太地區戰略夥伴關係外，更將視野投向歐洲，嘗試與歐洲國家建立進一步的合作關係。

（四）小結

一個新興海權國家的出現，往往會威脅到舊有海權勢力的地位。中共海軍首次遠離近海走向遠洋，不僅僅受到美國的密切關注也是全球矚目的焦點。中共護航編隊堅持獨立護航的背後，包含了對自我主權、國格和能力的堅持與擔憂，也因為堅持獨立護航，使中共有足夠的自主權去適應海外軍事行動的步調，並順應國際情勢的變動，逐步與各國海軍建立程度不一的合作關係。無論是主動或被動的交流，亞丁灣的「海軍外交」已使中共在全球戰略布局上，獲得突破性的成果，也讓中共海軍透過接觸、學習外軍實務經驗，逐步融入國際海軍體系。

---

[36] 〈中國海軍或協助歐盟護航世界糧食署船隻〉，《香港新聞網》。

二、外訪與海外港埠

中共護航編隊在護航結束後，透過一連串的海外敦睦遠訪與交流，建立起中共海軍在國際間友好及正義之師的形象。從實質意涵上解讀，中共藉由海軍的外交官身分，代表政府向世界各國伸出友誼之手，除展現出中共海軍的壯盛軍容外，也為海上交通線、海外補給點的建立埋下伏筆。

（一）遠訪與交流

中共自第二批護航編隊起，於結束任務後進行友好訪問。從最初造訪鄰近的印度、巴基斯坦、馬來西亞與新加坡，進一步開往中東的阿拉伯聯合大公國訪問。自第三批編隊起通過蘇伊士運河進入地中海訪問義大利和希臘開始，將目標指向歐洲。中共護航編隊訪問的足跡遍及印度洋、中東、地中海與南海。隨著護航編隊敦睦訪問國家的增加，中共海軍走遍的海域更加廣闊。2012年底第十二批編隊首次將訪問範圍延伸到南太平洋的澳洲，這也是護航編隊首次赴南太平洋國家從事訪問。2013年第十三批護航編隊將敦睦訪問的觸角延伸至西歐的法國、南歐的西班牙和位於北非的摩洛哥，完成了首次環地中海訪問。2014年第十六批編隊結束象牙海岸及塞內加爾等西非國家訪問，使護航編隊的足跡正式跨足大西洋海域。2015年第十八批護航編隊在指揮員張傳書少將（時任南海艦隊南海艦隊副參謀長）的率領下，先後訪問了英國、德國、荷蘭、法國、希臘在內的歐洲5國，這是中共與歐盟於2013年11月共同發表《中歐合作2020戰略規劃》後，[37]中共海軍首次深入訪問歐洲國家。2015年8月第二十批護航編隊將護航任務交接給接防的第二十一編隊後，在編隊指揮員王建勳少將（時任東海艦隊副參謀長）的率領下自亞丁灣啟程，展開歷時5個多月的環球訪問，期間拜訪了北歐、美國、南美洲友邦及澳洲等國，寫下護航編隊敦睦訪問歷時最長、拜訪國家最多的紀錄。此次航程不僅僅是中共海軍首次從事環球訪問，也是中共護航編隊首次造訪美國。訪問過程中除開放民眾登艦參觀及

[37] 〈中國歐盟發表《中歐合作2020戰略規劃》〉，《中新網》。檢索日期：2015.12.18。http://www.chinanews.com/gn/2013/11-23/5539024.shtml

編隊高層訪問行程外，更多次與地主國海軍進行聯合軍事演習。2015年2月，第十八批護航編隊訪問法國期間，更與法國海軍在土倫港（Toulon）外海從事聯合操演。[38]從歷次的敦睦訪問可看出，中共護航編隊藉由敦睦訪問的模式，逐漸將足跡踏遍世界各大洲，也讓中共海軍遠航的實務的經驗，更進一步地向上提升。

中共護航編隊藉由敦睦友好訪問的方式接觸世界，希望以大國「仁義之師」的角色淡化「中國威脅論」帶給世界的恐懼。隨著中共海軍出外敦睦訪問的次數增加，反映出中共逐漸掌握到海軍活動對執行其外交政策的價值。靈活運用海軍作為執行國家政策的工具，也符合前中共中央軍委主席胡錦濤所謂軍隊的「新歷史使命」就是捍衛國家的海外利益。當前，中共急欲將其軍力擴張描述為是利於全球穩定的力量，而艦隊敦睦訪問正是彰顯中共海軍能力可作為軟實力展現的有效工具，[39]中共也期望透過這種軟實力的運用，建立海軍在世界各國的活動空間以及與各國合作的機會。

（二）海外基地前哨

中共護航編隊的後勤補保模式，是透過「中遠集團」在海外的營運據點和碼頭為護航編隊提供支援。目前中共已透過中遠集團在亞丁灣周邊建立起包含葉門亞丁港、阿曼薩拉拉港、吉布地港及沙烏地阿拉伯吉達港等4個補給港，可供中共護航編隊進行整補。除了亞丁灣周邊的4個補給港外，位於巴基斯坦的喀拉蚩港及位於斯里蘭卡（Sri Lanka）的可倫坡港（Colombo）都是護航編隊印度洋沿線上的重要補給港埠。[40]另外，中共藉由護航編隊透過全球訪問與世界各國建立友好關係的同時，也透過與各國簽訂商業貿易及投資開發協議等方式，拓展海外港埠作為航運貿易的據點。目前已知中共取得的重要港埠投資計畫及授權使用的海外港口如下：

38 〈中國艦隊抵達法國訪問　將與法軍進行海上演習〉，《新浪軍事》。檢索日期：2015.12.18。http://mil.news.sina.com.cn/2015-02-10/1709821209.html

39 Hsiao, L. C. Russell, "China Expands Naval Presence through Jeddah Port Call", *China Brief*, Volume,10 Issue 25, December 17, 2010, pp.1-2.

40 〈中共遠洋艦隊與海外休補〉，《台北論壇》。

1、比雷埃夫斯港（Piraeus）

比雷埃夫斯港位於希臘（Greece）東南沿海薩羅尼科斯（Saronikos）灣東北岸，緊臨愛琴海（Aegean）西南側，是希臘最大的港口。該港曾在第二次世界大戰中遭到破壞，於戰後再次重建。它是首都雅典（Athens）海運的門戶，亦為愛琴海的重要海上樞紐。港口距首都雅典僅8公里，有鐵路和高速公路可直通各大城市；距雅典機場則約14公里，有定期國際航班飛往世界各地。港區有29個主要碼頭泊位，碼頭海岸線長約5,649公尺，最大水深為11.5公尺，另大船錨泊區水深達40公尺。裝卸設備包含各種吊裝及滾裝設施，其中浮吊設備最大起重能力可達100噸，另附屬港區的加油碼頭設有輸油管可直接提供石油裝卸使用。[41]

比雷埃夫斯港是希臘及地中海沿岸最大的港口，中遠集團於2008年6月中旬參與該港貨櫃碼頭私有化招標，最終以40億歐元代價獲得租用比港2號和3號碼頭35年的特許經營權。[42] 2016年8月10日，中遠集團更以3.685億歐元的價格從比雷埃夫斯港口管理局手中購得67%的股權，成為該港的實質管理和經營者。[43]中遠集團擁有比雷埃夫斯港後，中共將可在地中海建立起一個通往歐洲、裏海（Caspian Sea）、大西洋和印度洋的海上運輸樞紐。

2、瓜達爾港（Gwadar）

巴基斯坦為中共在南亞的重要友邦，該國海岸線總長約700公里，沿線計有喀拉蚩港和瓜達爾港等2個重要軍港。瓜達爾港位於巴基斯坦西南的俾路支省（Balochistan）瓜達爾市，南臨印度洋的阿拉伯海，東距喀拉蚩約460公里，西距巴基斯坦與伊朗的邊境約120公里，為一終年深水不凍港。瓜達爾港口臨近波斯灣，具有極重要的戰略地位，該港可扼制由非洲、歐洲經紅海、荷姆茲海峽、

41 〈PIRAEUS比雷埃夫斯〉，《外貿B2B平台：世界主要港口介紹》。檢索日期：2015.12.18。http://article.bridgat.com/big5/guide/trans/port/PIRAIEVS.html

42 〈PCT公司高管：中遠比雷埃夫斯港3號碼頭擴建繼續〉，《大公財經》。檢索日期：2015.12.18。http://finance.takungpao.com.hk/gscy/q/2015/0129/2905197.html

43 〈中遠集團獲希臘比雷埃夫斯港管理經營權〉，《BBC中文網》。檢索日期：2017.7.2。http://www.bbc.com/zhongwen/trad/world/2016/08/160810_china_greece_port

波斯灣通往東亞、太平洋地區的數條海上重要航線，為印度洋地區重要的交通樞紐。此外，瓜港距離全球石油供應的主要通道荷姆茲海峽約400公里，中共大部分的進口能源即來自該地區。因此，瓜達爾港也被視為保障中國石油生命線的重要樞紐。[44]

2013年2月18日，「中國海外港口控股有限公司」從新加坡公司手中取得巴基斯坦瓜達爾港的經營權。根據中共商務部的資料顯示，瓜達爾港是由「中國交通建設集團有限公司」旗下所屬的「中國港灣工程公司」（China Harbour Engineering Company, CHEC）所承建。總投資額為2.48億美元，中方提供1.98億美元的資金。據媒體報導指出，瓜達爾港為中共的經濟交流和能源進口開闢了跨國走廊，可節省數千公里的運輸路途。中共憑藉著這座港口而獲得直抵阿拉伯海和荷姆茲海峽的中繼點，更使其擁有獲取非洲和中東原物料的重要通路。未來中、巴間將可透過尚在規劃中的鐵路，由陸路將自瓜德爾港輸入的石油和其他原物料直接輸往中國大陸。[45]如此不但可確保石油與物資運送的安全，更可嘉惠中國大陸西部地區的發展與開發。由此可見，瓜達而港對中共的戰略布局扮演著極為重要的樞紐地位。

3、達爾文港（Darwin）

達爾文港位於澳洲（Australia）北領地（Northern Territory）的比格爾灣（Beagle）南岸。該港瀕臨帝汶海（Timor）東南側，是澳洲北部的主要港口之一。港區主要碼頭泊位有5個，碼頭海岸線長約734公尺，最大水深為12.6公尺。裝卸設備有岸吊、貨櫃箱吊、卸載機、皮帶機及滾裝設施等。貨櫃箱吊最大起重能力可達70噸，另有直徑為100至300釐米的輸油管供裝卸原油使用，最大可靠泊5萬噸的船舶。裝卸速率：礦砂每小時裝載1,000噸，卸油每小時300噸，貨櫃箱每小時可裝載30TEU。1992年貨櫃箱吞吐量達5,392TEU，年貨物吞吐能力約為300萬噸。管

---

44 〈瓜達爾港——中國石油生命線的重要通道〉，《每日頭條》。檢索日期：2015.12.18。https://kknews.cc/world/38xj33.html

45 〈神秘中企接管瓜達爾港〉，《中評社》。檢索日期：2015.12.18。http://hk.crntt.com/crn-webapp/search/allDetail.jsp?id=102453305&sw=%E5%89%AF

理上除耶誕節、耶穌受難日及「澳紐聯合軍團」日等重要節日不作業外，其他節日均可實施作業。[46]

澳洲北領地政府於2015年10月與「中國嵐橋集團」（Landbridge Group）簽署總值5.06億澳元的租賃協議。將達爾文港碼頭，包括達爾文海上供應基地和福特山碼頭等設施租賃給與中共政府關係密切的「嵐橋集團」長達99年。根據雙方達成的協議，嵐橋集團將持有該碼頭設施八成股份，而剩下的兩成股份仍由澳方持有。[47]嵐橋集團在取得該港的使用權後，更計畫斥資2,500萬澳元（約合1.23億元人民幣）擴建達爾文港，以滿足其海運需求。[48]

4、喀拉蚩港

喀拉蚩港位於巴基斯坦（Pakistan）南部沿海、印度河（Indus）三角洲西南部，瀕臨阿拉伯海（Arabian Sea）北側，是巴基斯坦最大的港口。港區主要碼頭泊位計有31個，碼頭海岸線長約5,253公尺，最大水深為12.8公尺，另大船錨地水深為16公尺。加油碼頭最大可停靠7.5萬噸的油船。巴基斯坦95%以上的外貿物資及阿富汗部分進出口貨物，都是經由喀拉蚩港進出，主要貿易對象則有美國、日本、德國、英國及沙烏地阿拉伯等國家。[49]

喀拉蚩港是目前中共海軍訪問次數最多的港口，其頻次遠高於停泊周邊港口之上。另在中共協助下，巴基斯坦海軍造船廠以及喀拉蚩造船及工程公司（KS&EW）建造了大量船舶生產與維修設備。目前，巴基斯坦海軍已將4艘中共生產製造的F22P護衛艦（中共053H3型飛彈護衛艦的外銷改良構型）均部署在喀拉蚩港。此外，在中港公司的協助下，中共持續協助巴基斯坦進行喀拉蚩港建設工

---

46 〈DARWIN達爾文〉，《外貿B2B平台：世界主要港口介紹》。檢索日期：2015.12.18。http://article.bridgat.com/big5/guide/trans/port/DARWIN.html

47 〈澳軍方高層關注中企獲達爾文港99年租賃權〉，《BBC中文網》。檢索日期：2015.12.18。http://www.bbc.com/zhongwen/trad/world/2015/10/151016_australia_darwin_port_chinese_deal

48 〈嵐橋集團斥資1.23億擴建澳洲達爾文港〉，《每日頭條》。檢索日期：2017.1.2。https://kknews.cc/finance/n5zoaq.html

49 〈KARACHI卡拉奇〉，《外貿B2B平台：世界主要港口介紹》。檢索日期：2015.12.18。http://article.bridgat.com/big5/guide/trans/port/KARACHI.html

程。據專家的觀察指出，部署在喀拉蚩港的這些作戰艦，與中共海軍護衛艦使用相同的零件，並且巴國政府在喀拉蚩建有大量的維修設施，使喀拉蚩港成為中共重要的友好港口。一旦中共海軍艦艇在印度洋行動需要修整時，可直接進入喀拉蚩港維修受損艦艇。另有消息指出2009年6月，中共海軍大校謝東培更公開闡明關於中共海軍艦艇在喀拉蚩進行維修的可能性。[50]

5、可倫坡港

可倫坡港位於斯里蘭卡西南沿海凱拉尼（Kelani）河口南岸。該港瀕臨印度洋的北側，是斯里蘭卡最大的港口。它是斯里蘭卡首都和全國政治、經濟、交通及文化中心，更是印度洋航道上的重要港埠。可倫坡港也是斯里蘭卡的交通樞紐，周邊有鐵路和公路通往全國各地。港區主要碼頭泊位計有20個，碼頭海岸線長約4,562公尺，最大水深為12.6公尺。碼頭海岸線長約734公尺，最大水深為13公尺。裝卸效率：燃油每小時500噸，原油每小時1,000噸。碼頭最大可停靠6萬噸的船舶。鐵路可以直通碼頭進行裝卸作業。在海外6浬的海上泊位，最大可停泊18萬噸的油船。[51]

經歷斯里蘭卡政權輪替後，斯里蘭卡政府於2015年10月8日批准將可倫坡港口城專案建設協議再延長6個月，並決定成立一個新的委員會對該協議進行評估，以便港口城項目建設在適當時候得以重啟。根據協定，填海造地後新增的108公頃土地將歸「中國交通建設股份有限公司」（CCCC）所有，其中20公頃土地為中國交通建設股份有限公司完全擁有，斯里蘭卡港務局將擁有剩餘的土地所有權，但開發公司可擁有99年的租用地契，[52]因此使中共可充分使用這座印度洋沿線的重要驛站，該港也成為中共海軍在印度洋活動的重要整補點之一。

---

50 〈美媒：中國在印度洋有六大補給港〉，《中評社》。檢索日期：2015.12.18。http://hk.crntt.com/crn-webapp/search/allDetail.jsp?id=101402757&sw=%E8%81%94%E9%85%8B

51 〈COLOMBO可倫坡〉，《外貿B2B平台：世界主要港口介紹》。檢索日期：2015.12.18。http://article.bridgat.com/big5/guide/trans/port/COLOMBO.html

52 〈中國在海外拿下10個大專案　要做整整一百年〉，《新華網》。檢索日期：2015.12.18。http://104541899.home.news.cn/blog/a/0101008883230D1AFBE47CBF.html

6、亞庇港（Kota Kinabalu）

亞庇港位於馬來西亞（Malaysla）加里曼丹（Kalimantan）島北部，沙巴（Sabah）地區西北沿海的格耶灣（Gaya）東南岸。亞庇港瀕臨南海南側，又名傑賽爾頓（Jessel Ton），是馬來西亞沙巴地區的最主要港口。亞庇是沙巴的首府和政治及經濟中心，也是鐵路、公路及海運的交匯點。港區主要碼頭泊位計有9個，最大水深達9.1公尺，大船錨地水深達23公尺。裝卸設備計有各種岸吊、貨櫃箱吊具、鏟車、拖車及滾裝設施等，港區最大可靠3萬噸的船舶。[53]

據美國《國家利益》（*National Interest*）雙月刊網站2015年18日報導指稱，中共海軍司令員吳勝利日前曾率團訪問馬來西亞。期間吳勝利與馬來西亞海軍達成協議，允許中共海軍艦艇使用馬來西亞的亞庇港作為「中途停留點」，以「加強兩國間的國防關係」，[54]使亞庇港可作為中共海軍艦艇油、水補給與官兵休憩的補給點。中共取得該港使用權後，勢必提升中共在南海操作的彈性與靈活度。然而，相較於在南海的運用，更需注意的是對中共印度洋戰略的布局。亞庇港位處南海通往馬六甲海峽的重要航道上，當中共海軍艦艇經由馬六甲海峽往返印度洋時，亞庇港將成為其最重要的整補據點之一。

中共目前具有使用權的港口均分布在中共護航編隊敦睦訪問沿線上。從地理位置觀察，每一個中資企業投資建設的港埠，皆位在該地區海上航道的重要交通樞紐。掌握這些港埠的經營權，除可定義為中共國家主席習近平提出「海上絲路」願景的驛站外，亦可視為是中共海軍未來維護國家海外利益時的重要整補基地。而中共護航編隊的海外遠訪，更可視為是建設海外港埠的前哨。從中共海軍執行亞丁灣護航任務開始迄今，中共國企在亞太至地中海地區建立起的港口分布網，除明顯集中在中東至東非地區外，也巧妙建立起自亞太經印度洋、地中海到達歐洲航線的補給港。從中共潛艦不定期停泊斯里蘭卡可倫坡港、巴基斯坦喀拉蚩港及進出印度洋

---

53 〈KOTA KINABALU哥打基納巴盧〉，《外貿B2B平台：世界主要港口介紹》。檢索日期：2015.12.18。http://article.bridgat.com/big5/guide/trans/port/KOTA_KINABALU.html

54 〈解放軍獲准使用大馬亞庇港　或增強南海控制力〉，《博聞社》。檢索日期：2015.12.18。http://bowenpress.com/news/bowen_42603.html

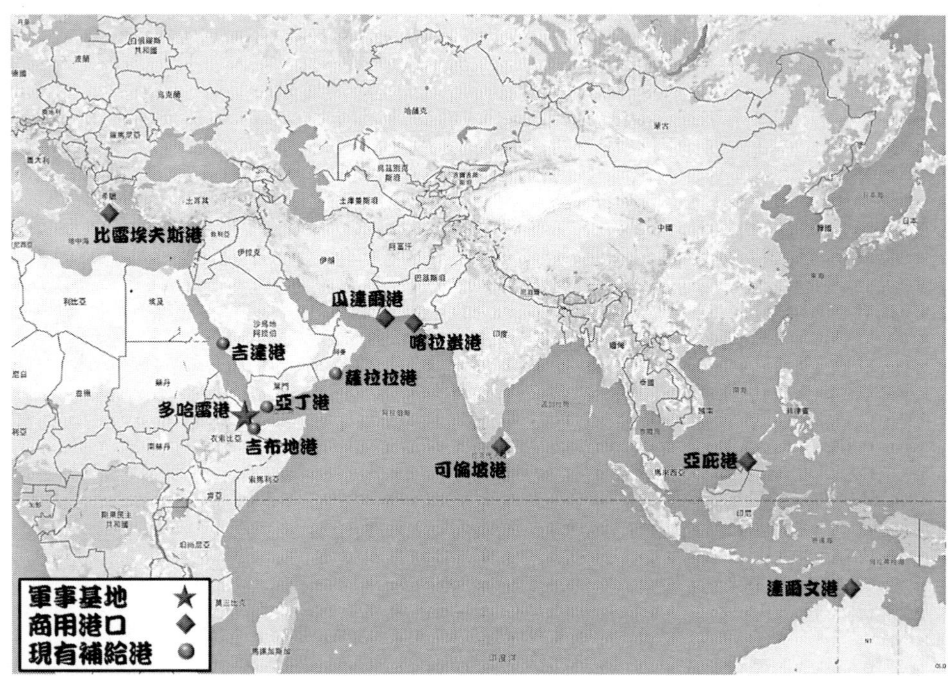

圖4-1　中共亞太、印度洋及地中海地區具使用權港口分布圖

製圖：黃丞佑　2021.08.14

製資料來源：新華網、中國軍網、人民網、環球時報。

海域活動的態勢研判，[55]中共海軍已將印度洋視為遠洋訓練的重要演訓海域。尤其在可倫坡、喀拉蚩及瓜達爾等港口建立後，更可突破海軍艦艇自持率的限制，使艦艇有更充裕的時間在印度洋從事演訓。此外，從中共在亞太地區擁有澳洲達爾文港99年使用權、海軍可以在馬來西亞亞庇港作為中途停靠點等事件觀察。從南太平洋經東南亞進入印度洋的海上交通要道，已隨著中共港口使用權的取得，成為中共一帶一路大戰略中不可或缺的重要布局。

[55] 〈大陸活躍印度後院　形成戰略包圍〉，《中時電子報》。檢索日期：2015.12.18。http://www.chinatimes.com/newspapers/20140930001021-260309

（三）小結

中共藉由商業模式建立護航編隊海外補給所需的能量，與過去殖民時代英、美等國建立海外民地，提供艦隊和商船隊修整、補給和駐守的需求有些許雷同。但不同的是，中共護航編隊透過軟實力及海事安全合作的影響力，逐漸獲得各國的認同與親近。另藉由企業的收購、投資與合作，甚至對面臨經濟困境的國家提供即時的資金挹注與經濟復甦願景，藉由政治與經濟相互配合的兩手策略，獲取重要交通航道上的樞紐港埠。這也是中共在缺乏充足海外軍事基地情況下拓展全球貿易與遠洋海軍的重要手段之一。

三、提升任務複雜性

亞丁灣的護航任務給了中共海軍接觸海外軍事行動的機會，也讓中共開始思考「海軍的海外價值」。自大航海時代起，海軍就是為保護海上商業貿易與海外利益的使命而存在。中共受制於用兵思維、海軍能力與戰略規劃等因素，對海軍的運用一直停留在防衛海疆的範疇中。隨著對亞丁灣護航任務模式的熟悉和國際情勢的變化，中共護航編隊漸漸從打擊海盜和船舶護航的原始目的中跳脫出來。隨著區域情勢變化和國家利益的需求，「非傳統安全威脅」逐漸成為中共必須面對的課題。自2010年起中共多次將編隊艦艇投入「保護海外公民與人道救援」及「建立國際形象」的行動，顯示中共逐漸熟悉這支艦隊的「可操作性」，並將其投入遂行國家意志的行動中。此為中共海軍自1949年成軍以來，在海軍任務與兵力運用上最大的轉變。以下分別從「屬性」、「時間」和「空間」等三個層面，就「從單一到多元」、「海外應急處突」及「常態海外部署」等3大特色，進一步解讀中共海軍護航編隊在投入海外任務後的新意涵。

（一）從單一到多元

中共中央將聯合國安理會第1816號、1838號、1846號和1851號決議文視為出兵亞丁灣的法理依據，同時中共官方也不斷強調，中共海軍在亞丁灣的行動是依據這4個決議文的授權、對國際法中打擊海盜的「普遍管轄權」等原則執行的軍事行動。[56]這也是在「中國威脅論」風暴中，中共仍願意出兵海外的重要原因。自2009年首批編隊抵達亞丁灣後，中共一直堅守只從事海盜打擊和船舶護航的原則，致力於護航任務的執行。然而，這個原則在經過一年後開始有了轉變。2011年2月中共外交部開始執行利比亞撤僑行動後，中共中央軍委即指示海軍調派正在亞丁灣護航的作戰艦艇前往利比亞外海協助撤僑。自「徐州號」飛彈驅逐艦脫離編隊駛往地中海的那一刻起，中共護航編隊已脫離護航任務的初衷，成為中共維護國家利益的重要工具。利比亞的撤僑行動是護航編隊艦艇任務調整的濫觴，更是中共首次將海軍的力量運用在海外人道救助任務中。若將利比亞的撤僑行動解釋為因涉及海外僑民安全和中共國家利益而衍生的軍事行動，那2013年護航編隊艦艇參與敘利亞化武運輸船的護航任務，就是中共將海軍力量擴大運用的突破與革新。敘利亞化武銷毀護航行動，是中共透過軍事行動展現國家政策意志和建立國家形象的一次典範；此外護航編隊艦艇協助馬航失事班機海上搜救任務，更是中共透過海軍建立國家形象，向國際社會釋放中共海軍和平態度的表現。藉由參與國際的維和行動，提高中共在國防政策、軍事實力等方面的透明度，並藉其作為消弭「中國威脅論」的有利手段。[57]2015年的葉門撤僑行動，是中共海軍護航編隊極具代表性的維護海外利益行動任務。有別於2010年在利比亞撤僑行動，海軍艦艇僅擔任難民運輸船的戒護工作。葉門的撤僑行動，海軍編隊將所有艦艇和特戰人員全數投入葉門的撤僑工作中。海軍編隊在短短的2天內從葉門荷台達港撤離了500多位僑民和駐外人員，甚至協助撤離多位外籍人員，種種表現都顯示出中共經歷多次海外任務的歷練後，已建立了執行海外「應急處突」的作業模式。

從亞丁灣的護航到葉門撤僑行動，中共海軍的任務由單一逐漸轉為多元，更顯現出中共中央軍委對海軍護航編隊的靈活調度與未來展望。隨著國家政策的需要逐

---

56 黃汀，〈論中國軍艦赴索馬利亞護航的國際合法性〉，《湘潭師範學院學報》，第31卷，第35期〔湖南：湘潭師範學院學報（社會科學版）雜誌編輯部，2009年9月〕，頁33-34。

57 壽曉松、徐經年主編，《軍隊應對非傳統安全威脅研究》（北京：軍事科學出版社，2009年6月），頁173。

漸擴大，中共海軍對「非傳統安全威脅」任務的投入，已逐漸純熟且成為其核心任務之一。隨著冷戰結束後，美、蘇爭霸的兩極世界宣告終結，世界也逐漸朝向多極化發展，使軍事作為戰爭及戰略操作的功能減弱，[58]取而代之的是「區域衝突」與「非傳統安全威脅」。由於非傳統安全威脅具有突發性、隱蔽性、多樣性及複雜性等特點，使政府利用軍隊處理這一類威脅時，必須更加靈活且更具彈性。[59]過去中共的海外利益和潛在威脅尚不明顯，軍隊也無執行相關危機的經驗和能力。中共海軍投入打擊海盜和船舶護航後，漸漸體會到運用海軍處理非傳統安全威脅任務時，帶來的效益與附加價值。這些轉變使護航編隊任務屬性從單一轉為多元，也可視為中共國家政策由「內斂」走向「開放」的徵兆。

（二）海外應急處突

隨著中共的經濟能力提升，中國大陸公、民營企業在世界各地的投資版圖也不斷擴大。據資料統計顯示，截至2007年底就有近7,000多家大陸企業在全球172個國家設廠、投資和建立商業據點，單單2007年內中國大陸出國從事商務行為的人士就高達百萬人之多。[60]當中國大陸總體經濟對海外貿易的依賴程度比重逐漸增加時，企業海外據點和人民的安全也開始成為中共高度重視的對象。尤其在開發中國家、區域情勢較為動盪或長期處於內戰狀態的地區，雖是低成本、高報酬的投資環境，卻也是高風險的危險地區。自2010年12月突尼西亞（Tunisia）爆發「茉莉花革命」後，中東和非洲地區常因政治、地方勢力衝突及內戰等因素，導致頻密的政局更迭、恐怖攻擊事件永無止息，更使該地區成為新興的火藥庫，[61]除嚴重威脅到大陸企業在該地區的投資和收益，也迫使中共中央不得不開始重視海外企業與駐外人員的安危。

---

58 王崑義，〈非傳統安全與台灣軍事戰略的變革〉，《台灣國際研究季刊》，第6卷，第2期，2010年／夏季號（台北市：台灣國際研究學會，2010年6月），頁6。

59 壽曉松、徐經年主編，《軍隊應對非傳統安全威脅研究》，頁39。

60 壽曉松、徐經年主編，《軍隊應對非傳統安全威脅研究》，頁13。

61 葉長城，〈從「茉莉花革命」到「狂人末路」：近期中東及北非地區政經情勢與影響研析〉，《全球台商e焦點電子報》。檢索日期：2015.12.18。http://twbusiness.nat.gov.tw/subscribe.do

從利比亞與葉門內戰的撤僑行動中可發現，中共開始抽調亞丁灣護航編隊艦艇投入撤僑行動，關鍵原因在於「時效性」。利比亞距離中國大陸本土約10,195公里，若以每小時18節（約18浬／時）的經濟航速航行，在不靠港補給的情況下，約需要12至15天航程才能抵達。當東非或中東地區發生緊急事件時，再由本土調派艦艇前往已是緩不濟急。直接調派在亞丁灣護航的艦艇前往應處，可同時滿足「時效性」和「臨機性」兩方面的需求。

1、時效性

非傳統安全威脅因具有「突發性」和「隱蔽性」等特點，[62]以致政府在面對這類威脅時，必須面對決策時間壓縮和行動急迫的壓力。中共在東非並沒有建立海外基地，海軍也未有長時間定期海外航行的慣例。一旦發生緊急情況，勢必得由本土調派部隊前往應處。亞丁灣護航編隊艦艇長時間在該地區巡弋，隨著海盜肆虐情形逐漸趨緩、護航任務常態化與制度化，編隊在亞丁灣的任務也逐漸得心應手，使中共護航編隊可有餘裕來從事護航以外的任務。當利比亞和葉門發生安全危機必須執行撤僑任務時，中共中央面對日益惡化的情勢，該如何以最迅速的方式保護僑民及駐外人員撤離，成為決策高層最大的考驗。在航程和當地情勢惡化的雙重壓力下，就近調派位於亞丁灣護航艦艇前往馳援，是最有效率也是唯一的做法。經過多年的反覆驗證與磨練，編隊可在僅有2艘艦艇的情況下，維持護航需要的戰力。因此，抽調1艘艦艇執行臨時性的任務，對編隊戰力並不會造成過大的影響。這點從第二十三批護航編隊的（DEG-531）「湘潭號」飛彈護衛艦脫離編隊近2個月，前往德國基爾（Kieler）參加「基爾週」（Kieler Woche）航海競賽[63]而護航編隊仍可正常維持護航任務中再一次獲得證實。此外，就近調派位於亞丁灣的護航艦艇執行緊急性任務，也可以避免國內艦艇因任務調度產生戰備任務吃緊的困擾。

---

[62] 壽曉松、徐經年主編，《軍隊應對非傳統安全威脅研究》，頁39。

[63] 〈中國海軍艦艇首次參加德國「基爾週」活動〉，《新華網》。檢索日期：2016.06.25。http://news.xinhuanet.com/politics/2016-06/18/c_129073377.htm

2、臨機性

相較於陸軍的穩定性及可預期性，在瞬息萬變的大海上海軍必須隨時做好接戰的準備。尤其作為國家政策的工具，海軍的艦隊指揮官更需要有靈活的應變能力處理緊急的突發狀況。從亞丁灣抽調艦艇執行海外軍事行動，除考驗中共中央對國際事件的應變能力外，對艦隊指揮官和艦長而言更是難度極高的考驗。尤其在不熟悉的國家及海域執行臨機性任務，兵力如何調配、任務如何遂行、如何與當地政府及友軍甚至是外館合作，在在考驗著艦隊指揮官的指揮能力。1982年英、阿福克蘭海戰（Battle of the Falkland Islands）中，英國皇家海軍特遣艦隊臨危授命，被派往遠在南大西洋的福克蘭群島作戰前夕，旗艦上連福克蘭海域的海圖都沒有。[64]這樣的情況對任何一位艦隊指揮官來說，都是極為困難且不安的挑戰。而此類緊急應變性質的軍事任務（尤其是無法預期的「非傳統安全威脅」任務），對欠缺海外任務經驗、海外任務需求越來越重的中共海軍而言，可謂是個千載難逢的磨練機會。

在地緣關係的因素下，中共亞丁灣護航編隊屢屢被指派執行東非及地中海地區的臨機性任務，對遠洋海軍能力尚未成形的中共海軍而言，是不得已中最好的選擇。2006年以、黎衝突爆發，因當時中共無海外駐軍，也無法在短時間派遣部隊前往應處，以致中共駐黎巴嫩（Lebanon）僑民必須透過希臘海軍艦艇協助撤出。此舉不但有損中共的國家安全利益，更對中共這個新興大國的形象造成嚴重打擊。[65]亞丁灣護航編隊為目前中共唯一派駐在西亞至東非一帶海域常態駐紮的艦隊，在經歷多次緊急任務派遣的洗禮後，研判未來當非洲、中東和地中海區域發生攸關國家利益的急迫性事件時，亞丁灣護航編隊艦艇依然會是緊急應處的第一線兵力。

---

[64] 山弟・伍華德（Sandy Woodward）著，曾祥穎譯，《福克蘭戰爭一百天》（台北：麥田出版社，1994），頁100。

[65] 壽曉松、徐經年主編，《軍隊應對非傳統安全威脅研究》，頁13。

（三）常態海外部署

中共多次向國際社會表示無稱霸世界的意圖，亦不會像美國、法國及英國等國家建立海外基地，自然也不會有海外駐軍的設立。然而這些說法卻隨著國際環境變化與護航編隊任務轉變後，逐漸受到挑戰與檢視。亞丁灣護航編隊的組建、護航輪值制度的確立及不定期特殊任務的執行，對中共海軍的兵力結構、角色定位與用兵思維都產生了極大的影響。相較於護航編隊派遣前，海軍內部對於艦隊是否能夠勝任的態度，從後續護航編隊實際執行應急任務的表現看來，可感覺出中共中央對海軍編隊能力的信任與依賴。自2011年利比亞撤僑任務起，護航編隊開始接觸多元化的海外軍事任務。編隊屬性也從執行特定任務，朝向應處複合式任務的角色轉變。雖然目前中共並未像美國海軍常態性派遣艦隊駐紮海外，但亞丁灣護航編隊的存在，已經成為中共艦隊海外「常態駐軍」的事實。從以下幾個面向的分析，可以看出護航編隊成為中共常態海外部署兵力的證明。

1、逐漸形成的海外駐軍

雖然每一批次護航編隊都是由不同艦隊抽調兵力組建而成，但對中共海軍整體兵力的運用和調度而言，護航兵力已經成為常態戰備兵力的一環。換言之，中共亞丁灣護航編隊在護航制度常態化後，已經成為海軍建置中的一個常態任務編組。隨著區域情勢的變化和中共國家利益的轉變，護航編隊在國際環境推動下，「被動」轉化成中共的緊急應變部隊。該部隊長時間部署海外，可依據國家政策的需要，隨時執行各種形式的軍事行動。雖然中共不像美國直接將艦隊部署在全球各大洋，維護美國在全球的國家利益，但一支常態部署於海外的海軍艦隊，可憑藉著其機動性和影響力，隨時投入撤僑、特別護航和參與聯合軍事行動等任務。依目前中共海軍的規模與實力，亞丁灣護航編隊已足以應付當前中共在西亞、中東及東非地區緊急事態應處的需求。

2、設立第一個海外據點

中共是否會建立外海軍事基地與常態駐軍，一直是各界關注的焦點。2010年1月中共海軍少將尹卓曾表示，中共需要在亞丁灣建設一個永久性基地，因為若無此種基地則補給和維護索馬利亞海外艦隊將會「十分困難」。[66]然此論述隨即遭到中共官方否認，國防部發言人也鄭重申明，中共現有的商業航運公司已能充分執行護航編隊後勤保障的工作。在中共官方出手介入下，尹卓建設海外基地的言論逐漸遭淡忘，但中共是否該設立海外基地的辯證，卻未隨時間的流逝而消散。2015年11月26日，中共外交部發言人洪磊在例行記者會中證實，中共與吉布地正就在當地建設後勤保障設施一事進行協商。這是中共官方首次證實，欲於海外建設後勤基地的意圖。同年12月6日吉布地外長馬哈茂德・阿里・優素福（Mahmoud Ali Youssouf）在「中非合作論壇」會議期間，首次向媒體證實中、吉兩國就建設基地相關事宜的談判已經結束，中共將在吉布地的多哈雷港（Doraleh Port）興建海軍基地。[67] 2016年2月25日中共國防部發言人吳謙進一步證實，中共在非洲吉布地共和國興建一座海軍後勤基地的計畫已動工。這是大陸第一座海外軍事基地，旨在提供海軍護航編隊執行海上護航、維和與人道救援任務時，作為艦船修整、人員及物資補給之用。[68]中共決定在非洲建立首座海外基地，除證明現行的商維保障模式仍無法完全滿足護航編隊的補給需求外，也顯示中共需要有一個正規的整補基地，來維持編隊艦艇長時間海外行動的整體後勤保障任務。此外，從建設海外基地的決策也間接透露出，護航編隊成為中共海外常態部署兵力已成為不可否認的事實。2017年8月1日，中共海軍副司令員田中中將主持「吉布地海外保障基地」啟用儀式，並校閱了第一批的基地駐防部隊，正式宣告中共海軍進入常態海外駐軍的時代。[69]

---

66 〈專家稱中國海軍應在非洲建基地用於補給〉，《新浪網》。檢索日期：2016.06.25。http://news.sina.com.cn/c/sd/2010-01-04/105119394623.shtml

67 〈中國將在吉布提建首個海外軍事基地〉，《FT中文網》。檢索日期：2016.06.25。http://big5.ftchinese.com/story/001066929

68 〈陸首座海外軍事基地已在吉布地動工〉，《中央通訊社》。檢索日期：2016.06.25。http://www.cna.com.tw/news/acn/201602250426-1.aspx

69 〈解放軍進駐吉布提基地〉，《文匯報》。檢索日期：2017.08.10。http://paper.wenweipo.com/2017/08/02/CH1708020013.htm

3、天時、地利、人和

2009年護航編隊駛抵亞丁灣展開護航行動，2011年旋即投入執行利比亞撤僑任務。中共海軍護航編隊之所以會在短短的兩年內，從一支尚在摸索如何從事海外軍事任務的部隊，蛻變為中共最倚重的海外軍事力量，深入分析其原因可發現，促使中共海軍脫變和成長的源頭，係國際環境轉變使國家利益受到威脅所致。若沒有突尼西亞的茉莉花革命，不會引發北非國家骨牌效應般的革命行動；若不是反政府革命造成無止盡的內戰，也不會迫使各國必須從非洲大規模撤僑。利比亞撤僑任務對中共海軍來說是一次大膽的嘗試，也是驗證海軍護航成效的一次期中考。護衛艦艇以編隊既定的護航模式戒護撤僑船舶駛抵希臘，驗證護航編隊艦艇在護航任務上，已具備投入實戰的能力。而2015年的葉門撤僑行動，更可視為對海軍護航能力和實戰化能力的總驗收。有別於2011年撤僑任務中海軍艦艇僅擔任船舶護航任務，葉門撤僑行動是海軍實際執行撤僑行動的首作，不但是一次具實戰性的軍事行動，也奠定中共海軍「保護海外公民與人道救援」的良好典範。綜合上述分析，亞丁灣護航編隊之所以會成為常態性的海外利益保障勁旅，是在國際環境變化的影響下，編隊擁有地緣上的優勢執行海外任務。在天時、地利與人和的條件促使下，讓中共提前將海軍的力量投入維護海外利益的行動中。

（四）小結

中共2015年5月26日發表的《中國的軍事戰略》白皮書中特別提到：「建設與國家安全和發展利益相適應的現代海上軍事力量體系，維護國家主權和海洋權益，維護戰略通道和海外利益安全，參與海洋國際合作，為建設海洋強國提供戰略支撐」。[70]顯見維護國家海洋權益、海外利益安全已經成為中共新的國家核心利益之一。隨著中共國家利益不斷地擴大，軍隊應對多種安全威脅、多樣化軍事任務的需求逐漸增加。舉凡護航、撤僑及維護海上運輸安全等問題，均成為未來軍隊必須面

[70] 〈《中國的軍事戰略》白皮書〉，《中華人民共和國國務院新聞辦公室》。檢索日期：2015.11.09。http://www.scio.gov.cn/zfbps/gfbps/Document/1435341/1435341.htm

對的難題。亞丁灣護航編隊是目前中共唯一常態部署於海外的機動部隊，也是中共當前可即時調動的海外部隊。雖然中共宣稱無稱霸全球與海外用兵的意圖。但透過亞丁灣編隊任務的轉變和吉布地基地的興建，皆可看出中共在國家利益轉變的過程中，軍隊任務、屬性及角色正在快速改變。雖然中共官方並未明說，但亞丁灣編隊艦艇早已成為中共在海外常態部署的重要應急部隊。

四、承平下的重要戰功

自1988年中共與越南間因爭奪南沙赤瓜礁主權爆發「314海戰」（又稱：赤瓜礁海戰）後，中共海軍未曾有過任何實戰經驗。[71]承平時期軍人的功勳和晉任，全憑平日演訓績效、學識、經歷和歲月的等待。亞丁灣護航任務的出現，成為中共海軍唯一常態性的實戰任務。從艦隊及艦艇的輪值派遣可看出，亞丁灣護航任務已成為水面主（輔）戰艦艇重要的戰訓歷練。此外，護航編隊指揮員一職，也逐漸成為中共海軍重要軍職的歷練。首批護航編隊指揮員杜景臣少將於2009年護航編隊任務結束後，先後出任三個副大軍區級職務，最後更晉任海軍中將軍銜並升任海軍副司令員一職，[72]顯見亞丁灣護航編隊指揮員一職已逐漸成為中共海軍的重要官職歷練。以下分別就護航任務成為艦隊戰訓歷練及重要軍職參考，作深入的說明與探討。

（一）艦隊重要戰訓歷練

從中共海軍護航編隊艦艇的輪值概況，可以看出護航任務已成為三大艦隊重要的戰訓任務。由「編隊常態艦艇編組」、「艦隊編組規劃」到「特殊任務派遣」等三個面向觀察，透露出亞丁灣護航編隊已成為中共海軍積極訓練艦艇官兵遠洋航渡、海外軍事行動遂行及臨戰應變等能力的最佳平台。不僅如此，海軍各式艦艇也藉由參與護航任務的名義，在低強度的實戰環境中進出亞丁灣海域，透過護航行動

71 〈一仗打出中國在南沙的「基本盤」：314海戰28週年紀念〉，《鐵血網》。檢索日期：2015.11.09。http://bbs.tiexue.net/post2_11318427_1.html

72 〈杜景臣任海軍副司令　曾參與大連空難救援〉，《中評社》。檢索日期：2015.11.09。http://www.zhgpl.com/crn-webapp/doc/docDetailCNML.jsp?coluid=91&kindid=2710&docid=103319792

測試、磨練艦艇的性能及艦隊的作戰能力。

1、以戰代訓的遠海訓練

2008至2021年的13年間，中共海軍護航編隊納編的水面艦艇種類包含飛彈驅逐艦、飛彈護衛艦、綜合油彈補給艦及兩棲船塢登陸艦等，共計4類11種艦型。除了051C型飛彈驅逐艦外，幾乎中共新型自製主戰艦艇都參與過亞丁灣的護航任務。從具備多功能作戰能力的飛彈驅逐艦，到具快速打擊能力的飛彈護衛艦，三大艦隊的作戰主力在常態輪值的制度下，皆先後調往亞丁灣海域駐防。尤其近年國造艦艇如雨後春筍般下水服役，新造艦艇在經歷短暫的航訓與戰備任務後，陸續派赴亞丁灣擔任護航任務。以隸屬北海艦隊的054A型飛彈護衛艦（DEG-576）「大慶號」為例，該艦於2015年1月16日撥交北海艦隊服役，[73]在經過短暫的航訓及戰備操演後，旋即於2015年12月6日被編入第二十二批護航編隊前往亞丁灣駐防。[74]由上述案例可看出，亞丁灣護航任務已成為中共海軍主力作戰艦艇的必備訓練科目之一，此一現象更可以在2016年的第二十三批護航編隊作戰艦選定上再次獲得驗證。第二十三批護航編隊所納編的（DEG-531）「湘潭號」飛彈護衛艦，是2016年2月24日甫撥交東海艦隊服役的054A型飛彈護衛艦。[75]該艦入列服役後旋即於同年4月8日加入第二十三批護航編隊，遠赴亞丁灣執行護航任務。[76]「湘潭艦」的案例再次證實了亞丁灣護航任務，成為中共海軍艦艇遠海作戰歷練的重要經歷，甚至對新成軍的作戰艦艇而言，更可能被視為是新成軍艦艇綜合驗收的考核項目之一。

在護航艦艇種類的規劃上，除擔任主戰任務的飛彈驅逐艦、飛彈護衛艦外，新型的071型船塢登陸艦也是亞丁灣護航編隊的主要成員之一。船塢登陸艦主要擔負

---

73 〈21艦新上陣　海軍迎巨艦時代〉，《聯合新聞網》。檢索日期：2015.11.09。http://udn.com/news/story/7331/1496068-21%E8%89%A6%E6%96%B0%E4%B8%8A%E9%99%A3-%E6%B5%B7%E8%BB%8D%E8%BF%8E%E5%B7%A8%E8%89%A6%E6%99%82%E4%BB%A3

74 〈中國海軍22批護航編隊赴亞丁灣　大慶艦首次執行〉，《新浪軍事》。檢索日期：2015.11.09。http://mil.news.sina.com.cn/2015-12-07/0737845793.html

75 〈新一代導彈護衛艦湘潭艦正式加入海軍戰鬥序列〉，《人民網》。檢索日期：2016.07.01。http://military.people.com.cn/BIG5/n1/2016/0224/c1011-28146724.html

76 〈第23批護航編隊起航赴亞丁灣　湘潭艦首次執行護航任務〉，《人民網》。檢索日期：2016.07.01。http://military.people.com.cn/BIG5/n1/2016/0408/c1011-28259678.html

兩棲突擊及兵力投射等任務，071型艦滿載排水量為22,000噸，可搭載800名登陸部隊官兵（約為一個陸戰營的兵力）；飛行甲板和機庫可同時容納4架艦載直升機；塢艙可容納4艘中共自製的726中型氣墊船。[77]納編071型船塢登陸艦參與亞丁灣護航，主要是針對新一代船塢登陸艦的操作和性能進行測試。藉由護航任務的執行，使官兵熟悉在海外任務中船塢登陸艦的運用和操作，特別是攜帶中共自製的726型氣墊船擔任護航任務警戒，可藉此測試氣墊船在兵力投射與兩棲作戰任務中的運用及限制。另一方面，將071型船塢登陸艦納入護航編隊序列中，也可視為是讓中共海軍熟悉如何在遠洋部署及操作大型船舶，為將來的兩棲作戰打擊群的運作鋪路。

2、潛艦遠航訓練

中共國防部發言人耿雁生於2014年9月25日在例行記者會上首度證實，中共海軍一艘潛艦近日前往亞丁灣、索馬利亞海域與中共海軍護航編隊一同執行護航任務。其間，潛艦曾停泊於斯里蘭卡的可倫坡港整補。[78]2015年4月26日，中共中央電視台也獨家報導中共海軍091型核動力潛艦結束亞丁灣護航任務，於年初駛返山東青島母港歸建的消息，並首次播出091型核動力攻擊潛艦在亞丁灣執行任務的畫面，再次證實中共海軍核潛艦前往亞丁灣海域護航的規劃已經初步實現。[79]

中共派遣核潛艦從事亞丁灣護航任務，無論是從其性能或作戰效益分析，皆不符合打擊索馬利亞海盜的目的。首先，核動力攻擊潛艦存在的目的是為了獵殺敵方核動力彈道飛彈潛艦與打擊敵艦隊等任務而存在，中共將其用來打擊索馬利亞海盜這一類目標小、移動迅速、低價值目標，並不符合派遣核動力潛艦的成本效益。其次，核潛艦無論機動偵察還是快速打擊等能力，都遠不如艦載直升機和氣墊船靈活，且與大型作戰艦艇帶給海盜的震撼力與威脅感相較，潛艦與生俱來的隱蔽和匿蹤性，反而無法達到此種震懾效果。在諸多不利的條件下，中共仍執意派遣核動力

---

[77] 〈071玉昭級綜合登陸艦〉，《MDC》。

[78] 〈國防部證實潛艇赴亞丁灣護航並停靠科倫坡港補給〉，《中國網》。檢索日期：2015.11.09。http://big5.china.com.cn/military/2014-09/25/content_33615614.htm

[79] 〈央視曝光中國核潛艇亞丁灣遠航〉，《文匯網》。檢索日期：2015.11.09。http://news.wenweipo.com/2015/04/27/IN1504270074.htm

攻擊潛艦護航，合理推斷護航並非派遣核潛艦進入亞丁灣的真正目的。其真正的目的，實為「藉打擊海盜之名，讓潛艦實施遠海航訓、熟悉印度洋海域及水下航道」。

海軍對海洋及水文資訊的掌握，與潛艦水下航行範圍有極大的關聯。有鑑於反潛作戰中，偵潛裝備的效能受海洋環境影響甚鉅，舉凡海底地形、地質、水文參數及海流等資訊，都需要精確和詳盡的掌握，方能有效發揮反潛戰力，[80]而潛艦欲發揮絕佳的隱蔽性與機動性，也同樣必須掌握上述這些資訊，中共軍方與公務機關的海洋測量船及科學調查船，近年頻密進出印度洋海域從事海底探勘和水文調查等工作。例如隸屬國家海洋局的綜合遠洋科考船「大洋一號」即多次前往西北印度洋海域從事海洋調查作業；[81]隸屬中共海軍南海艦隊的海洋綜合測量船「李四光號」，也曾多次進出西北印度洋從事測量任務。[82]這些海洋科考、海洋調查與海洋測量任務所獲得的水文參數，都是潛艦進入印度洋航行的重要參考依據。此次中共海軍091型核動力攻擊潛艦進入亞丁灣巡弋，合理推斷是為潛艦從事遠洋訓練、常態化進出印度洋及東非海域探路。當中共海軍第一代核動力潛艦可以順利完成印度洋遠航任務，新一代的093型或094型核動力潛艦自然也能自由進出上述海域執行遠洋航行任務。

（二）重要軍職參考指標

中共海軍護航編隊雖然規模不大，卻等同於一支小型特遣艦隊，其編隊指揮員的派任與遴選，重要性並不亞於對編隊艦艇的選派。亞丁灣的護航是中共海軍目前唯一的實戰任務，對每一任編隊指揮員而言是相當寶貴的戰場歷練。歷任亞丁灣護航編隊指揮員者，原職務多集中在各艦隊副參謀長至副司令員之間，其軍銜多介於少將與大校間。由於艦隊副參謀長、參謀長主司艦隊作戰計畫擬定與執行等職務，

---

80 王崇武、楊穎堅，〈海洋環境與反潛作戰專輯——序言〉，《海洋及水下科技季刊》，第14卷，第4期（台北市：中華民國海下技術協會，2005年2月），頁1。

81 〈「大洋一號」船前往西北印度洋調查作業區〉，《國家海洋局》。檢索日期：2015.11.09。http://www.soa.gov.cn/xw/dfdwdt/jsdw_157/201211/t20121108_16432.html

82 〈李四光船〉，《地質力學研究所——李四光紀念館》。檢索日期：2015.11.09。http://www.geomech.ac.cn/lisiguang/jignshen/5468.htm

故派正、副參謀長層級官員擔任編隊指揮員，遂成為艦隊實務歷練的最佳機會。經統計，除護航初期曾於第二、三、七批編隊派出東、南艦副司令擔任編隊指揮員；第一、六、十四批編隊派任過北、東、南艦參謀長擔任指揮員外，自第十五批編隊起未再派任艦隊副參謀長層級以上的官員擔任編隊指揮員。而目前接任艦隊參謀長、副司令員甚至是司令員者，則多出任過護航編隊指揮員。研判中共海軍內部已逐漸定調升任艦隊參謀長人選，必須具備亞丁灣護航編隊指揮員之經歷。因此，各艦隊副參謀長或其他艦隊轄屬部門首長（例如第十五、二十二批編隊分由南艦、北艦裝備部部長擔任指揮員），甚至是驅逐艦支隊支隊長、參謀長以及政委，也先後接任護航編隊指揮員一職。

觀察歷任護航編隊指揮員的後續發展，大多受到海軍重用與拔擢。以首批護航編隊指揮員杜景臣少將（時任南海艦隊參謀長）為例，2008年12月接任首批護航編隊指揮官，2009年12月接替轉任海軍副司令員的徐洪猛，升任東海艦隊司令員，躍升為副大軍區級將領。2010年12月，海軍原參謀長蘇士亮轉任海軍副司令員，杜景臣得以轉任海軍參謀長，並於2011年晉任海軍中將軍銜。2014年8月1日前接任海軍副司令員一職，是杜景臣繼海軍司令部參謀長後出任的第二個正大軍區級職務，同時也是護航編隊指揮員中第一位升任海軍副司令員的將領。[83]截至2019年4月止，除第十五批編隊指揮員（原南海艦隊裝備部長）姜中華少將因疑似涉及洩密事件，於2014年9月2日在浙江舟山跳樓自殺外，[84]其餘人員均依循職務歷練經管，逐步升任正軍級及副大軍區級職務。其中，第十四批亞丁灣護航編隊指揮員袁譽柏（時任北海艦隊參謀長），於護航任務結束後出任北海艦隊副司令員，續於2014年7月出任北海艦隊司令員一職，接掌副大軍區級職務。2017年1月袁譽柏更以黑馬之姿，接任軍改後新成立的「南部戰區」首任司令員，不但打破過去大軍（戰）區司令員皆由陸軍將領出任的慣例，更是亞丁灣護航編隊指揮員中首位接任「正大軍區級」

---

[83] 〈原任海軍副司令員杜景臣中將退出現役，已年滿64歲〉，《彭湃新聞》。檢索日期：2015.11.09。http://www.thepaper.cn/newsDetail_forward_1428058

[84] 〈傳中共海軍少將因洩漏軍事機密跳樓身亡〉，《大紀元報》。檢索日期：2015.11.09。http://www.epochtimes.com/gb/14/9/4/n4240251.htm

指揮員職務的海軍將領。[85]經統計32批次的編隊指揮員中，已產生了1位戰區司令員、3位海軍司令部副司令員、2位海軍司令部參謀長、1位海軍裝備部長、1位海軍後勤部副部長、3位艦隊司令員、11位艦隊副司令員、1位武裝警察部海警總隊司令員、2位水警區司令員，顯示凡擔任過編隊指揮員者，在仕途上均獲一定程度的重用，也代表亞丁灣護航編隊指揮員一職，已成為海軍升任重要軍職的重要條件之一，不排除未來海軍護航編隊指揮員、政治委員，甚至是編隊艦艇艦長等歷練，都將成為海軍晉任重要軍職的必要歷練。

表4-1　亞丁灣護航編隊指揮員職務異動一覽表

亞丁灣護航編隊指揮員職務異動表						
批次	姓名	出生年	原職務	新職務		備註
				接任日期	頭銜	
1	杜景臣	1952	南海艦隊參謀長	2014年07月	海軍副司令員	
				2015年07月	屆齡退役	
2	麼志樓	-	南海艦隊副司令員	無後續動態	判屆齡退	
3	王志國	1951	東海艦隊副司令員	無後續動態	2016年65歲，判屆齡退役	
4	邱延鵬	1956	東海艦隊副參謀長	2014年01月	北海艦隊司令員	
				2014年07月	海軍參謀長	
				2017年12月	海軍副司令員	
5	張文旦	1958	南海艦隊副參謀長	2015年03月前	南海艦隊副司令員	
				2017年01月	北部戰區海軍司令員	
				2017年12月	海軍參謀長	
				2019年12月	海軍副司令員	
6	魏學義	-	南海艦隊參謀長	無後續動態	判屆齡退役	

85 〈袁譽柏出任南部戰區司令　打破陸軍戰區首長大一統〉，《環球網》。檢索日期：2017.5.20。http://mil.huanqiu.com/china/2017-01/10001171.html

亞丁灣護航編隊指揮員職務異動表						
批次	姓名	出生年	原職務	新職務		備註
				接任日期	頭銜	
7	張華臣	1951	東海艦隊副司令員	無後續動態	2016年65歲，判屆齡退役	
8	韓小虎	1963	東海艦隊副參謀長	2012年12月	海軍參謀長助理	
				2014年12月	海軍工程大學校長	
				2017年08月	海軍指揮學院院長	
9	管建國	1957	南海艦隊副參謀長	2014年01月	南海艦隊副司令員	
				2015年	海軍副參謀長	
				2016年03月	海軍紀委副書記	
10	李士紅	-	南海艦隊副參謀長	2013年底	海軍後勤部副部長	
11	楊駿飛	1955	北海艦隊副參謀長	2012年02月前	北海艦隊副司令員	
12	周煦明	1962	東海艦隊副參謀長	2014年11月	北海艦隊副司令員	
				2016年05月	南部戰區海軍副司令員	
				2018年01月	海軍裝備部部長	
13	李曉岩	1961	南海艦隊副參謀長	2012年10月	南海艦隊副參謀長（迄今）	航母遼寧號首位艦長、首位海軍航空兵出身編隊指揮員
14	袁譽柏	1956	北海艦隊參謀長	2013年08月前	北海艦隊副司令員	
				2014年07月	北海艦隊司令員	
				2017年01月	南部戰區司令員	首位海軍將領出任戰區司令員
15	姜中華	-	南海艦隊裝備部長	2014年09月於浙江舟山墜樓身亡	據傳係因涉貪及洩密等罪嫌遭調查，畏罪自殺（已歿）	

亞丁灣護航編隊指揮員職務異動表						
批次	姓名	出生年	原職務	新職務		備註
				接任日期	頭銜	
16	李鵬程	-	北海艦隊副參謀長	2015年01月前	海軍裝備研究院院長	
				2016年06月	東部戰區海軍參謀長	
17	黃新建	1960	東海艦隊副參謀長	2016年06月前	北部戰區海軍副司令員	
				2019年07月	南部戰區海軍副司令員	
18	張傳書	1958	南海艦隊副參謀長	2012年01月前	南部戰區海軍副參謀長（迄今）	
19	姜國平	1966	北海艦隊副參謀長	2015年04月	北海艦隊參謀長	
				2018年05月	中央軍委聯合參謀部參謀長助理	
				2019年06月	北部戰區副司令員	
20	王建勛	-	東部戰區海軍副參謀長	2016年06月05日	上海水警區司令員	
21	俞滿江	-	南部戰區海軍副參謀長	2016年09月11日前	南海艦隊副司令員	
22	陳強南	-	北部戰區海軍裝備部長	2016年06月29日	北海艦隊副司令員	
23	王紅理	-	東部戰區海軍副參謀長	2016年04月07日前	東部戰區海軍副參謀長	
				2019年04月	東部戰區海軍副司令員	
24	柏耀平	1962	北部戰區海軍副參謀長	2019年05月14日前	東部戰區海軍副司令員	
				2021年07月27日前	北部戰區海軍副司令員	

亞丁灣護航編隊指揮員職務異動表						
批次	姓名	出生年	原職務	新職務		備註
				接任日期	頭銜	
25	趙紀成	-	南部戰區海軍航空兵副司令員	2018年	北部戰區海軍保障部部長	
26	王仲才	1963	東部戰區海軍副參謀長	2018年12月	武裝警察部海警總隊司令員（中國海警局局長）	2018年03月海警併入武警體系，王仲才為整併後首任海警司令員
27	黃鳳志	-	南部戰區海軍副參謀長	2018年07月24日	南部戰區海軍副參謀長（迄今）	
28	吳楝柱	-	北部戰區海軍副參謀長	2018年07月24日	海軍參謀部參謀長助理	
				2020年08月前	南部戰區海軍參謀長	
29	靳航	-	東部戰區海軍某登陸艦支隊支隊長	待查證	待查證	
30	許海華	-	北部戰區海軍副參謀長	2018年07月24日	北部戰區海軍副參謀長（迄今）	
31	邵曙光	1971	南部戰區海軍某驅逐艦支隊支隊長	待查證	南部戰區海軍某驅逐艦支隊支隊長（迄今）	
32	趙衛東	-	東部戰區海軍某驅逐艦支隊參謀長	2019年12月12日	南部戰區海軍汕頭水警區司令員	
註：中共自2016年01月起將原7大軍區改制為5大戰區，原海軍「北海、東海及南艦隊」隨戰區改制，頭銜更改為「北部、東部及南部戰區海軍」。						

製表：黃丞佑　2022.05.01

資料來源：新華網、中國軍網、人民網、澎湃新聞、國立政治大學中共政治菁英資料庫。

（三）小結

建設一支遠洋海軍並非易事，尤其要在一個歷史悠久的陸權國家中建立一支強大的海軍，更是難如登天的大工程。依照中共「三階段海洋戰略」的規劃，中共海軍計畫到2050年才有能力建設一支全球化的海軍。[86]亞丁灣護航任務讓中共提前開啟遠洋海軍建設的計畫，也使中共在艦隊訓練和人才培育上不得不跳出原有的框架與侷限。隨著中共海軍052D、054A等新型自製艦艇陸續下水成軍，不排除未來055型飛彈驅逐艦在內的高性能大型作戰艦艇，都將陸續投入亞丁灣護航任務的行列中。除了海軍艦艇藉護航任務緊鑼密鼓進行操練外，海軍將領的培育，也隨著護航任務的常態化成為中共海軍高階將領的重要歷練。從外在硬體的驗證，到內在人員素質的歷練，在在顯示亞丁灣護航對中共海軍艦隊訓練及將才培育造成了革命性的影響與改變。

五、結論

雖然中共長期以來宣稱並未有稱霸世界的野心，也不會尋求成為區域霸權，但隨著中國大陸經濟的快速發展、中共在世界各地投資和貿易的比重逐年增加，海外利益與區域穩定逐漸成為中共必須審慎關注的問題。然囿於「中國威脅論」的壓力，使中共諸多政策在施行上可謂捉襟見肘，既不敢大張旗鼓也無法有效地推動，尤其在軍事領域的發展更為明顯。亞丁灣護航行動是千載難逢的契機，是一個讓中共海軍走向國際舞台的切入點。透過打擊亞丁灣海盜的國際共識，巧妙將海軍改革與海洋政策向國際攤牌。除藉由編隊護航陸續建立起海外補給據點、建立首座海外基地外，海軍更透過海外訪問建立起中共的海權意識，使中共海軍能見度增加，更將其作為外交訪問的重要工具。此外，護航對中共海軍而言是一次不可多得的練兵機會，它間接加速了海軍建設的進程。中共透過「以戰代訓」的訓練模式，磨練海

86 伯德納・柯爾（Bernard D. Cole）著，吳奇達、高中一、黃俊彥譯，〈中共的海軍戰略〉，《下下一代的共軍》，頁367-378。

軍官兵的臨戰經驗，也藉亞丁灣的駐防形成一種「海外常態部署」的事實，更使其成為海外利益維護的緊急應變戰力。

中共海軍亞丁灣護從初期的摸索與嘗試，到逐漸發展出具自我特色的操作模式，艦隊不但是打擊海盜的中堅力量，更成為中共國家利益的維護者。經過亞丁灣護航的洗禮，中共海軍已逐漸成長為一支具備執行海外作戰能力的遠洋海軍。亞丁灣護航的行動，更成為中共海軍戰力檢驗與將領重要歷練的依據與指標。

第伍章　與外軍護航模式之比較

自2008年6月2日聯合國安理會發布第1816號決議，同意並鼓勵會員國派遣部隊前往索馬利亞海域，協助索馬利亞臨時政府打擊海盜，立刻引起各國討論與附議。面對日益壯大的索馬利亞海盜，各國政府陸續表態支持聯合國安理會的決議，並先後派遣部隊前往索馬利亞海域。此次打擊海盜行動是自1991年第一次波灣戰爭以來，首次在沒有意識形態、不論政治立場也不分敵我陣營的情況下，多國海軍部隊在同一海域執行相同目標的軍事任務。各國海軍因實力、資源、能力和出兵原因的差異，形成單獨護航與加入聯合艦隊等兩種模式。除中共海軍堅持單獨護航外，俄羅斯、日本及印度等國也採獨立護航模式投入打擊海盜行動；北大西洋公約組織與歐洲聯盟，透過既有的行動機制組建特遣艦隊執行反海盜任務；美國則是在既有的多國特遣艦隊基礎上，新組建一支專職打擊海盜的特遣艦隊執行任務。不管是獨立護航或是參與多國聯合艦隊，各艦隊都有自己的執行願景、特色和操作機制。首次執行海外軍事行動的中共海軍，在自我摸索過程中所建立的模式與各國海軍有哪些異同之處？兩者間的差異也間接看出中共在海外用兵的思維與見解。本章首先介紹美國、北約與歐盟的特遣艦隊，再介紹日本、俄羅斯和印度等獨立護航國家的特遣艦隊，最後將中共護航編隊與外軍特遣艦隊的相同點及相異點做比較，進一步探討中共與外軍在亞丁灣任務中的思維與差異。

一、美國150與151聯合特遣艦隊

美國亞丁灣打擊索馬利亞海盜任務，主要是由「美國中央司令部」（United States Central Command, USCENTCOM）[1]下轄的「美國海軍中央司令部」（U.S. Naval Forces Central Command, USNAVCENT）[2]負責。中央司令部轄區廣闊，主要負責美國在阿富汗至伊拉克一帶的軍事任務。911恐怖攻擊後美國發動全球反恐戰爭，中央司令部也成為美國反恐戰爭中最前線的指揮機構。美國海軍中央司令部總部設在中東的巴林，下轄「美國海軍第五艦隊」（United States Fifth Fleet），[3]為美國在中東地區維護國家利益、維持地方穩定中最重要的海上武力。美海軍中央司令部邀請其他盟國組建「海上聯合部隊」（Combined Maritime Forces, CMF），共同維護中東地區和平與穩定及確保海上航道安全。CMF致力於打擊恐怖主義、打擊海盜及促進區域合作，以建立一個安全的海上環境為宗旨。

---

1 美國中央司令部：成立於1983年1月，前身是卡特政府時代的「快速部署聯合部隊」。中央司令部負責的區域範圍東西長3,600英里，南北長4,600英里，其面積超過美國本土。主要職責為管控美國於西南亞、中亞與波斯灣的國防利益。美國中央司令部目前負責美國在該地區內近25個國家的安全事務，包括阿富汗、埃及、衣索比亞、伊朗、伊拉克、科威特、巴基斯坦、沙烏地阿拉伯、塔吉克和土庫曼等國。中央司令部下轄5個主要作戰單位。包含美國中央陸軍司令部（U.S. Army Forces Central Command, ARCENT）和第三軍、美國中央空軍司令部（U.S. Air Forces Central, AFCENT）和空軍第九軍、美國中央海軍陸戰隊司令部（U.S. Marine Forces Central Command, USMARCENT）和太平洋陸戰隊、美國中央海軍司令部（U.S. Naval Forces Central Command, USNAVCENT）和第五艦隊以及中央特種作戰司令部（Special Operations Command Central, SOCCENT）。資料來源：〈美國中央司令部——安定中東的關鍵軍力〉，《青年日報》。檢索日期：2016.04.01。http://news.gpwb.gov.tw/news.aspx?ydn=026dTHGgTRNpmRFEgxcbfcCSN9Fhd8KFbqLRgMWauV%2fFtSQpuaMr3AQ2abYBDQsf4Zno3EqxhP%2bgu3b7SegMGVCV2zuSWdY0LsMaZQ%2bvids%3d

2 美國海軍中央司令部（U.S. Naval Forces Central Command, USNAVCENT）：美國海軍中央司令部設在巴林的麥納瑪（Manama），配屬海軍第五艦隊，下轄第五十至五十七特遣部隊；其中第五十特遣部隊包括母港設在加州聖地牙哥（San Diego）的林肯號戰鬥群、第九巡洋艦戰鬥群，以及駐防麥納瑪的中東部隊水面行動群、第五十驅逐艦戰隊。資料來源：〈美國中央司令部——安定中東的關鍵軍力〉，《青年日報》。

3 美國海軍第五艦隊（United States Fifth Fleet）：是美國海軍中較為特殊的一支部隊，第五艦隊並無固定的轄屬艦艇。其所轄兵力由大西洋、太平洋兩艦隊派遣組成，常備艦艇保持在15艘左右，為美國海軍中央司令部重要的海上打擊武力。平時第五艦隊主要在波斯灣地區活動，其轄區包括波斯灣、紅海、阿曼灣、亞丁灣和阿拉伯海。艦隊司令部設在巴林，司令由海軍中央司令部司令兼任。作戰上隸屬於美國中央司令部，行政管理和後勤補給則由大西洋、太平洋艦隊負責。資料來源：丘山，〈稱霸海灣地區的死而復生的美海軍第5艦隊〉，《人民網》。檢索日期：2016.04.01。http://www.people.com.cn/BIG5/junshi/192/6605/20011101/595031.html

CMF總部同樣設於巴林，受美國海軍中央司令部和美國海軍第五艦隊指揮。目前加入CMF的國家計有澳洲、巴林、比利時、加拿大、丹麥、法國、德國、希臘、伊拉克、義大利、日本、約旦、韓國、科威特、馬來西亞、荷蘭、紐西蘭、挪威、巴基斯坦、菲律賓、葡萄牙、沙烏地阿拉伯、塞席爾、新加坡、西班牙、泰國、土耳其、阿拉伯聯合大公國、英國、美國及葉門等31個成員國。CMF指揮官由美國海軍中央司令部副司令兼任，副指揮官由英國皇家海軍派遣一位准將出任，其他司令部的高階參謀群則由法國、義大利、丹麥及澳洲等國派遣人員擔任。CMF下轄150海上聯合特遣艦隊（Combined Task Force 150, CTF 150）、151海上聯合特遣艦隊（Combined Task Force 151, CTF 151）和152海上聯合特遣艦隊（CTF 152）等3個特遣部隊。依據任務規劃與目標，分別擔負海上安全與反恐行動、打擊索馬利亞海盜及維護阿拉伯灣海域安全等工作。[4]自2008年起，150聯合特遣艦隊在維護海上安全與反恐之餘，也受命投入打擊索馬利亞海盜的工作。2009年CMF為因應日益猖獗的海盜問題，另成立了151聯合特遣艦隊（CTF 151），專責處理索馬利亞海盜問題。以下就美國150聯合特遣艦隊與151聯合特遣艦隊執行打擊海盜任務的概況，作更深入的說明。

（一）美國150聯合特遣艦隊

美國150聯合特遣艦隊CMF下轄的3個海上特遣部隊之一。主要任務是在「非洲之角」周邊海域，透過海上臨檢、海域監控及打擊海上犯罪等安全措施，防止恐怖行動及海上走私和其他非法行動發生，並以維護海上安全和防範恐怖攻擊發生為主要宗旨。150聯合特遣艦隊是美國911恐怖攻擊後最早成立的聯合海上武裝力量，也是目前美軍海外常設性聯合艦隊之一。以下就針對美國150聯合特遣艦隊的歷史沿革與護航概況作進一步的說明。

[4] About CMF, Combined Maritime Forces - U.S. 5th FLEET: Combined Maritime Forces. 檢索日期：2016.4.7。https://combinedmaritimeforces.com/about/

1、歷史沿革

2001年9月11日美國本土遭蓋達組織恐怖攻擊後，美軍立刻發動代號「持久自由行動」（Operation Enduring Freedom, OEF）的作戰任務，為歷時多年的「反恐戰爭」拉開序幕。美國海軍為了有效打擊和監控恐怖組織海上活動。美國中央海軍司令部於2002年12月20日成立代號「150聯合特遣艦隊」的多國聯合艦隊，[5]負責執行持久自由行動。150聯合特遣艦隊是由美國海軍第五艦隊及澳洲、加拿大、丹麥、法國、德國、義大利、韓國、荷蘭、紐西蘭、巴基斯坦、葡萄牙、新加坡、西班牙、土耳其和英國等15個國家共同組成。特遣隊主要任務為執行代號「海事安全行動」（Maritime Security Operations, MSO）的軍事任務。透過監控與登船臨檢的方式，防止往來西印度洋、紅海和阿曼灣活動的恐怖組織船舶載運軍火、走私毒品、人員遷徙及從事海上恐怖攻擊等活動，進而達到打擊恐怖組織的目的。[6]2008年索馬利亞海盜在亞丁灣海域頻繁展開劫掠活動，同年6月聯合國安理會通過第1816號決議，呼籲會員國協助索馬利亞過渡政府打擊海盜。美國海軍中央司令部於8月22日在亞丁灣海域畫設了長約560浬的「海上安全巡邏區」（Maritime Security Patrol Area, MSPA），[7]並命令150聯合特遣艦隊在該區域內實施定期巡邏，正式投入打擊索馬利亞海盜的工作。

2、護航概況

150聯合特遣艦隊是一支由多國海軍組成的聯合艦隊，艦隊指揮官由成員國輪流擔任，任期約4至6個月。艦隊執行「海事安全行動」的行動區（Area of Operation, AOR）涵蓋紅海、亞丁灣、印度洋及阿曼灣〔但不包含由CTF 152負責巡邏的波斯灣（Persian Gulf，又稱「阿拉伯灣」）〕之間的廣闊海域。[8]艦隊

[5] 〈亞丁灣的多國聯合艦隊〉，《鳳凰網》。

[6] CTF 150: Maritime Security, Combined Maritime Forces - U.S. 5th FLEET: Combined Maritime Forces. 檢索日期：2016.4.7 https://combinedmaritimeforces.com/ctf-150-maritime-security/

[7] P. K. Ghosh、古知新、閻洪，〈海事安全、海盜和貨櫃安全〉，《海事洞察》，第2卷，第3期，2014年（香港：香港董浩雲國際海事研究中，2014），頁29。

[8] CTF 150: Maritime Security.

長時間在西印度洋至紅海一帶海域執行「海事安全行動」，對該海域的環境與極為熟悉。透過「船舶自動辨識系統」及「海上治安與安全資訊系統」（Maritime Security & Safety Information System, MSSIS），艦隊可掌握航行中與泊港船舶的人員、貨品等各項細節資料，可作為與夥伴國通聯的資訊平台，並有效掌握往來亞丁灣海域的船舶資訊及航行動態。[9] 150聯合特遣艦隊除設於巴林的總部外，另將補給港設在東非的吉布地。[10]除考量美軍擁有吉布地境內最大的軍事基地「萊蒙尼爾營區」（Camp Lemonnier），該營區單位眾多足以提供艦隊後勤整補所需外，該基地鄰近「吉布地－安布利國際機場」，在物資整補方面亦有極佳的便利性，[11]使吉布地成為150聯合特遣艦隊「海事安全行動」任務中，最重要的中繼站之一。

150聯合特遣艦隊原始任務為透過海上巡邏、登船臨檢和船舶監控等方式，打擊恐怖組織、遏止恐怖組織活動，打擊海盜任務只是將過去的監控對象擴增至索馬利亞海盜。艦隊採取「區域巡邏」及「應急救援」等方式在「海上安全巡邏區」航道上巡邏。除透過原本的監控與臨檢機制防範海盜及海上的劫掠行動外，更透過「非洲之角海事安全中心」的資訊分享平台，接收海域船舶的求援請求，為周邊海域的船舶提供援助。2009年1月多國海軍將巡邏航線略作調整，由原本靠近葉門沿岸的海上安全巡邏區向南移，並簡化航道與東、西端點。重新劃設的航道即為今日的國際推薦通行航道，該航道也成為各國艦隊主要的活動航線。自國際推薦通行航道劃設完成後，原先劃設的「海上安全巡邏區」則捨棄不再使用。

150聯合特遣艦隊是首批投入打擊海盜的西方力量，雖具有良好的協調性與實戰經驗，但艦隊既要擔負反恐任務，又要投入打擊海盜行動，使這支身經百戰的艦隊也漸漸感到力有未逮。隨著索馬利亞海盜活動頻次日益增加，2009年1月美國海軍另組建了151聯合特遣艦隊，專責執行打擊索馬利亞海盜任務，[12] 150聯合特遣艦隊則回歸原本「海事安全行動」的反恐任務，但仍保持協助執行打擊海盜任務的角色。

---

9 沈明室、林文龍，〈我國海上安全與反恐機制發展與策進〉，《第四屆「恐怖主義與國家安全」學術研討會，2008年》（桃園：中央警察大學恐怖主義研究中心，2008），頁162。

10 〈亞丁灣的多國聯合艦隊〉，《鳳凰網》。

11 柏子、靳航，《護航亞丁灣——沉思錄》，頁227。

12 〈美國海軍宣布牽頭新組一支國際反海盜部隊〉，《中國網》。檢索日期：2016.4.9。http://big5.china.com.cn/military/txt/2009-01/10/content_17085823.htm

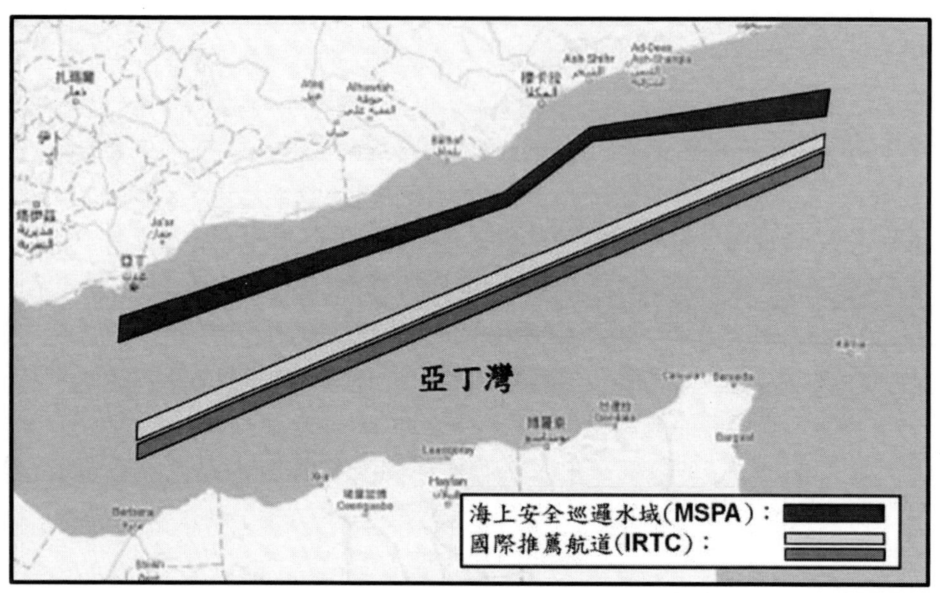

圖5-1　海上巡邏區（MSPA）與國際推薦通行航道（IRTC）

資料綜整：黃丞佑

資料來源：〈Bulletin 621-1/09-New transit lane-Gulf of Aden〉《UK P&I Club》http://www.ukpandi.com/loss-prevention/article/621-1-09-new-transit-lane-gulf-of-aden-879/2016.04.8

（二）美國151聯合特遣艦隊

美國151聯合特遣艦隊是美國海軍中央司令部海上聯合部隊下轄的3個海上特遣部隊之一，是美國海軍為有效打擊索馬利亞海盜特別成立的多國海上特遣艦隊。151聯合特遣艦隊於2009年1月8日成立，[13]是美國海軍中央司令部在中東地區成立的第二支多國特遣艦隊，其任務為接替原先在亞丁灣海域打擊海盜的150聯合特遣艦隊，也是美國為響應聯合國安理會第1816號決議，特別組建的海上武裝力量。以下就針對美國151聯合特遣艦隊的歷史沿革與護航概況做進一步的說明。

[13] 〈亞丁灣的多國聯合艦隊〉，《鳳凰網》。

1、歷史沿革

2008年8月美國指派執行「海事安全」任務的150聯合特遣艦隊，在中央海軍司令部劃設的「海上安全巡邏區」巡邏，以維護海上航道安全。由於150聯合特遣艦隊是「持久自由行動」中打擊恐怖組織海上活動的主要武力，當150聯合特遣艦隊投入反海盜行動後，必須同時兼顧反恐和維護海上安全的雙重任務。然而，打擊海盜和維護海上安全任務，在任務屬性上被視為是「執法行動」的一環，與打擊恐怖組織活動有極大的差異。由於兩者面對的目標與執行重點不同，以致150聯合特遣艦隊往往無法同時兼顧雙重任務。美國海軍在CMF的運作機制和150聯合特遣艦隊累積的經驗下，於2009年1月8日成立「151聯合特遣艦隊」接替150聯合特遣艦隊，擔負打擊海盜、防止海上武裝攻擊和維護海上交通線安全等任務，而150聯合特遣艦隊則回歸原先的反恐任務，但仍協助維護海上船舶航行安全。[14]美國組建151聯合特遣艦隊後，美國的盟邦也陸續加入這支多國聯合艦隊。包括英國、丹麥、土耳其、新加坡、韓國、澳洲、巴基斯坦、沙烏地阿拉伯、印尼、馬來西亞等28國，先後加入151聯合特遣艦隊麾下，[15]使151聯合特遣艦隊，成為索馬利亞周邊海域執法的各艦隊中，規模最龐大、參與國家數量最多的艦隊。日本海上自衛隊也在2013年12月10日派遣艦艇加入該艦隊，更於2015年派遣海上自衛隊將官擔任151聯合特遣艦隊的指揮官。[16]

2、護航概況

151聯合特遣艦隊是在150聯合特遣艦隊基礎上所建成的一支專司打擊海盜、維護往來船舶安全的多國聯合艦隊。聯合特遣艦隊指揮官負責指揮艦隊在亞丁灣的護航行動，每3至6個月由參與國輪流派遣海軍將領擔任；艦隊旗艦則設在輪值國所屬

---

14 CTF 151: Counter-piracy, Combined Maritime Forces - U.S. 5th FLEET: Combined Maritime Forces. 檢索日期：2016.4.9。https://combinedmaritimeforces.com/ctf-151-counter-piracy/

15 〈美盟151編隊指揮官訪問我第17批護航編隊〉，《人民網》。檢索日期：2016.4.10。http://military.people.com.cn/n/2014/0711/c1011-25269984.html

16 〈反海盜多國部隊司令　日人首次出任〉，《自由時報》。檢索日期：2016.4.10。http://m.ltn.com.tw/news/world/paper/853079

艦艇上，並由艦隊其他成員國派遣人員駐艦，組成聯合指揮小組，負責艦隊行動的任務協調工作。[17]艦隊巡弋區域主要集中在國際推薦通行航道上與「北約508特遣艦隊」及「歐盟465特遣艦隊」相互合作，協助往來船舶安全通過亞丁灣海域。[18]

在操作模式的運作上，151聯合特遣艦隊採「區域巡邏」及「應急救援」為主，「伴隨護航」為輔的兵力配置。艦隊的行動主要分為兩個部分，第一部分是艦隊所屬艦艇部署在國際推薦通行航道上，進行分區巡邏任務。另一部分則是由特遣艦隊旗艦以單艦「伴隨護航」的方式，為往來亞丁灣海域船舶實施「伴隨護航」。[19]在區域護航的做法上，由艦隊安排艦艇在負責的區域內輪值巡邏，排定哪些艦艇輪值日期、巡邏區域和交接日期。[20]而位於東非的吉布地港，則是151聯合特遣艦隊的補給點，未值勤的艦艇即進入港內實施整補，多數國家同時也在吉布地設置臨時性的協調機構，以利駐軍與艦隊間的協調工作。[21]

（三）小結

2005年8月底，時任美國海軍軍令部長的馬倫上將（Michael G. Mullen）提出「千艦海軍」（Thousand-Ship Navy, TSN）的構想，極力倡議國際社會共同因應海上傳統與非傳統安全威脅。2007年中，美國海軍為「千艦海軍」冠上「全球海上夥伴關係」（Global Maritime Partnership, GMP）的頭銜，以消減推行阻力及擴大參與。[22]美國海軍中央司令部建立的「海上聯合部隊」，基本上就是「千艦海軍」概念的實踐。面對日益激增的非傳統軍事威脅，透過盟邦海軍組成聯合艦隊凝聚各國的力量，共同分攤軍事行動的成本與風險。「150聯合特遣艦隊」及「151聯合特遣艦隊」的組建，皆可視為是這個概念下所形成的產物。美國透過151聯合特遣艦隊的成立，在打擊海盜旗幟的號召下，增加與非傳統盟友間的軍事合作關係，

---

17 柏子、靳航，《護航亞丁灣——沉思錄》，頁262。
18 CTF 151: Counter-piracy.
19 柏子、靳航，《護航亞丁灣——沉思錄》，頁262。
20 柏子、靳航，《護航亞丁灣——沉思錄》，頁194。
21 柏子、靳航，《護航亞丁灣——沉思錄》，頁225。
22 曾復生、林文隆，〈中華民國參與國際海上安全合作的行動方案〉，《財團法人國家政策研究基金會》。檢索日期：2016.4.11。http://www.npf.org.tw/2/9347

而各國則利用此一難得的機會，以少量兵力的派遣換取與美國間的軍事合作，使多國聯合艦隊共同打擊索馬利亞海盜，形成「互利共生」的關係。

二、北約「海洋之盾行動」與歐盟「亞特蘭大行動」

自聯合國安理會做出同意會員國派遣部隊協助索馬利亞政府打擊海盜的決議後，北約和歐盟各自組建多國聯合艦隊，與美國領導的151聯合特遣艦隊皆為打擊索國海盜的主力，並先後於2008年10月及12月前往索馬利亞海域執行打擊海盜任務。北約與歐盟雖同樣執行打擊海盜任務，卻因為組織宗旨、部隊屬性及能力等各方面的差異，在目的與運作模式上有著顯著的不同。以下分別就北約主導的「海洋之盾行動」與歐盟領導的「亞特蘭大行動」分別作介紹，再將兩者進行分析與比較。

（一）北約「海洋之盾行動」

北約成立於1949年4月4日，總部設在比利時（Belgium）的首都布魯塞爾（Brussels），是以美國為首的西歐國家在冷戰時期為對抗由前蘇聯領導的華沙公約組織（Warsaw Treaty Organization, WTO）而組織的軍事機構。冷戰時期的北約，係以防範共產主義赤化歐洲為首要目的。根據北大西洋公約第五條規定，對任何締約國的武裝攻擊將被視為是對全體締約國的攻擊，北約成員國可依集體自衛權進行反擊，以維護締約國的安全。[23]因為具有集體防衛的特性，使北約在冷戰時期，成為西方民主自由陣線面對共產主義最堅強的矛與盾。冷戰結束後蘇聯瓦解，北約關注的重心不再侷限於軍事安全與領土完整等傳統安全議題，而是擴張到維持和平、危機處理、預防衝突與對抗恐怖主義等問題。此外，北約還接受「歐洲安全

[23] 北大西洋公約第五條：各締約國同意對於歐洲或北美之一個或數個締約國之武裝攻擊，應視為對締約國全體之攻擊。因此，締約國同意如此種武裝攻擊發生，每一締約國按照聯合國憲章第五十一條所承認之單獨或集體自衛權利之行使，應單獨並會同其他締約國採取視為必要之行動，包括武力之使用，協助被攻擊之一國或數國以恢復並維持北大西洋區域之安全。此等武裝攻擊及因此而採取之一切措施，均應立即呈報聯合國安全理事會，在安全理事會採取恢復並維持國際和平及安全之必要措施時，此項措施應即終止。資料來源：世界知識出版社編輯，《國際條約集・1948-1949》（北京：世界知識出版社，1959），頁193。

暨合作組織」（Organization for Security and Co-operation in Europe, OSCE）與聯合國授權的軍事維和任務，打破該組織的任務地理疆界。[24]2008年索馬利亞海盜迅速崛起，不但成為全球航運的威脅，也成為聯合國人道救援任務的阻礙。在聯合國安理會的授權下，北約決議派遣機艦投入打擊索馬利亞海盜的行動。以下就北約「海洋之盾行動」的歷史沿革、護航概況及成效與影響作進一步的說明。

1、歷史與沿革

北約於2008年9月25日接受聯合國祕書長潘基文的委託，決定派遣機艦自10月9日起，展開代號「盟軍護航行動」（Operation Allied Provider）的護航行動，派遣艦艇在非洲之角，為聯合國人道物資船實施護航，以確保船舶能安全通過亞丁灣海域。[25]除了為人道物資運輸船實施「隨船伴護」外，北約海軍艦艇同時也在亞丁灣海域執行海上巡邏任務，協助解救遭索馬利亞海盜劫持和攻擊的船舶。2009年3至8月，北約的多國艦艇部隊持續執行「盟軍護航行動」，投入更多資源保衛亞丁灣往來航行的船舶安全，確保該海域「海上交通線」（Sea. Line of Communication, SLOC）的安全。[26]

2009年8月17日，北約最高決策機構「北大西洋理事會」（North Atlantic Council）決議在「盟軍護航行動」的基礎上，由設在英國「諾斯伍德」（Northwood）的「北約盟軍海上司令部」（MARCOM）以「打擊索馬利亞領海內的海盜和武裝搶劫行為」為宗旨，組建了「北約508特遣艦隊」（Combined Task Force 508, CTF 508），並啟動代號「海洋之盾行動」（Operation Ocean Shield, OOS）的軍事任務，接替原有的「盟軍護航行動」執行索馬利亞海域巡航任務。2009年起，北約正式透過「海洋之盾行動」在索馬利亞周邊海域與美國150及151聯合特遣艦隊、歐盟465特遣艦隊及其他參與打擊海盜任務的國家，共同展開

---

[24] 江啟臣，《國際組織與全球治理概論》（台北：五南圖書出版股份有限公司，2011），頁154。

[25] 韓雪晴，〈全球公域戰略與北約安全新理念〉，《國際安全研究》，2014年4期（北京：國際關係學院，2014.4），頁70。

[26] “NATO and Maritime Piracy: Counter-piracy operations”, *NATO: Maritime Command Marcom*. 檢索日期：2016.4.10。http://www.mc.nato.int/about/Pages/NATO%20and%20Maritime%20Piracy.aspx

維護索馬利亞海域的任務。「海洋之盾行動」自2009年8月開始正式執行，2012年3月19日經大西洋理事會批准延長行動至2014年底，2014年6月北大西洋理事會再次批准，將「海洋之盾行動」的執行期程延長至2016年底。[27]在北大西洋理事會多次授權下，北約的508特遣艦隊迄今仍持續擔負亞丁灣打擊海盜的重責大任。

2、護航概況

北約「海洋之盾行動」是在北大西洋理事會授權下，由北約盟軍海上司令部（MARCOM）指揮臨時任務編組的「508特遣艦隊」（CTF 508）所執行的軍事行動，其目的在防止海上武裝劫持、阻止海盜攻擊船舶，並對索馬利亞海盜實施威懾與遏止的行動。以下就該行動執行目的、參與成員、執行區域和執行特點及對外合作等四個部分加以說明：

（1）執行目的

北約艦艇在索馬利亞海域的首要任務，是透過「北約航運中心」和歐盟的「非洲之角海事安全中心」在海事資訊與海盜情報上的合作，藉由監控與偵察的方式，識別往來船舶的身分屬性，對疑似海盜的船隻進行搜查、臨檢和逮捕，以防止海上攻擊與劫持事件的發生；其次，是保護未受其他艦隊保護的船舶安全通過高風險海域，避免其受到海盜的攻擊；最後則是與其他艦隊合作，建立海上的威懾力量，遏止海盜在西印度洋海域活動。

（2）參與成員

「海洋之盾行動」是由北約海上司令部下轄的「北約第一常設海上部隊」（Standing NATO Maritime Group 1, SNMG1）[28]與「北約第二常設海上部隊」

[27] "Operation Ocean Shield", *NATO: Maritime Command Marcom*. 檢索日期：2016.4.10。http://www.mc.nato.int/about/Pages/Operation%20Ocean%20Shield.aspx

[28] SNMG1：北約第一常設海上部隊（又稱作北約第一常設海事小組），成立於1966年11月，為北約快速反應部隊的主要軍事力量之一。SNMG1由4至6艘驅逐艦或巡防艦組成，轄屬艦艇由北約成員國派遣，其中有一些是長久編制在SNMG1底下，而有些則是臨時性的任務編組。SNMG1由位於英

（Standing NATO Maritime Group 2, SNMG2）[29]輪流派遣艦艇組成508特遣艦隊，前往索馬利亞海域執行。SNMG1和SNMG2為北約常設的海上武裝力量，平時由成員國提供4至8艘不等的作戰艦、後勤支援艦艇及海上巡邏機所組成。自2009年3月起，首先由SNMG1在索馬利亞海域執行打擊海盜任務。2010年4月12日起則由SNMG2接替SNMG1的護航任務。目前SNMG1與SNMG2以6個月為週期，輪流執行「海洋之盾行動」。自2009年迄今，參與508特遣艦隊的北約成員國計有美國、英國、加拿大、義大利、丹麥、葡萄牙、希臘、荷蘭、土耳其、挪威及西班牙等國。另外，包含烏克蘭、澳洲和紐西蘭等與北約有合作夥伴關係的國家，也陸續派遣艦艇參與「海洋之盾行動」。[30]

（3）執行區域

北約508特遣艦隊主要是以區域巡邏的方式，巡弋索馬利亞以東的「高風險海域」（High Risk Area, HRA），[31]來執行預防、打擊與嚇阻索馬利亞海盜的任務。任務艦艇採取「區域護航」和「應急救援」的方式為航經索馬利亞海域的船舶提供保護，主要活動範圍則以國際推薦通行航道周邊海域為主。但隨著任務需要活動範圍逐漸擴大，巡弋範圍已不再侷限於船舶往來頻密的國際推薦通行航道上。這種作

國諾斯伍德的盟軍海上司令部負責指揮，平時主要在東大西洋海域訓練和演習，戰時則依北約軍事行動的需要執行任務。資料來源：Standing NATO Maritime Group 1，檢索日期：2016.4.10。https://en.wikipedia.org/wiki/Standing_NATO_Maritime_Group_1

[29] SNMG2：北約第二常設海上部隊（又稱作北約第二常設海事小組），成立於1992年4月，與SNMG1相同，為北約快速反應部隊的主要軍事力量之一。SNMG2由4至8艘驅逐艦或巡防艦組成，轄屬艦艇同樣由北約成員國派遣，SNMG2由位於義大利那不勒斯的「那不勒斯盟軍聯合部隊司令部」（Allied Joint Force Command Naples；JFC Naples）指揮，主要在地中海地區從事訓練和演習，戰時則依北約軍事行動的需要執行任務。資料來源：Standing NATO Maritime Group 2，檢索日期：2016.4.10。https://en.wikipedia.org/wiki/Standing_NATO_Maritime_Group_2

[30] "Operation Ocean Shield", *NATO: Maritime Command Marcom.*

[31] 高風險區：根據「第4版反海盜最佳管理措施」（Best Management Practice 4；BMP4）中對高風險區的定義，高風險區範圍意旨海盜活動和發生攻擊事件的區域，該區域範圍約為：紅海區域最北端為北緯15度，阿曼灣區域最北端為北緯22度，最西為索馬利亞沿岸，最東端為東經65度線，最南端為南緯50度線。船舶在進入高風險區前，必須向歐盟海事安全中心（MSCHOA）提交船舶動向登記表，以確保該中心可有效掌握船舶動向。資料來源：Security Advisory: Piracy – Revision of BMP 4 High Risk Area, The Baltic and International Maritime Council; BIMCO. 檢索日期：2016.4.1。https://www.bimco.org/News/2015/10/08_Security_Advisory_Piracy_BMP4_Revision.aspx

法比起「伴隨護航」而言，艦隊巡航範圍更加寬廣、機動性也大幅提升。最初508特遣艦隊以亞丁灣海域為主要巡邏區域，自2011年5月起，有鑑於其他艦隊在亞丁灣海域積極護航已逐步展現成效，508特遣艦隊開始將活動範圍轉移至索馬利亞以東海域巡弋。目前「海洋之盾行動」的執法海域涵蓋亞丁灣、波斯灣、荷姆茲海峽至西印度洋之間將近1萬7,400平方浬的廣闊海域。除了公海範圍的巡航外，在索馬利亞政府的同意下，北約508特遣艦隊轄屬艦艇可進入索馬利亞領海內執行追緝、逮捕和驅趕海盜等任務，但不可踏上索馬利亞領土，[32]北約特遣艦隊已成為西印度洋至紅海之間維護海事安全、海上交通線暢通的重要武裝力量。

（4）執行特點

北約第一與第二常設海上部隊以6個月為一個週期，並以508特遣艦隊為部隊代號，輪流派遣艦艇負責執行「海洋之盾行動」。在艦隊整補等後勤支援方面，北約508特遣艦隊藉由法國在吉布地設立的海軍基地作為艦隊整補據點，維持艦隊長時間的作戰任務。[33]此外，艦隊除運用艦艇執行海面巡弋外，也搭配直升機與定翼機實施空中偵察，以協助水面艦艇在廣闊的海洋中，更有效地監控與識別海上目標。由於索馬利亞海盜的武器精良（雖然多數為輕兵器，但也曾有使用RPG火箭推進榴彈及反坦克火箭等重型武器攻擊船舶的紀錄），北約也授權執行海洋之盾行動的部隊在打擊海盜的過程中可以使用武力阻止、摧毀從事海盜及武力劫持行為的船隻，以確保任務遂行。[34]遭北約海軍官兵逮捕的海盜則送到指定的國家，由當地執法機構進行審理。[35]

3、對外合作

「海洋之盾行動」雖為北約的任務行動，但在實際執行過程中仍有許多非北約

---

[32] "Operation Ocean Shield", *NATO: Maritime Command Marcom.*

[33] 〈美法日駐兵吉布地現狀〉，《大公報》。檢索日期：2016.4.10。http://news.takungpao.com.hk/paper/q/2016/0125/3272502.html

[34] "Operation Ocean Shield", *NATO: Maritime Command Marcom.*

[35] "NATO and Maritime Piracy: Counter-piracy operations", *NATO: Maritime Command Marcom.*

成員國參與。烏克蘭海軍曾於2013年6月至12月派遣（U-130）「海特曼・薩蓋達奇內號」飛彈護衛艦加入北約第一海上常設部隊，以508特遣艦隊的成員的身分，參與「海洋之盾行動」。[36]這是首次非北約成員國參與508特遣艦隊，也是北約在打擊索馬利亞海盜行動上重要的合作與拓展。2013年12月至2014年6月間，紐西蘭皇家海軍首次派遣（F-111）「馬納號」（Te Mana）飛彈巡防艦加入北約第二海上常設部隊，成為第2個加入508特遣艦隊的非北約成員。繼紐西蘭之後，澳洲皇家海軍也在2015年4月，派遣（OR-304）「成功號」（Success）油彈補給艦加入北約第一海上常設部隊，參與「海洋之盾行動」。隨著紐、澳的加入，使北約與非成員國在海上安全議題的軍事合作逐漸走向常態化。

檢視北約在「海洋之盾行動」與非成員國的合作關係，紐西蘭與澳洲雖然不是北約成員國，但都隸屬於「大英國協」（Commonwealth of Nations），加上紐西蘭皇家海軍、澳洲皇家海軍與英國皇家海軍系出同源，紐、澳在亞太地區亦為美國傳統盟邦，北約在美國及英國的領導下，邀請紐、澳海軍加入「海洋之盾行動」可謂順理成章。此舉除有助於建立北約對外合作基礎外，也為未來北約在全球非傳統安全軍事行動，建立了潛在的盟友與活動據點。

烏克蘭參與北約「海洋之盾行動」的契機，必須追朔至冷戰結束的初期。1991年前蘇聯瓦解，冷戰結正式宣告結束。與東歐土地接壤的烏克蘭獨立後，於1991年加入「歐洲－大西洋夥伴關係理事會」（Euro-Atlantic Partnership Council），開始與北約建立正式的溝通管道。1997年7月9日「北約－烏克蘭委員會」（NATO-Ukraine commission was established）正式掛牌成立，並於1999年在烏克蘭首都基輔設立北約聯絡處。北約開始加強與烏克蘭的對話與合作。雙方合作內容主要集中在以下幾點：

- 烏克蘭軍隊與北約軍隊的合作與發展。
- 烏克蘭派遣部隊參與由北約領導的軍事行動，以及加入快速北約反應部隊（NATO Response Force, NRF）相關工作。

[36] "Operation Ocean Shield", *NATO: Maritime Command Marcom.*

・北約對烏克蘭軍隊轉型和改革工作上的協助。

・相互在資訊和情報方面的聯繫與分享。

2007年5月起，烏克蘭海軍派遣（U-209）「特諾皮爾號」（TERNOPIL）飛彈護衛艦參加由北約發起的「積極進取」（Operation Active Endeavour, OAE）地中海地區反恐行動，顯示在北約東擴的政策下，烏克蘭雖不是北約成員國，卻已成為北約在東歐與黑海（Black Sea）地區重要的合作夥伴。2013年2月，烏克蘭表達願意派遣艦艇參與北約在索馬利亞的「海洋之盾行動」，並派遣聯絡官進駐位於英國諾斯伍德的北約盟軍海上司令部。[37]同年10月烏克蘭海軍正式派遣2008年曾參與北約「積極進取行動」的（U-130）「海特曼・薩蓋達奇內號」飛彈護衛艦加入北約第一海上常設部隊，並納編至508特遣艦隊中，與北約艦艇共同執行索馬利亞打擊海盜行動。[38] 2013年12月底，烏克蘭海軍少將塔拉索夫擔任508聯合艦隊指揮官時，更透過與中共第十五批護航編隊進行聯合反海盜演習，間接建立起北約海軍和中共海軍之間的合作機制，[39]而烏克蘭與北約在海事安全上的合作機制，更隨著2014年克里米亞危機的爆發更趨於緊密。

北約在冷戰結束後重新定義其存在價值，並逐步調整戰略目標。除了維持既有的集體防衛機制外，北約更致力於非傳統安全的應處。從「盟軍護航行動」到「海洋之盾行動」，北約成功扮演協助聯合國安理會維護國際安全的角色，不僅重新定義了未來的存在價值和戰略定位，也藉由軍事行動的合作建立跨組織和跨地域的合作機制。從緊鄰俄羅斯的烏克蘭到遠在南太平洋的紐西蘭及澳洲，都可以看出北約在面對非傳統威脅議題上，積極建立盟友與區域性影響力的用心。

---

37 "Ukraine Joins NATO's Counter-Piracy Operation", *Sputnik News*. 檢索日期：2016.4.12。http://sputniknews.com/military/20130222/179631923/Ukraine-Joins-NATOs-Counter-Piracy-Operation.html

38 "Cooperation between NATO Allied Maritime Command and Ukraine", *NATO: Maritime Command Marcom*. 檢索日期：2016.4.12。http://www.mc.nato.int/about/Pages/Cooperation%20between%20NATO%20Allied%20Maritime%20Command%20and%20Ukraine%20deepens.aspx

39 〈中國和烏克蘭首次舉行海軍演習：演練海上臨檢〉，《環球網》。

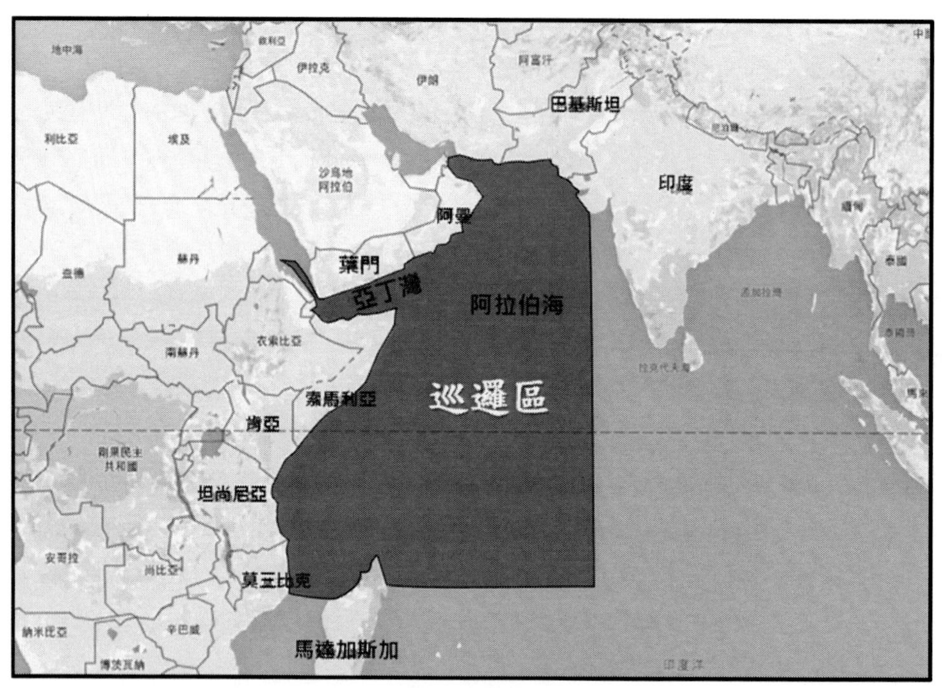

圖5-2　北約「海洋之盾行動」艦艇巡航區域

資料來源：NATO Operation Ocean Shield：Area of Operation

檢索日期：2016.04.15

（二）歐盟「亞特蘭大行動」執行概況

歐洲在冷戰40多年的歲月中，因過度依賴美國和北約的軍事力量保護，導致歐洲各國除身為世界五強之一的英國和法國勉強可謂強大外，其他國家的軍力相對處於孱弱的狀態。[40]歐盟在「共同外交與安全政策」（Common Foreign and Security Policy, CFSP）下建構「共同安全與防衛政策」（Common Security and Defence Policy, CSDP），作為歐盟發展全球安全角色的核心政策。在1999年赫

[40] 葉錦娟，〈歐盟軍事干預與新干預主義之檢證〉（新北市：淡江大學歐洲研究所，2011年6月），頁84。

爾辛基召開的高峰會中，歐盟確立了「赫爾辛基首要目標」（Helsinki Headline Goal），將於2003年時歐盟須建立一支可以在60天內完成軍事部署，並有能力執行至少1年軍事行動，人數約5至6萬名成員的「快速反應部隊」（Rapid Reaction Force, RRF）。[41]這支快速反應部隊成為歐盟執行對外軍事行動的基礎，主要任務包括救援、和平維持、人道救援及衝突預防等，並擔負聯合國賦予之低強度軍事行動。[42]截至2010年12月為止，歐盟總共執行24項CSDP行動，其中包括16項民事行動（Civilian Operations）、7項軍事行動（Military Operations）及1項民事與軍事混合行動（Civilian and Military Operation），[43]顯示歐盟對武裝力量在國際事務的參與，已從初期的摸索逐漸轉為成熟。亞特蘭大行動是歐盟部隊複合性、長時間部署的大規模海外軍事任務，也是歐盟首次執行的海上軍事行動，對歐盟共同安全防務政策具有特殊的意涵。以下就針對亞特蘭大行動的歷史沿革、護航概況作深入的介紹。

1、歷史與沿革

索馬利亞海盜在亞丁灣航道劫持過往船舶，嚴重影響自印度洋航經紅海、蘇伊士運河進入地中海的航運安全。歐盟於2008年5月26日表達對於索馬利亞海盜攻擊、造成聯合國人道援助受到嚴重的影響和阻礙，且造成周邊海域安全議題的關心。在聯合國安理會通過打擊索馬利亞海盜的決議後，歐盟也積極展開軍事干預的準備。2008年12月8日歐盟在「共同安全與防務政策」（CSDP）架構下，派遣「歐盟海軍聯合部隊」（European Union Naval Force, EUNAVFOR），以「歐盟465特遣艦隊」（Combined Task Force 465, CTF 465）為任務部隊名稱，執行代號「亞特蘭大行動」的軍事任務。[44]「亞特蘭大行動」為歐盟聯合海上部隊首次的海外軍事行動，主要目的是接替北約為聯合國世界糧食計畫署人道物資運輸船護航

---

41 葉錦捐，〈歐盟軍事干預與新干預主義之檢證〉，頁85。

42 姜家雄、楊仕樂，〈快速反應部隊的理念與實踐：「歐盟快速反應部隊」與「北約反應部隊」之初探〉，《國際關係學報》，第20期，2005年7月（台北市：政治大學外交學系，2005年），頁22。

43 張福昌，〈歐洲聯盟反海上恐怖主義之研究——以Atalanta行動為例〉，《第六屆「恐怖主義與國家安全」學術暨實務研討會》（桃園：中央警察大學恐怖主義研究中心，2010），頁207。

44 “MISSION”, EUNAVFOR. 檢索日期：2016.4.18。http://eunavfor.eu/mission/

的「盟軍護航行動」，[45]確保聯合國對非洲地區的援助物資不受海盜劫持。

在歐盟理事會的授權下，由「政治與安全委員會」（Political and Security Committee, PSC）負責對「亞特蘭大行動」做出相關建議與決策，並由「歐盟軍事委員會」（EU Military Committee, EUMC）負責監督聯合行動的執行。「亞特蘭大行動」的行動指揮總部（Operational Headquarters, OHQ）設在英國的諾斯伍德，而艦隊指揮部（Force Headquarters, FHQ）則設在任務海域的艦隊旗艦上。「亞特蘭大行動」自2008年12月開始執行，2009年6月15日歐洲議會決議將行動延長至2009年12月13日；基於「亞特蘭大行動」在打擊索馬利亞海盜的工作上有顯著的成效，2010年6月14日，歐盟理事會決定將任務延長至2012年12月12日；[46] 2012年歐盟理事會決議將行動延長到2014年，行動區域則擴大到索馬利亞內水與領土。[47] 2014年11月21日歐盟事會再次批准「亞特蘭大行動」的執行期程，可延長至2016年12月。[48] 在歐盟理事會多次授權下，歐盟的465特遣艦隊迄今仍持續擔負亞丁灣護航任務。

2、護航概況

歐盟的「亞特蘭大行動」是歐盟海上部隊首次執行的海外軍事行動，也是歐盟成立以來首次透過大規模軍事力量參與的海事安全執法行動。歐盟是目前世界上唯一的跨國性政府組織，在對外軍事任務的執行上有別於各別國家的軍事行動。亞特蘭大行動在「歐盟執委會」的授權下，由「政治與安全委員會」（PSC）全權負責行動的政策與規劃。除具政策制定與管制的權力外，「政治與安全委員會」同時具有任命「行動指揮官」（Operation Commander）和「艦隊指揮官」（Force Commander）的權力。[49]在分層節制的指揮鏈中，坐鎮在諾斯伍德總部的亞特蘭大行動指揮官負責整個行動的運作，並直接向「政治與安全委員會」負責；位於旗

---

45 陳世軒，〈防制海盜行為之國際合作與實踐——比較分析麻六甲海峽與索馬利亞沿岸〉（台北市：台灣大學政治系，2011年1月），頁121。

46 張福昌，〈歐洲聯盟反海上恐怖主義之研究——以Atalanta行動為例〉，頁219。

47 陳貞如，〈歐盟對於國際海洋法秩序之影響及其實踐〉，《歐美研究》，第46卷，第1期，2016年3月（台北市：中央研究院歐美研究所，2016年3月），頁141。

48 “MISSION”, EUNAVFOR.

49 張福昌，〈歐洲聯盟反海上恐怖主義之研究——以Atalanta行動為例〉，頁217。

艦上的艦隊指揮官，則負責艦隊的調度、戰術規劃和指揮，並接受行動指揮官的調度。以下針對執行目的、參與成員、執行區域及執行特點進行作說明。

（1）執行目的

歐盟「亞特蘭大行動」最初的任務是接替北約「盟軍護航行動」，為聯合國世界糧食計畫署人道物資運輸船護航的行動。隨著時間的演變和護航的卓越成效，465特遣艦隊的任務範圍逐漸擴大，其首要任務是為聯合國世界糧食計畫署及「非洲聯盟駐索馬利亞特派團」（African Union Mission in Somalia, AMISOM）的人道物資船提供護航；其次是阻止和打擊索馬利亞海盜的武裝劫持行動；第三則是接受聯合國糧食組織的委託，對索馬利亞沿海的漁業活動行為實施監控；最後則是與其他在該海域執法的各國艦隊，共同維護與加強該地區的海上安全。

（2）參與成員

「亞特蘭大行動」的參與國計有法國、德國、義大利、荷蘭、比利時、盧森堡、愛爾蘭、英國、希臘、西班牙、芬蘭、瑞典、立陶宛、波蘭、匈牙利、斯洛維尼亞、馬爾他、賽普勒斯、羅馬尼亞及保加利亞等20個歐盟會員國。另包含挪威、烏克蘭、蒙特內哥羅（Montenegro）、塞爾維亞（Serbia）和紐西蘭等5個非歐盟成員國，共投入近2,000名人員共同執行。其中，德、法、荷、義、比、盧、西與希臘皆對該行動做出永久貢獻的承諾，[50]願意長期支持該行動的運作。在行動初期，歐盟465特遣艦隊固定派遣4至6艘水面作戰艦與2至3架海上巡邏機執行。[51]隨著任務需求的擴大，陸續將水面作戰艦艇擴編到14艘，其中以法國海軍投入的艦艇為多數。[52]

參與「亞特蘭大行動」的非歐盟成員國中，挪威是最早表態參與的國家，並於2009年率先派遣1艘作戰艦加入465特遣艦隊，其他國家則多以派遣參謀人員協助行

[50] 張福昌，〈歐洲聯盟反海上恐怖主義之研究——以Atalanta行動為例〉，頁219。
[51] “MISSION”, EUNAVFOR.
[52] 張福昌，〈歐洲聯盟反海上恐怖主義之研究——以Atalanta行動為例〉，頁219。

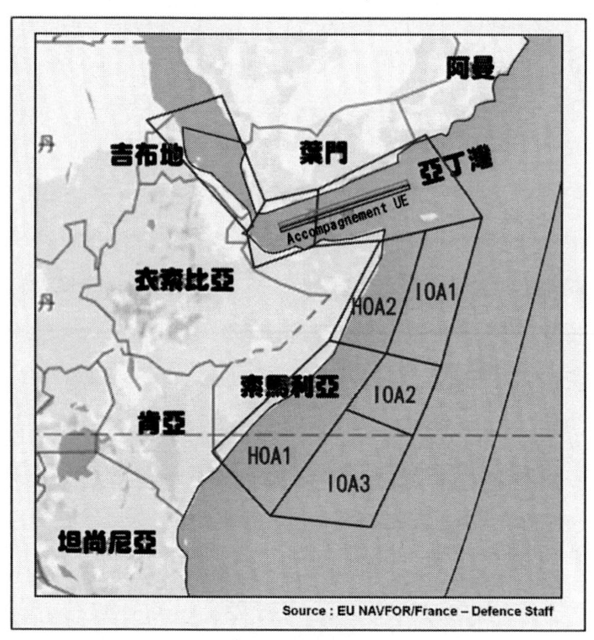

圖5-3　歐盟「亞特蘭大行動」艦艇巡航區域

資料來源：EU naval operation against piracy　資料日期：2016.04.19

動總部和艦隊指揮部運作為主。2014年後烏克蘭與紐西蘭海軍也分別派遣水面作戰艦和海洋巡邏機參與「亞特蘭大行動」。

（3）執行區域

「亞特蘭大行動」任務巡弋範圍包含紅海南部海域、亞丁灣（包含國際推薦通行航道及部分的西印度洋海域），監控範圍包含塞席爾、葛摩（Comoros）、模里西斯（Mauritius）等國家周邊海域，總巡邏監控範圍大約470萬平方浬。除公海海域外，「亞特蘭大行動」的活動範圍也包含了索馬利亞領海、內水及沿岸。[53]在後勤補給方面，身為「亞特蘭大行動」最大支持國的法國，原本就是吉布地的殖民

[53] "MISSION", EUNAVFOR.

母國；1977年6月27日吉布地宣布獨立後，法國仍在當地設有軍事基地以及近4,500人的駐軍。法國除了在吉布地駐軍外，也派遣軍事合作人員，提供吉布地軍事援助與訓練。法國於2008年起提供吉布地基地與機場，作為「亞特蘭大行動」轄屬機艦後勤補給和醫療的據點。此外，包含英國、德國、荷蘭、丹麥及瑞典等歐盟成員國，也先後在吉布地設立臨時性的協調機構，以利部隊的指揮與調度。[54]

（4）執行特點

歐盟465特遣艦隊在亞特蘭大行動的操作上，採取「隨船護航」與「區域巡邏」兩種模式。一部分艦艇組成「護航支隊」（VPD），負責為聯合國世界糧食計畫署、非洲聯盟特派團及其他無艦艇保護的船舶護航，使其平安通過亞丁灣與索馬利亞海域。另外派遣艦艇、艦載直升機和海上巡邏機，在責任海域實施海上監控和偵察。對過往船舶及可疑的海上目標實施盤查與辨識，並對於發出求救信號、請求協助船舶提供救援。[55]除了由465特遣艦隊投入執行「亞特蘭大行動」外，歐盟也透過行動指揮中心指揮「非洲之角海事安全中心」的運作，提供商船關於海盜攻擊行動的警戒通知、風險評估、區域及世界的航海新聞等資訊。[56]歐盟更開設名為「水星網」的安全聯絡平台（Internet-based Secured Communication Platform），作為與各國艦隊建立海盜情報交換的機制。[57]

（三）歐盟與北約模式比較

北約與歐盟同時響應聯合國安理會打擊索馬利亞海盜的決議，並先後派遣艦隊赴索馬利亞海域執法。雖然同為歐洲國家（北約成員國多數仍為歐洲國家），但對任務設定的目標、執行的重點和參與者的組成卻有著極大的差異。之所以會產生歧異，主因仍在領導者與組織性質不同。

冷戰結束後北約雖將戰略目標逐漸轉為執行全球反恐、防止武器擴散、維護區

---

54 柏子、靳航，《護航亞丁灣——沉思錄》，頁225-226。
55 "MISSION", EUNAVFOR.
56 張福昌，〈歐洲聯盟反海上恐怖主義之研究——以Atalanta行動為例〉，頁218。
57 張福昌，〈歐洲聯盟反海上恐怖主義之研究——以Atalanta行動為例〉，頁221。

域和平等非傳統安全行動，但仍以高強度軍事行動處理國際安全議題的模式，介入區域性國際衝突（例如：北約在1994至1995年派遣部隊介入前南斯拉夫內戰。1999年3月24日至6月10日間，對前南斯拉夫聯邦的塞爾維亞－蒙特內哥羅進行大規模的空襲行動）。[58]從參與行動的成員中可看出「海洋之盾行動」仍是以美國和英國占據領導的地位，這也影響著508特遣艦隊在對外合作對象的選擇和態度。在打擊海盜的作法上，508特遣艦隊主要是採取「積極」與「主動」的打擊態度，由空中的巡邏機和水面作戰艦艇，以區域巡邏的方式肅清區域內的海盜活動，為往來船舶提供航道的安全。

歐盟在共同外交與安全政策下，決議建立屬於自己的常設性武裝力量。然而自1999年提出「赫爾辛基首要目標」迄今，在現實環境中卻仍有許多問題仍需克服。尤其是在「部署能力」（Deployability）、「持續力」（Sustainability）及「協同作戰能力」（Interoperability）等三大目標上，更有待成員國的投入與磨合。[59]「亞特蘭大行動」是歐盟海軍第一次海外軍事行動，也是歐盟軍隊海外任務的實踐。在法國與德國的主導下，歐盟以積極投入的態度執行索馬利亞海盜打擊任務。有別於北約明確的「攻擊性」策略，在任務的執行上歐盟以「被動性」的護航和提供訊息的「支援」工作為主。除465特遣艦隊自2008年12月起接替北約為聯合國人道物資運補船護航的任務外，「水星網」的設立，更為各國艦隊和船舶提供海事、海盜情報、建立訊息交流平台與通報機制。歐盟「亞特蘭大行動」所建立的情報資訊力量，絕對是各國打擊亞丁灣海盜行動中最重要的後盾。後期隨著任務慢慢增加，465特遣艦隊也從「被動性」的伴隨護航逐漸往「主動性」的區域巡邏前進，同時也開始承接聯合國委託的監控索馬利亞沿海漁業活動任務。從上述的變化可看出，歐盟透過索馬利亞的軍事行動，組建「歐盟海軍聯合部隊」來達成歐盟軍隊三大目標，同時也藉以驗證歐盟軍隊在海外執行多元任務的能力。

---

[58] 鄭欽模，〈北約的過去、現在與未來〉，《國際關係》（台北市：五南圖書出版股份有限公司，2006），頁370。

[59] 葉錦娟，〈歐盟軍事干預與新干預主義之檢證〉，頁84。

（四）小結

亞丁灣海域為印度洋進出蘇伊士運河通往地中海的重要隘口，是歐洲國家海上航路極為重要的海上通道。北約與歐盟積極參與打擊索馬利亞海盜任務，除了響應聯合國安理會的決議外，仍是以歐洲經濟貿易與海上交通線安全為首要著眼點。北約身為世界最大的軍事合作組織，在既有的制度與架構下迅速派遣兵力進入索馬利亞海域，證明任務轉型後北約已同步將組織及行動準則調整為適應非傳統安全威脅的狀態；北約的多國聯合部隊已轉型為一支可快速投射、全球部署的精銳勁旅，其用兵範圍也因應反恐行動與區域和平維護等需要，逐漸擴展至全球各地，而不再侷限於歐洲及鄰近地區。

歐盟則是在10年的共同武裝力量建設過程中，首次驗證大規模海外軍事力量的能力。有別於過去執行海外維和行動，打擊索馬利亞海盜使歐盟軍隊更接近實戰。打擊海盜的偶然，帶出歐洲兩大組織軍事行動的差異，也突顯出成員國角色上潛在的矛盾。或許藉由實際行動的辯證過程中，北約與歐盟能逐漸找到彼此間的差異與共識，進而達到相互配合與分工。

三、獨立護航國家

除了美國領導的「151聯合特遣艦隊」、「北約508特遣艦隊」及「歐盟465特遣艦隊」等三支大型聯合艦隊於索馬利亞海域執行反海盜任務外，更有許多國家海軍採獨立行動模式執行反海盜任務，其中又以日本、俄羅斯和印度等國在索馬利亞海域的行動備受世人矚目。

日本戰後受到憲法第九條的約束，不僅不能擁有軍隊（只能擁有執行「專守防衛」任務的「自衛隊」），也不可以輕易對海外用兵。[60]此次派遣部隊長駐海外執

[60] 日本憲法第九條規定如下：「第九條　日本國民，誠實希求以正義及秩序做為基調的國際和平；永久放棄：以國權發動戰爭，及以武力威脅或行使武力，做為解決國際紛爭的手段。為達成前項目的，陸海空軍及其他戰力，不保持之。國家的交戰權，不承認之。」這第九條也稱為「放棄戰爭，不承認軍備及交戰權」的規定。資料來源：許世楷，〈看日本集體自衛權的過去、現在與未來的發

行打擊海盜任務，被視為日本對「集體自衛權」解禁的挑戰。[61]1991年前蘇聯瓦解後，俄羅斯繼承了前蘇聯大部分的國土與龐大的軍事力量。在經濟逐漸復甦後，俄羅斯急欲在國際事務上發揮其影響力，持續增加海外軍事演訓的規模與頻次。2008年底俄羅斯海軍先後在加勒比海、印度洋舉行軍事演習，企圖藉由海軍實力的展現提升俄羅斯在國際上的地位。[62]2008年9月23日，俄羅斯率先宣布將派遣艦艇參與打擊海盜行動，[63]也積極呼籲國際社會應正視、共同打擊海盜，讓俄羅斯成功獲得國際矚目。[64]印度自獨立以來一直堅持的國家戰略總目標即為「稱霸南亞、控制印度洋、爭當世界一流大國」。其中「控制印度洋」就是印度海軍的軍事戰略目標，也是發展海軍軍事力量的依據。[65]索馬利亞海盜在印度洋海域的襲擾，對追求印度洋海上交通線安全的印度來說是一種挑釁也是一種挑戰。對視印度洋為內海的印度海軍而言，若無法將海盜危害的問題解決，恐將影響到其對印度洋的控制。2008年10月印度政府開始派遣艦艇，以強勢作為在索馬利亞海域巡邏，成為繼俄羅斯之後，第二個表態支持聯合國安理會決議的國家。

三個堅持獨立護航的國家，在各自的戰略目標考量下，先後出兵亞丁灣護航。以下分別就日本、俄羅斯和印度的護航概況作進詳盡的分析。

（一）日本護航艦隊

身為第二次世界大戰發動國之一的日本，戰後因受憲法第九條的約束，在軍備和軍事行動上都受到極為嚴格的管制。拜冷戰期間美國圍堵政策所賜，日本成為美國在亞太地區圍堵前蘇聯和共產集團的重要夥伴之一。在美國政治的默許和技術的

展——談安倍首相推動新安保法案的戰略意涵〉，《新世紀智庫論壇》，第71期，2015.9.30（新北市：財團法人台灣新世紀文教基金會，2015），頁7-8。

61 〈解禁集體自衛權，武力脫韁的日本在走向海外的道路上漸行漸遠〉，《中國軍網》。檢索日期：2016.4.20。http://www.81.cn/big5/jwgz/2014-07/09/content_6041645.htm

62 〈護航非洲之角　俄羅斯海軍動手了〉，《中評社》。檢索日期：2016.4.25。http://wwww.cn-rn.com/doc/1008/0/4/1/100804167_3.html?coluid=4&kindid=16&docid=100804167&mdate=1118152430

63 〈俄海軍總司令說俄近期將參與打擊索馬里海盜〉，《環球網》。

64 〈俄羅斯呼籲國際聯合行動打擊索馬里沿海海盜〉，《中國網》。檢索日期：2016.4.25。http://big5.china.com.cn/international/txt/2008-10/04/content_16565025.htm

65 李春益，〈印度海軍戰略發展對亞太安全的影響〉，《陸軍軍官學校八十六週年校慶基礎學術暨通識教育研討會論文集》，頁25。

協助下，日本在很短的時間內重振軍備，經過多年的累積和變革，日本自衛隊的實力早已超越周邊國家正規部隊。近年來日本政府積極尋求走向正常化國家，希望能解除對外用兵的限制，使日本可以正常運用武裝力量維護國家利益。亞丁灣的護航任務，是自1946年11月3日（昭和21年）日本憲法公布以來，自衛隊首次獨立長時間海外駐軍。此舉受到周邊國家的高度重視，尤其被中共視為是日本常態海外用兵的跳板。[66]以下就針對派遣始末與運作模式，對日本在亞丁灣的護航行動作進一步的敘述。

1、派遣始末

2008年12月21日，日本《讀賣新聞》報導中共正式發表派遣軍艦至索馬利亞海域的消息後，日本政府對於在打擊索馬利亞海盜的行動上落後於中共感到焦慮。日本除欲與中共在國際事務的參與上相互競爭外，也擔心在中共與美國和其他國家建立海上軍事合作時，日本卻無法有所作為。[67]時任執政黨的麻生政府，在2009年3月13日發布「海上警備行動」，授權防衛省負責東非海域的護航行動，以抑制海盜對日本船隻的威脅。3月14日根據《自衛隊法》的授權，防衛省派遣第八護衛隊的（DD-113）「漣號」和（DD-106）「五月雨號」護衛艦前往索馬利亞海域執行護航任務。[68]在海上自衛隊派遣艦艇前往亞丁灣後，日本政府於4月3日和吉布地政府簽署了《吉布地共和國境內日本自衛隊地位相關協定》，使日本海上自衛隊在索馬利亞海域打擊海盜時可以與「國內法」相對應，爾後日本在吉布地派遣軍隊和從事軍事任務不需經國會批准，僅需防衛省內部即可決定。[69]《海盜對策法》於2009年7月24日生效實施後，該法正式取代「海上警備行動」成為日本執行護航的法源依據。依據《海盜對策法》的授權，不僅放寬日本護航部隊在海外使用武器的限制，

---

66 〈解禁集體自衛權，武力脫韁的日本在走向海外的道路上漸行漸遠〉，《中國軍網》。

67 王藍輝，〈日本麻生政府打擊索馬利亞海盜政策之研究——以環境模型探討〉（台中市：中興大學國際政治研究所，2013），頁43-44。

68 王藍輝，〈日本麻生政府打擊索馬利亞海盜政策之研究——以環境模型探討〉，頁103。

69 柏子、靳航，《護航亞丁灣——沉思錄》，頁240。

護航對象更從日本籍船舶放寬至外籍船舶。[70]自此，日本在亞丁灣的護航行動正式走向常態化，日本護航部隊成為了亞丁灣海域重要的海上保安力量之一。

2、護航概況

2009年3月14日起，日本海上自衛隊依據《自衛隊法》中「海上警備行動」的授權，派遣2艘護衛艦及2架擔任警戒任務的艦載直升機前往索馬利亞海域。在人員配置上，除包括海上自衛隊「特別警備隊」在內的400名自衛隊隊員外。因考量到自衛隊不具備逮捕罪犯的司法權，故護航部隊成員中還包含8位具備司法員警權的「海上保安廳」保安官，協助處理逮捕海盜的相關工作。[71]日本的護航部隊以3個月為一個任務期程，定期由海上自衛隊派遣2艘艦艇接替亞丁灣防務。

日本在亞丁灣的執行模式與中共頗為相似，其護航部隊也是採取「伴隨護航」及「隨船護航」方式提供船舶安全保障。[72]日本在國際推薦通行航道的西端設置集結點A、航道東端設置集結點B作為護航船隊的起訖點。另外在行道東端另設立C點，作為季風季節取代B點的調整點（A點：北緯11度50分，東經45度00分；B點：北緯14度28分，東經53度00分；C點：北緯14度55分，東經54度38分），欲接受日本海上自衛隊護航的船舶，必須事先向日本政府提出申請，並在指定的啟航時間前到達集結點與海上自衛隊艦艇會合。待船舶集結完成後，由海上自衛隊艦艇護送通過亞丁灣海域。[73]護航艦艇通常在完成2個航次往返後，便進入吉布地港實施整補。[74]另外，為彌補日本海上自衛隊空中監偵效能不足的問題，日本政府於2009年6月11日起增派2架日本海上自衛隊所屬的P-3C反潛機進駐吉布地國際機場，擔

---

[70] 〈日本護衛艦根據「海盜對策法」開始在索馬里護航〉，《人民網》。檢索日期：2016.4.20。http://world.people.com.cn/GB/9746698.html

[71] 邊子光，〈索馬利亞海盜：國家與國際組織之因應〉，《海洋事務與政策評論》，創刊號，2010.12.30（高雄市：中華民國海洋事務與政策協會，2010年12月），頁100。

[72] 柏子、靳航，《護航亞丁灣——沉思錄》，頁239。

[73] 〈2015年10月到11月日本海軍護航編隊〉，《中國船東網》。檢索日期：2016.4.20。http://www.csoa.cn/huhangzl/guowaihh/201510/t20151014_1900530.html

[74] 〈中日護航編隊指揮員會面探討情報等方面合作〉，《新華網》。檢索日期：2016.4.20。http://news.xinhuanet.com/mil/2010-04/29/content_13442305.htm

負護航部隊海上巡邏與空中偵察任務。[75]2011年6月日本在吉布地建設的海外基地正式啟用，除固定輪調2架P-3C反潛機常駐外，亦派遣包含陸上自衛隊官兵在內的150名基地保安警備與後勤人員進駐。由於P-3C反潛機可有效提供空中預警和海面監偵的能力，日本的護航艦艇逐漸從伴隨護航的模式轉為「應急救援」的模式，以提高護航效率。[76]

2013年12月10日，日本防衛大臣小野寺五典宣布，日本海上自衛隊赴亞丁灣執打擊海盜任務的2艘護衛艦，自12月10日起將抽調其中1艘加入美國領導的151聯合特遣艦隊，並開始以多國聯合艦隊的身分執行任務。[77]此舉顯示日本一方面希望保持獨立自主的需求，另一方面也積極加強與美國在海事安全上合作的現實。2012年中、日因釣魚台主權爭議，導致兩國關係降至冰點。2013年11月23日，中共斷然宣布在東海畫設「防空識別區」，立刻引發中、日兩國間更強烈的軍事對峙。[78]美國基於「亞太再平衡戰略」（Asia-Pacific Rebalance）布局與美日同盟的立場，迅速表態對日本的支持並對中共提出強烈譴責。[79]而日本於12月10日決定加入由美國領導的多國聯合艦隊，顯然是希望藉由加強與美國在海事安全上的合作，拉攏美國在東海議題上對日本的支持與協助。同時，也是對美國在東海議題上，支持日本立場所做出的回應。2015年2月3日海上自衛隊第四護衛隊群司令伊藤弘出任151聯合特遣艦隊指揮官。這是日本自衛隊創建以來首次派遣自衛官擔任多國部隊指揮官，[80]也被視為是日本自衛隊在對外軍事行動上的重大突破，更為安倍政府在解禁集體自衛權的推動打了一劑強心針。從獨立護航到有限度加入多國聯合艦隊，顯示日本既想保有獨立護航上的自主權和動能，又希望藉由加入聯合艦隊的行動，加強與美國更緊密的合作關係，藉以達成更長遠的戰略目標。

75 王藍輝，〈日本麻生政府打擊索馬利亞海盜政策之研究——以環境模型探討〉，頁104。
76 柏子、靳航，《護航亞丁灣——沉思錄》，頁238-239。
77 〈日本自衛隊護衛艦開始參與多國部隊在索馬里利亞護航〉，《華夏經緯網》。
78 〈中日防空識別區重疊　中國後發制人？〉，《BBC中文網》。
79 〈美國批評中國設東海防空識別區破壞穩定〉，《BBC中文網》。檢索日期：2016.4.24。http://www.bbc.com/zhongwen/trad/china/2013/11/131124_us_china_japan
80 〈日本自衛隊首次向海外派指揮官　加入多國籍部隊〉，《中新網》。

（二）俄羅斯護航艦隊

前蘇聯解體後，俄羅斯繼承前蘇聯大半國土與部隊。隨著經濟日益復甦，俄羅斯逐漸在國際社會上展現其強大的軍事實力與影響力。2008年俄羅斯海軍在加勒比海與委內瑞拉舉行軍事演習後，旋即宣布俄羅斯海軍太平洋艦隊和北方艦隊將在印度洋舉行軍事演習。俄海軍總司令助理兼海軍新聞發言人德加洛上校表示：「為了鞏固各個海域的穩定和安全，俄海軍總司令部將在2008年最後這段時間裡加強在國際公海巡邏」。[81]一連串的海外軍事演習加上海軍高層的宣示，顯示俄羅斯海軍急欲透過在世界各地的軍事行動，建立俄羅斯新的國際地位。更有分析家指出，如今俄羅斯海軍的實力比冷戰以來的任何時期都重要，克里姆林宮正透過海軍在俄羅斯沿海水域以外的地方展示強國的信心和決心。[82]

1、派遣始末

2008年6月2日聯合國通過第1816號決議，授權各國可派遣部隊協助索馬利亞過渡政府打擊海盜，使各國對「出兵亞丁灣」與否的考量，成為國際社會討論的焦點。俄羅斯海軍總司令維索基上將（Vladimir Vysotsky）於9月23日接受媒體訪問時表示，俄羅斯海軍近期將派遣部隊加入國際打擊海盜行動，[83]也成為聯合國安理會通過第1816號決議後，第一個公開表示願意派遣部隊打擊海盜的國家。就在俄羅斯宣布願意出兵打擊索馬利亞海盜的數日後，載運33輛俄製T-72坦克及榴彈發射器等武器的烏克蘭籍貨輪「法伊娜號」，在駛往肯亞途中遭索馬利亞海盜劫持。該事件受到國際間高度重視，除美國海軍就近派遣艦艇前往跟監外，俄羅斯也調派隸屬波羅的海艦隊的（DDG-873）「無畏號」（Bezboyaznennyy）飛彈驅逐艦前往監控。「無畏號」的介入，正式吹起俄羅斯打擊索馬利亞海盜任務的號角，也拉開俄羅斯海軍再次海外用兵的序幕。[84]俄羅斯海軍自2008年起，陸續派遣包含俄羅斯太

81 〈護航非洲之角　俄羅斯海軍動手了〉，《中評社》。
82 〈護航非洲之角　俄羅斯海軍動手了〉，《中評社》。
83 〈俄海軍總司令說俄近期將參與打擊索馬里利亞海盜〉，《環球網》。
84 〈俄羅斯軍艦將長期駐紮亞丁灣打擊索馬里海盜〉，《華夏經緯網》。檢索日期：2016.4.27。http://big5.

平洋艦隊、[85]黑海艦隊、[86]波羅的海艦隊及北方艦隊下轄的各式艦艇前往亞丁灣，配合聯合國安理會的決議執行打擊海盜行動。[87]除執行打擊海盜任務外，俄國海軍也因應區域局勢變化，配合他國艦艇執行軍事行動。以敘利亞化武銷毀行動為例，俄羅斯海軍於2013年1月即派遣艦艇與中共海軍合作，共同為執行敘利亞武器銷毀任務的運輸船實施護航。索馬利亞的護航行動，除提升俄羅斯在國際事務參與上的能見度外，俄羅斯海軍也藉由一次又一次的護航行動，建立在海事安全上的正面形象，進而展現俄羅斯的軍事影響力。[88]

2、護航概況

俄羅斯海軍派出的護航艦隊，是所有獨立護航國家中兵力規模最龐大的部隊。從資料中顯示，俄羅斯海軍不僅由各艦隊輪流組成護航艦隊，更常常依據現實的需要，同時調派2支以上的艦隊共同執行護航任務。[89]俄羅斯海軍在2008年9月，因「法伊娜號」事件派出了「無畏號」驅逐艦前往協助後，「無畏號」一直駐紮在索馬利亞海域和其他國家海軍艦艇共同執法。[90]緊接著俄羅斯北方艦隊派遣以（CGN-099）「彼得大帝號」（Pyotr Velikiy）核動力巡洋艦及太平洋艦隊下轄的（DDG-572）「維諾格拉多夫海軍上將號」（Admiral Vinogradov）反潛驅逐艦所率領的特遣艦隊，於2009年1月在參加與印度海軍聯合舉行代號「因陀羅－2009」的聯合軍演後，先後進入亞丁灣海域接替「無畏號」執行護航任務，開啟俄羅斯海軍定期護航的輪值任務。以下就針對俄羅斯護航艦隊的組成、操作模式及後勤補給作更進一步的說明。

---

huaxia.com/zt/js/08-069/1273705.html

85 〈俄羅斯太平洋艦隊編隊抵達亞丁灣打擊索馬里海盜〉，《中國新聞網》。檢索日期：2016.4.28。http://big5.china.com.cn/military/txt/2009-04/28/content_17685532.htm

86 〈俄羅斯黑海艦隊成功制止海盜劫持俄油輪事件〉，《國際線上》。檢索日期：2016.4.28。http://big5.cri.cn/gate/big5/gb.cri.cn/27824/2010/08/04/5005s2943407.htm

87 〈俄羅斯海軍命令所有軍艦打擊沿途所遇海盜〉，《人民網》。檢索日期：2016.4.28。http://military.people.com.cn/BIG5/1077/52986/8389420.html

88 〈銷毀敘化武行動19日開始　中國海軍將赴地中海護航〉，《中評社》。

89 〈俄羅斯海軍將派彼得大帝號前往亞丁灣索馬里海域護航〉，《新華網》。檢索日期：2016.4.27。http://news.xinhuanet.com/mil/2009-01/05/content_10605448.htm

90 〈護航非洲之角　俄羅斯海軍動手了〉，《中評社》。

（1）艦隊組成

俄羅斯海軍護航編隊的艦艇組成，相較於其他獨立護航艦隊顯得更為複雜且多元，從核動力飛彈巡洋艦、大型反潛作戰艦、油船甚至是拖船均納入護航編隊中。[91]因應反海盜機動打擊任務的需要，艦隊中也配有艦載型Ka-27直升機，並組織由海軍陸戰隊組成的特戰隊員隨行，可執行護航艦隊空中偵察、武力威嚇、緊急救援和登船臨檢等任務。從艦艇輪調的時間研判，每一批護航艦隊任務期程約為2個月，任務期滿後再由新的艦隊接替任務。[92]俄羅斯海軍發言人也表示俄羅斯海軍的護航行動中，除由各艦隊組織的特遣艦隊艦艇外，另會不定時派小型艦隊前往協助。[93]靈活的兵力調度，使俄羅斯派駐在索馬利亞海域打擊海盜的艦艇總數介於3至7艘不等，為獨立護航國家中派遣艦艇規模最龐大的國家。除顯示俄羅斯對亞丁灣護海上航道安全的重視外，也突顯俄羅斯藉由海軍在亞丁灣和印度洋的實質行動，達到「展示國旗」[94]的目的。

（2）操作模式

與中共和日本護航艦隊相同，俄羅斯海軍在亞丁灣執行護航任務，也採「隨艦護航」、「區域巡邏」及「應急救援」並行的方式實施。從中國船東協會公告的航行資訊中顯示，俄羅斯海軍在亞丁灣的東西兩側劃設集結點〔A點：北緯17度10分，東經40度40分（位於紅海海域）；B點：北緯14度24分，東經53度00分〕，欲加入俄羅斯海軍護航船隊的船舶，必須由船公司或船長向「俄羅斯海事安全局」（Russian Maritime Security Service, RMSS）或俄羅斯海軍提出申請。確認接受護航艦隊保護的船舶，必須在啟航前2小時自行前往集結點與俄羅斯海軍艦艇會

91 〈俄羅斯海軍將派彼得大帝號前往亞丁灣索馬里海域護航〉，《新華網》。
92 〈俄羅斯太平洋艦隊編隊抵達亞丁灣打擊索馬里海盜〉，《中國新聞網》。
93 〈俄羅斯軍艦將長期駐紮亞丁灣打擊索馬里海盜〉，《華夏經緯網》。
94 林穎佑，〈當代海軍外交的轉變〉，《第四屆海權與國防研討會論文集》（桃園：國防大學，2012年12月），頁112。

合，待集結完成後再由艦艇護送通過亞丁灣。[95]另外，俄羅斯海軍艦艇也透過海盜資訊的交換機制及緊急救難頻道等訊息管道，對鄰近提出救援申請的船舶提供緊急救助。[96]此外，2008年9月俄羅斯海軍派出「無畏號」進入索國海域巡弋後，俄羅斯海軍參謀部緊接著在11月向海軍全軍所有艦艇下達訓令：「俄國海軍艦艇無論位於何處、執行何種任務，沿途遭遇海盜時都應對其進行打擊」。[97]這是俄羅斯海軍面對國際海盜議題的最高指導原則，這道命令也使俄羅斯的打擊海盜行動轉變為艦隊日常任務之一，而非僅是護航艦隊的專屬任務。

（3）後勤補給

俄羅斯海軍將補給港設在東非吉布地，2010年5月起吉布地宣布將提供港口給俄羅斯海軍使用，護航艦艇開始定期進入吉布地港進行整補。[98]另外，俄羅斯在敘利亞西部的「塔爾圖斯港」（Tartus），擁有一個海軍物資技術保障站。依照俄羅斯海軍司令奇爾科夫上將（Viktor Chirkov）在2012年7月26日俄新社舉辦的視訊訪問中指出：「俄羅斯海軍在敘利亞塔爾圖斯的物資技術保障站將得以保留。我們需要它來保障我國的船艦，包括在亞丁灣執行打擊海盜任務時。」[99]塔爾圖斯港位於地中海東側緊鄰塞浦路斯，是俄羅斯海軍由黑海航經地中海進入紅海前的中繼點。該據點有利俄羅斯艦隊在地中海、亞丁灣間往來及兵力調度時，作為後勤補保的中繼站。值得注意的是，早在2008年10月俄羅斯聯邦上議院議員謝爾蓋・米羅諾夫（Sergey Mikhailovich Mironov）在訪問葉門首都沙那（Sahar）時證實，葉門與俄羅斯領導人近期將就俄羅斯海軍使用葉門港、俄海軍艦艇常駐葉門索科

95 〈2015年12月－2016年1月俄羅斯海軍護航編隊〉，《中國船東網》。檢索日期：2016.4.27。http://www.csoa.cn/huhangzl/guowaihh/201512/t20151218_1949804.html

96 〈索馬里海盜向俄羅斯直升機開火遭重創〉，《環球在線》。檢索日期：2016.4.28。http://big5.cri.cn/gate/big5/gb.cri.cn/27824/2010/05/07/782s2842968.htm

97 〈俄羅斯海軍命令所有軍艦打擊沿途所遇海盜〉，《人民網》。

98 〈俄護航軍艦停靠吉布地港口進行補給修整〉，《中評社》。檢索日期：2016.4.28。http://www.sgs.cnrn.tw/doc/1013/2/4/9/101324901.html?coluid=4&kindid=16&docid=101324901

99 〈俄打算保留敘海軍基地〉，《澳門日報》。檢索日期：2016.4.28。http://mpaper.org/Story.aspx?ID=317053

特拉島（Socotra）的可行性展開討論。[100]一旦俄羅斯海軍取得索科特拉島的使用權，將成為亞丁灣護航艦隊最佳的補給點，也將成為俄國海軍進入印度洋最大的前進據點。

（三）印度護航艦隊

印度位於印度洋核心位置，具扼守印度洋航線樞紐地位。印度海軍推行的「印度洋控制戰略」，將印度洋分為「完全控制區」、「中等控制區」和「軟控制區」三個戰略區域。印度試圖先控制印度洋北部水域再向遠洋延伸，逐漸限制並排斥其他大國在印度洋的軍事存在，最終確立印度的海事大國地位，進而取得在印度洋的控制權。[101]印度長期以來對印度洋的海上交通線極為重視，尤其在非傳統安全議題上，印度洋兩端緊鄰馬六甲海峽和亞丁灣海域，正是當今海盜最為猖獗的兩大熱點。基於國家戰略的規劃，使印度海軍在聯合國安理會做出決議後，積極響應出兵亞丁灣有很大的關係。

1、派遣始末

2008年10月16日印度海軍開始派遣艦艇前往索馬利亞海域巡邏，[102]使印度成為繼俄羅斯後，第二個派遣艦艇赴索馬利亞海域打擊海盜的國家。同年11月18日印度海軍在亞丁灣海域擊沉一艘泰國籍拖網漁船，引發各界的撻伐與質疑。事後證實該船極可能是遭海盜劫持後，被作為劫掠艇母船的遠洋漁船。[103]此一事件除證實印度海軍面對索馬利亞海盜時採取的是主動且具攻擊性的策略外，也突顯海軍分辨索馬利亞海盜與漁民的困難。11月20日印度政府正式宣布對索馬利亞海盜宣戰，並將增派兵力支援原派駐該海域的（F-44）塔霸號（Tabar）飛彈巡防艦，必要時甚至會

---

[100] 〈俄羅斯海軍艦隊謀劃重返海外基地　瞄印度洋要道〉，《中國網》。檢索日期：2016.4.29。http://www.china.com.cn/military/txt/2008-10/30/content_16689565.htm

[101] 柏子、靳航，《護航亞丁灣——沉思錄》，頁241。

[102] 〈印度海軍在亞丁灣挫敗海盜襲擊油輪〉，《新華網》。

[103] 〈國際海事局說印度海軍擊沉的可能是一艘泰國遭劫船隻〉，《人民網》。檢索日期：2016.4.25。http://military.people.com.cn/BIG5/1077/57992/8416609.html

增派至4艘艦艇在該海域巡弋。印度政府「海運、道路運輸及公路部」也在新聞聲明中明確表示：「印度呼籲聯合國採取緊急措施，並對航行阿拉伯海、亞丁灣周邊海域的所有船舶，無論船籍或是船員國籍屬何國家，應一律給予安全保護」。[104]由此，印度成為第一個表明將為本國以外船舶護航的國家，更突顯出印度政府在印度洋的經營上，已將自己定位在海權強國的位階中。

2、護航概況

印度海軍自2008年10月起，開始定期派遣艦艇前往亞丁灣海域執行護航任務。[105]印度海軍的常態護航兵力除了1至4艘不等的水面艦艇外，護航艦隊也搭載可作為空中偵察及人員運輸的艦載直升機和突擊隊員。從公開資料顯示，印度護航的操作模式和俄羅斯海軍雷同，同樣採取「隨船護航」、「區域巡邏」、「伴隨護航」和「應急救援」並行的方式實施護航。中國船東協會公告的航行資訊中顯示，印度海軍在亞丁灣國際推薦通行航道的東、西兩端劃設護航船隊集結點（A點：北緯11度51分，東經45度0分；B點：北緯14度51分，東經45度0分），由海軍艦艇保護船舶通過亞丁灣海域。東行與西行單程時間約為2至3日，啟航時間多選在清晨。[106]參加印度護航編隊不需提前申請，只要按時到達集合點或趕上編隊隨時可加入其編隊。[107]另外，印度海軍針對海上緊急求援的船舶，也會提供急難救助。2009年12月7日在亞丁灣海域巡弋的印度艦艇，在收到1艘美國油輪的求救信號後立刻派遣直升機搭載特戰人員前往馳援，並派遣艦艇駛抵該海域協助處理。[108]印度海軍多年來堅持獨立自主的政策，目前印度仍未加入任何多國艦隊。雖然2009年5月29至30日「第八屆亞洲安全會議」在新加坡召開時，印度海軍參謀長梅塔（Sureesh Mehta）與時任共軍副總參謀長的空軍上將馬曉天，曾就中、印兩國在打擊索馬利

104 〈印度向索馬里海盜宣戰　增派飛彈驅逐艦赴亞丁灣〉，《中新網》。

105 〈印度海軍將派軍艦在亞丁灣執行反海盜巡邏任務〉，《人民網》。檢索日期：2016.4.25。http://military.people.com.cn/BIG5/8189497.html

106 〈2015年11-12月印度海軍護航編隊〉，《中國船東網》。檢索日期：2016.4.25。http://www.csoa.cn/huhangzl/guowaihh/201511/t20151119_1929403.html

107 張在元，〈索馬里、亞丁灣水域防抗海盜及護航編隊實操程式〉，《科技致富向導》，頁127。

108 〈印度海軍在亞丁灣挫敗海盜襲擊油輪〉，《新華網》。

亞海盜的合作上進行討論，[109]惟至今仍未見到兩國海軍在亞丁灣的護航行動上，有具體的合作方案與成果。

印度海軍視印度洋為內海，在索馬利亞海盜崛起前，早已在印度洋各海域從事打擊海盜及維護海上航行安全的任務。印度也是《亞洲地區反海盜及武裝劫船合作協定》（*The Regional Cooperation Agreement on Combating Piracy and Armed Robbery Against Ships in Asia,* ReCAAP）[110]成員國，早在2002年和2005年就與印尼和泰國海軍分別建立了聯合協調巡邏機制。此外，印度海軍也積極與非洲沿岸國家和島國簽署共同打擊海盜協議，允許印度派遣艦艇在西印度洋海域及非洲東岸國家的領海內巡邏。[111]受到印度海軍在護航政策上的獨立性及國家政策上對印度洋的排他性影響，印度成為目前少數仍堅持獨立護航的國家之一。

（四）小結

無論是亞洲的新興強權印度、尋求過往榮耀的俄羅斯，還是急欲掙脫二戰罪名束縛的日本，皆為當今國際社會中不可忽視的大國。參與護航任務，除考量海上航運與交通線安全的現實問題外，長遠的戰略布局仍是日本積極出兵亞丁灣最大的關鍵；日本希望藉由海外出兵與海外駐軍的常態化，逐步將憲法第九條中對海外武力運用的束縛解除，使日本成為正常化國家。俄羅斯希望藉由出兵亞丁灣的契機展現俄羅斯的軍事影響力，並藉由海軍的力量在地中海和印度洋建立海外據點，進一步鞏固俄羅在該地區的利益。而將印度洋視為內海的印度，則希望藉由打擊亞丁灣海盜的行動，展現印度對印度洋海上航道安全的重視，同時也向外宣告任何涉及印度洋的事務印度不會袖手旁觀，縱使是其他強國介入，印度海軍也會堅持在印度洋的主導

---

[109] 〈中印海軍正探討聯合打擊索馬里海盜〉，《中評社》。檢索日期：2016.4.26。http://www.cnrn.tw/doc/1009/8/4/2/100984239.html?coluid=4&kindid=16&docid=100984239

[110] 亞洲地區反海盜及武裝劫船合作協定（ReCAAP）：是一個政府間的協議機制，以促進政府間對亞洲地區海盜活動及武裝劫持事件打擊的合作為宗旨，該協議於2004年11月11日起生效，迄今已有20個國家加入ReCAAP的協定中。在ReCAAP下設有資訊共用中心（ISC），於2006年11月29日正式運作，為成員國間交換、共用海盜活動與武裝劫持事件資訊的平台。ISC於2007年1月30日正式被認定為國際組織。資料來源：《ReCAAP ISC》http://www.recaap.org/AboutReCAAPISC.aspx

[111] 曾祥裕、朱宇凡，〈印度海軍外交：戰略、影響與啟示〉，《南亞研究季刊》，第160期，2015年（成都：四川大學南亞研究所，2015年），頁8。

權。基於出兵背後更深層的理由，使日本、俄羅斯和印度這三個國家在擁有更多「自主權」的前提下，選擇不願意加入聯合艦隊，仍堅持以獨立護航的方式執行任務。

四、相同點

中共護航編隊與外軍特遣艦隊在操作上有諸多相異之處，突顯中共在用兵思維上一方面保持著與時俱進的動能，一方面也顯示出中共海軍堅持用自己的思維和力量走出自己的道路。經分析發現中共海軍護航編隊與外軍在亞丁灣護航任務在執行上，除相異處外也有相同的觀點和做法。這樣的情況對中共海軍而言是不可避免的必然，還是在學習與觀摩的過程中，受到外軍的啟發和影響呢？以下就從「提升國際能見度」、「非同盟下的合作」及「融入國際體制」等三個面向進行探討。

（一）提升國際能見度

前文提到此次索馬利亞海盜事件之所以受到國際矚目，主因在於事件發生地位於印度洋通往地中海的海上交通樞紐。這條航道不僅是印度洋通往地中海的經濟命脈，也是聯繫東方與西方市場的海上交通要道。受索馬利亞海盜武裝攻擊的影響，不但嚴重危害航道安全，也造成全球海運市場恐慌。聯合國安理會授權成員國出兵打擊索馬利亞海盜，不僅是對國際社會的呼籲，也是聯合國維持國際和平的展現。在聯合國第1816號、1838號、1846號、1851號及1897號決議的授權的背書下，使各國出兵索馬利亞是一次「師出有名」的軍事行動。由於制裁對象是不涉及國家身分的「海盜武裝團體」，在身分的認定上較不涉及政治考量。加上海盜行為在傳統國際法中被視為是「人類公敵」（Hostis Humani Generis; the Enemy of Mankind）的重大罪刑，任何國家均得予以逮捕、審訊及懲罰。在《公海公約》（*Convention on the High Seas*）與《聯合國海洋法公約》均明訂：「所有國家應盡最大可能進行合作，以制止在公海上或任何國家管轄範圍以外之任何地方的海盜行為」。[112]因

[112] 黃忠成，《海軍與國際海洋法》，頁164、168。

此，各國派遣部隊前往索馬利亞海域打擊海盜，皆被視為是一種「正義」的行為。

無論各國出兵的初衷，是抱持何種戰略或和政治現實的考量。當打擊索馬利亞海盜成為全球的焦點議題時，即便是派遣1艘艦艇加入多國聯合特遣艦隊，都被視為是海上安全的維護者。另一方面，各國也藉此次難得機會，透過海軍進行「展示國旗」以彰顯對海事安全的關切。無論是足以獨當一面的大國或是屈就於強國領導的中、小型國家，都適度展現軍事影響力和國際能見度。中共除利用這個機會磨練海軍外，更透過「正義之師」的姿態，來化解國際上對中國威脅論的疑慮和畏懼。

（二）非同盟下的合作

亞丁灣打擊海盜行動是繼1991年波灣戰爭以來，國際間規模最龐大的聯合軍事行動。每支部隊雖隸屬不同國家、組織和聯盟，且在任務執行的觀念、目標上，也有著不同的操作模式和行動準則，卻能透過追求共同戰略目標，拋開意識形態的芥蒂，開啟資源分享和相互合作的局面。這是繼冷戰以來，少有的國際合作現象，也是在非傳統戰爭威脅下，國際間逐漸形成的新局勢。前文分析中已提到，中共護航編隊在逐漸熟悉護航作業後，陸續與俄羅斯、韓國、美國、北約和歐盟等特遣艦隊實施聯合反海盜演習，甚至與俄羅斯和歐盟海軍進一步執行聯合護航任務——這在過去意識形態對抗的年代中，是極為少見的情形——顯示在國際海事安全議題上，中共與歐美國家都清楚認知，唯有彼此相互合作才能減低誤解，達到共同的目的。

除了中共與歐美國家間的合作外，北約和歐盟所屬的特遣艦隊也藉由此次各國海軍齊聚的「盛會」將觸角伸出歐洲，更與組織外國家建立新的合作關係。不論是北約接納烏克蘭、澳洲及紐西蘭等國家成為「海洋之盾行動」的成員，或是歐盟「亞特蘭大行動」允許包含烏克蘭在內的非歐盟會員國，可派遣人員參與行動總部的作業，均顯示跨聯盟的合作模式，已成為北約和歐盟未來的政策方針。此一現象也反映了冷戰結束後，美、蘇爭霸的兩極世界正式宣告終結。世界的潮流朝向多極發展，使軍事作為戰爭及戰略布局的功能減弱，[113]取而代之的是「區域衝突」與

[113] 王崑義，〈非傳統安全與台灣軍事戰略的變革〉，《台灣國際研究季刊》，頁6。

「非傳統安全威脅」。由於非傳統安全威脅具有突發性、隱蔽性、多樣性和複雜性等特點，[114]以致各國政府難以單靠自己的力量應對，唯有透過跨聯盟合作，才能有效對抗這一類新興的威脅。各個國家及組織除加強政治上的合作外，也提供部隊間共同溝通、學習與觀摩的平台。比起傳統同盟的聯合軍事行動，跨聯盟間合作機制的形成，反而成為各國最大的收穫。

（三）融入國際體制

遵循國際體制規範，基本上可以分成兩個層面進行討論。第一個層面是兵力運用的依據，第二個層面則是國際海軍共同規範和行動準則的共識。首先在出兵索馬利亞的依據上，各國遵循的基本法源是來自聯合國安理會5決議的授權。各個國家或國際組織再依據授權的內容，訂定相關的「行動準則」或「法律條文」，並依據《吉布地行為準則》（*Djibouti Code of Conduct*）的規範，使部隊擁有充分授權和依據才得以出兵索馬利亞。雖然此次打擊索馬利亞海盜行動，並未由聯合國安理會組織「聯合國部隊」執行，但各國仍然是在國際體制的規範下，遵循聯合國安理會的決議出兵。就意涵面來看，這樣的行動也如同是由聯合國安理會直接發動的軍事行動。

其次在國際海軍共同規範和行動準則方面，隸屬不同國家、聯盟的艦隊，有著不同的軍事理念、行動準則和相異的用兵思想。不論是加入多國特遣艦隊或是透過跨聯盟之間的合作，若沒有共同的規範和體制作為依歸，想要達到軍事合作的目的是極為困難的挑戰。北約、歐盟的所屬部隊平時透過組織內部的訓練與整合，已具備完善的協調與行動機制。而美國組建的151聯合特遣艦隊，成員國在美國海軍的領導下行動，也建立了以美軍行動準則為基礎的共同行動方針。[115]值得注意的是，多數歐洲國家同時具有北約和歐盟的雙重會員身分，使歐洲國家與美國在海軍行動的共同規範和準則上，自然也有著共同的基礎和規範。這也使西方國家海軍執行聯合軍事行動時，減少許多不必要的磨合與障礙。而中共海軍因沒有海外軍事行動的

---

114 壽曉松、徐經年主編，《軍隊應對非傳統安全威脅研究》，頁39。
115 〈美國海軍宣布牽頭新組一支國際反海盜部隊〉，《中國網》。

經驗，過去也未曾與多國海軍定期合作，使中共海軍儼然成為國際海軍界的「化外之民」。在亞丁灣護航的過程中，中共海軍多次透過與他國的聯合演習及兩年一次在巴基斯坦舉辦的「和平系列」多國海上聯合反恐演習作為互動平台，藉以加強與外國海軍的交流和演訓，使中共海軍有更多觀摩和學習的機會。尤其在2014年、2016年中共護航編隊與美國及歐盟特遣艦隊的聯合演習過程中，雙方全程按照國際通用的《戰術1000》和《海上意外相遇行為準則》作為演習的行動準則和規範，[116] 不但建立起中共與歐美國家在軍事行動上的共同依據，也間接地將中共海軍帶入國際海軍的體制和規範中。

2016年3月中、美兩國因南海主權和自由航行權問題各自派遣艦艇在南海海域巡弋，並一度傳出兩軍進行對峙與相互監控的摩擦。然而《紐約時報》在3月31日一篇名為〈Patrolling Disputed Waters, U.S. and China Jockey for Dominance〉（危險的寒暄：當中美戰艦在南海遭遇）的報導中，詳實轉述雙方艦艇在南海海域遭遇時的對話與情形。[117]從對話中並未見到中、美雙方劍拔弩張的叫囂，也未見到強硬的質疑與威脅語氣，取而代之的是客氣而理性的問候、查證與攀談。這場外界看似一觸即發的對峙危機，雙方艦艇官兵仍能以專業的態度相互應對。上述案例可看出中共在亞丁灣與各國海軍交流過程中，經由《海上意外相遇行為準則》的規範，已將中共海軍融入國際海軍的體系和規範中。2016年4月美國海軍核子動力航空母艦（CVN-74）「史坦尼斯號」（USS John C. Stennis）打擊群在南海執行自由航行任務（期間共軍亦派遣艦艇跟監），航艦打擊群指揮官瑪爾克斯・希區柯克（Marcus Hitchcock）少將於4月27日接受路透社訪問時表示：「我指揮的戰鬥群幾乎是7天24小時，都在與『非常專業』的中國海軍打交道。中、美兩國海軍都遵守雙方在2014年達成的《海上意外相遇行為準則》作為接觸規範。」此外，瑪爾克斯・希區柯克更認為該行為準則的執行情況相當不錯。[118]此案例再次證明中共海軍

---

116 〈中美海軍在亞丁灣舉行聯合反海盜演練〉，《中國新聞網》。

117 Helene Cooper, "Patrolling Disputed Waters, U.S. and China Jockey for Dominance", *The New York Times*. 檢索日期：2015.4.30。http://www.nytimes.com/2016/03/31/world/asia/south-china-sea-us-navy.html?_r=0

118 〈美國海軍少將高度評價在南海的中國海軍：非常專業！〉，《環球網》。檢索日期：2015.4.30。http://world.huanqiu.com/exclusive/2016-04/8823934.html

正逐步與世界接軌，慢慢使自己融入世界海軍體系的一環。

（四）小結

適度地展現軍事能力，可為國家帶來一定程度的國際影響力。尤其在全球化時代中，國與國之間的界線逐漸模糊。當一個地區發生動盪時，往往是牽一髮而動全身。索馬利亞海盜的劫掠造成國際航運的威脅，進而成為國際間棘手的問題。聯合國會員國在聯合國安理會授權下相繼組織部隊執行打擊海盜任務，已成為會員國維護國際安全的新型態。各國的表態除顯示對海事安全的重視外，也是為了提升在國際社會的能見度及建立正面國際形象。因為這個共同的目標，使各國海軍產生非預期性的交流，進而促成更深入的合作。中共在護航任務常態化後，也透過相互交流的機會與國際海軍接軌，使中共海軍在軍備現代化之餘，更讓海軍作戰思維、規範和視野，隨著與國際海軍的互動而提升。

五、相異點

相較於北約、歐盟和美國組織的多國聯合艦隊，堅持獨立護航的國家雖然顯得勢單力薄，但卻更能突顯出國家的存在感。相對於日本、俄羅斯和印度等已擁有海洋上一席之地的海軍強國，長期以來被束縛在第一島鏈內的中共海軍，首次海外軍事任務即前往陌生的亞丁灣海域護航，不免讓人感到有些勉強。經過前文的介紹，我們已瞭解各艦隊的特性和操作模式。然而，不同國家因國情、任務目的及其他考量，以至於各國在軍事力量運用上的差異。中共海軍在做法上與外軍相比究竟有何不同之處，值得我們深入思考和比較？以下就針對「堅持採取獨立護航」、「護航外表下的練兵」、「常態海外機動兵力」及「採伴隨護航而非打擊海盜」等四點來說明中共與外軍的相異之處。

（一）堅持採取獨立護航

多數國家執行打擊索馬利亞海盜任務時，希望藉由加入有組織的大型艦隊，成為形式上的軍事聯盟，尤其加入聯合艦隊後，可獲得情報分享、後勤支援及保障，藉以降低任務成本。對許多海軍規模並不大，但對有意參與維持海上航道暢通及國際海事安全議題的國家而言，加入由大國領導的聯合艦隊是符合政策需要的極佳選項。此外，亦有如日本在初期採取獨立護航政策，後因政治上的需求轉而加入聯合艦隊的案例。

有別於上述做法，中共在護航政策上至始至終堅持採取獨立護航的態度，尤其在操作上堅持以「伴隨護航」及「隨艦護航」模式組織護航船團，已成為中共在亞丁灣護航中的特色。為使船團航行和操作便利，中共放棄航行各國兵力聚集的國際推薦通行航道，另行開闢一條鄰近國際推薦通行航道的專屬航道，也成為中共護航編隊操作上的獨到之處。中共之所以堅持採取獨立伴護，主要還是對「用兵自主權」的基本堅持及海軍「欠缺實務經驗」的考量。如前文所述，初次從事海外軍事行動的中共海軍，在毫無經驗和缺乏自信的情況下，並不願意加入由西方國家所領導的多國艦隊。一方面是因為毫無經驗，擔心與外軍在欠缺互信的前提下，容易讓西方國家（尤其是美國）掌握中共海軍的弱點；另一方面加入聯合艦隊後，在兵力調度與行動上必須受到聯合艦隊的約束與安排，特別是過去與西方國家沒有交流及合作的基礎，要中共將軍事力量運用的主導權交由他國置喙，這對首次以國家名義參與國際軍事行動的中共而言，不但有損國家聲譽與威望，也不符合中共海軍隊對亞丁灣護航的期望。

當亞丁灣護航常態化後，中共海軍在一次又一次的摸索下，漸漸累積了船團護航與海外軍事行動的經驗，也從多次臨時性的軍事行動中，發現海外護航兵力多元的操作性與運用模式。尤其在不受任何國家或組織約束的環境中，駐防於亞丁灣的海外部隊儼然是中共的海外前推部署兵力，當中共國家利益需要時，可隨時聽候中共中央軍委調遣從事「海外緊急任務」。從最初因為缺乏自信與經驗而不願加入多國艦隊，到熟悉護航並發現可有更多操作空間，進而加深中共對堅持獨立護航的態度，中共與俄羅斯、印度和日本不同的是，這些國家堅持獨立護航的主因雖然也牽涉自主權的維護，但其初衷卻是因為戰略布局與政治考量，而非海軍實力的現實因素。不論是尋求海外用兵自主權、重新展現軍事影響力，或是宣示該國在印度洋的主導權，擁有豐富海外實務經驗的俄羅斯、印度海軍及日本海上自衛隊，在出兵與否的決策中因包含高度的政治性目的，在自主權的掌控上，才會不願意受到支配與左右。

（二）護航外表下的練兵

從2008年到2021年，中共先後派遣了39批次的護航編隊前往亞丁灣執行護航任務。中共任務艦艇的挑選，刻意派遣新型國造艦艇執行任務，除考量外購艦艇後勤補保不易的現實外，主因仍在於國造作戰艦艇才是未來艦隊主力。從自製飛彈驅逐艦、飛彈護衛艦如雨後春筍般的建造數量可確定，052C/D型飛彈驅逐艦、054/054A型飛彈護衛艦，甚至萬噸級的055型飛彈驅逐艦，都將成為中共海軍往後20年遠海作戰的主力。過去中共受制於國際輿論壓力和海軍實力，除了敦睦訪問與零星的軍事演習外，鮮少有機會派遣艦艇遠赴海外活動。亞丁灣的護航行動是一個可遇不可求的長期性海外軍事行動，中共從初期派遣操作上已相當成熟的052B/C型飛彈驅逐艦值勤，進而在中期陸續派出054/054A型飛彈護衛艦，甚至納編了攜帶726型自製中型氣墊船的071型兩棲船塢登陸艦加入護航行動，到近期最新型的052D型飛彈驅逐艦也加入護航序列。這些循序漸進的安排，除了藉護航任務驗證新造艦艇之性能與操作的極限外，更是透過遠赴海外護航的機會，磨練艦艇官兵船藝和艦隊指揮官指揮作戰的領導力。

觀察近年護航編隊艦艇派遣的變化，可看出中共將新造艦艇積極投入亞丁灣護航的遠洋操練目的。以第二十二批護航編隊為例，2015年1月16日下水成軍、撥交給北海艦隊服役的054A型飛彈護衛艦（DEG-576）「大慶號」，僅在經歷短短一年的近海航訓後，即於2016年1月被編入第二十二批護航編隊參加護航行動；而第二十三批編隊中的同型艦（DEG-531）「湘潭號」更是在成軍後兩個月，就被編入護航編隊遠赴海外執行軍事行動。由上述案例可看出中共海軍對054A型飛彈護衛艦的操作應已熟練，而該型艦也已被定位為遠洋作戰任務的主戰艦艇之一。觀察中共海軍以國造新型艦艇擔任亞丁灣護航兵力，甚至在艦艇甫成軍、完成近海航訓後，即被調往海外執行護航任務的作法，不排除亞丁灣的護航任務已被定位為新造遠洋作戰艦艇航訓的重要驗收科目。此外，在局勢動盪的海外區域危機處理中，抽調亞丁灣護航兵力從事撤僑、護航及馬航空難飛機殘骸搜索等任務，也讓海軍部隊和指揮官從實戰的過程中摸索和學習緊急事態的應處能力，並建立執行非戰爭軍事行動的標準作業程序。

相較於中共將亞丁灣護航作為海軍海外訓練與測評的訓練場，其他國家派遣海軍護航部隊更著重在「參與」及「合作」。派遣海軍在索馬利亞海域巡弋，除了滿足打擊海盜的目的外，更重要的是為了達到「展示國旗」的目的。透過海軍執行護航任務，對外宣示海軍在該地區的影響力以及對全球海上交通安全的重視，藉以突顯該國在國際事務上的參與度，並與各國海軍建立實質合作關係，其中的戰略意涵遠遠超過海軍身為海上武裝力量的軍事意義。因此，各國並不一定會將最新、戰力最強的作戰艦投入打擊海盜行動中，反倒是經過多次實際的驗證後，傾向以功能性為導向，派遣機動性高、操作成本低、具多功能性的巡防艦或護衛艦執行勤務。[119] 對各國海軍而言打擊海盜是首要目標，而如何在行動的過程中擴大與各國海之軍之間的「合作關係」，更是投入亞丁灣護航的重要目的。無論是北約、歐盟或是日本，都積極發展跨區域合作關係。中共雖然也陸續與外軍接觸及合作，但仍著重在中共海軍部隊航訓與海外實戰經驗的培植。尤其自2013年9月派遣核子動力攻擊潛艦以護航的名義進入亞丁灣後，更可確定中共視亞丁灣為海軍海外重要練兵場域的態度。

（三）常態海外機動兵力

過去未曾有過常態海外駐軍，也多次對外宣稱沒有建立霸權野心的中共，[120]在亞丁灣的護航過程中，意外發現這支海外常駐部隊具有高度的可塑性。當護航編隊常駐在遠離中國大陸本土的西印度洋海域時，護航編隊儼然成為中共在地球另一端的快速反應部隊。從利比亞的撤僑行動、敘利亞的化武銷毀行動到協助馬航失事班

[119] 王威，〈中國海軍第一批護航編隊任務總結報告〉，《現代艦船》，頁12。
[120] 〈陳舟代表：中國沒有霸權野心，只有擔當情懷〉，《中國軍網》。檢索日期：2016.4.28。http://www.81.cn/big5/jwgz/2016-03/12/content_6956699.htm

機搜索任務，中共藉由漸漸提升亞丁灣護航編隊的任務複雜度，將護航編隊運用在打擊海盜以外的任務中。2015年3月的葉門撤僑行動，是中共海軍首次獨立執行的撤僑任務，也是護航編隊任務轉型後戰力的驗證。當中共開始運用護航編隊執行打擊海盜以外的任務時，護航編隊已逐漸脫離打擊海盜的本質，成為一支海外常駐的機動兵力，一旦國家有海外利益考量的需求時，這支部隊可隨時停止護航任務，轉投入其他軍事行動中。第十九批護航編隊突然宣布停止護航任務，趕赴葉門執行撤僑行動就是最好的例證。

相較於中共在將護航編隊作各種靈活的運用，其他國家或國際組織在護航特遣艦隊操作上就顯得單純和嚴謹。不論是北約或歐盟在兵力調度與運用均受到嚴格的監督，還是美國組建的151聯合特遣艦隊受到明確的「任務屬性」約束，這些聯合艦隊成員國都無法因單一國家的意志來改變艦隊任務和參與特遣艦隊艦艇的屬性。尤其在聯合艦隊的架構下，合作的背後代表的也是相互監督。除非是經由全體成員國共同認可，任何國家都不能輕易動用特遣艦隊執行打擊海盜以外的任務。至於日本更因受到和平憲法的約束，無法隨心所欲在海外用兵。此次亞丁灣打擊海盜行動，日本藉由訂定《海盜對策法》、與吉布地簽署《吉布地共和國境內日本自衛隊地位相關協定》等法律文件，使日本能在吉布地境內建設基地，成為護航部隊的海外補給據點已屬不易，以致於日本短期內尚無法將護航編隊作為靈活用兵的籌碼。而俄羅斯與印度則因為地理條件適宜，海軍部隊可快速進駐地中海和印度洋海域執行任務，因此俄、印兩國並不需要藉由護航編隊作為海外軍事行動的棋子。從各國護航艦隊兵力運用模式可發現，中共是當前唯一將護航編隊作為常態海外機動兵力運用的國家。

（四）採伴隨護航而非打擊海盜

中共海軍在護航操作模式上，以定期伴隨護航的模式為往來船舶做護航，有別於美國151聯合特遣艦隊、北約508特遣艦隊般以打擊海盜為主的模式，主要問題來自「目的」的設定與「能力」的限制。綜觀目前在亞丁灣從事打擊海盜任務的各國艦隊，舉凡獨立護航的國家皆以「伴隨護航」的「船舶護航」為主要操作模式，而以多國聯合特遣隊為主體的艦隊，則多採以「區域巡邏」的「打擊海盜」為主的模式。分析其中的關鍵因素，係源自艦船數量與執行能力。獨立護航的國家受制於海軍實力，無法派遣數量龐大的艦艇前往亞丁灣打擊海盜，但在堅守自主權的最高指導原則下，既不願加入聯合艦隊亦未與他國合作，可獲得的資源相對有限；經評估後採定期伴隨護航的模式為船舶實施護航，可謂最經濟且最保險的做法。而多國聯合艦隊因具有為數眾多的艦船，在任務調配上可以採排班輪值、分區巡邏及定期整補的模式執調度艦船，因此，在目標設定上則採用以打擊海盜為主的區域巡邏模式執行任務。

表5-1　亞丁灣護航艦隊概況一覽表

艦隊	150聯合特遣艦隊	151聯合特遣艦隊	北約508特遣艦隊	歐盟465特遣艦隊	中共護航編隊	俄羅斯護航艦隊	印度護航艦隊	日本護航艦隊
指揮機構	美國海軍中央司令部	美國海軍中央司令部	北約盟軍海上司令部	歐盟亞特蘭大行動指揮總部	中央軍委會	俄羅斯海軍總司令部	印度海軍司令部	日本海上自衛隊
護航模式	聯合護航	聯合護航	聯合護航	聯合護航	獨立護航	獨立護航	獨立護航	初期獨立護航，2013年起加入151艦隊
主要操作模式	區域巡邏 應急救援	區域巡邏 應急救援	區域巡邏 應急救援	區域巡邏 隨船護航	伴隨護航 區域護航 應急救援	伴隨護航 區域巡邏 隨船護航 應急救援	伴隨護航 區域巡邏 隨船護航 應急救援	伴隨護航 隨船護航

艦隊	150聯合特遣艦隊	151聯合特遣艦隊	北約508特遣艦隊	歐盟465特遣艦隊	中共護航編隊	俄羅斯護航艦隊	印度護航艦隊	日本護航艦隊
執行目標	反恐為主 反海盜為輔	反海盜為主 護航為輔	反海盜為主 護航為輔	護航為主 反海盜為輔	護航為主反海盜為輔	護航為主反海盜為輔	護航為主反海盜為輔	護航為主反海盜為輔
成員國	美國、澳洲、加拿大、丹麥、法國、德國、義大利、韓國、荷蘭、紐西蘭、巴基斯坦、葡萄牙、新加坡、西班牙、土耳其及英國等國家。	美國、英國、丹麥、土耳其、新加坡、韓國、澳洲、巴基斯坦、沙烏地阿拉伯、印尼、馬來西亞、泰國及日本等國家。	1.美國、英國、加拿大、義大利、丹麥、葡萄牙、希臘、荷蘭、土耳其、挪威與西班牙等北約成員國。 2.另烏克蘭、澳洲及紐西蘭等3個非成員國先後加入。	1.法、德、義、荷、比、盧、英、西、希臘、匈牙利、芬蘭、瑞典、波蘭、立陶宛、愛爾蘭、斯洛維尼亞、馬爾他、賽普勒斯、羅馬尼亞及保加利亞等20個歐盟成員國。 2.另有挪威、烏克蘭、蒙特內哥羅、塞爾維亞及紐西蘭等5個非成員國加入。	中共	俄羅斯	印度	日本

製表：黃丞佑　2016.6.10

製資料來源：EUNAVFOR、NATO: Maritime Command Marcom、Combined Maritime Forces - U.S. 5th FLEET : Combined Maritime Forces、新華網、中國軍網、人民網、環球時報。

中共自護航初期即以2艘作戰艦搭配1艘補給艦的模式組成艦船編隊戰力，其保守的派遣模式顯現中共海軍在護航初期對執行海外軍事行動的能力與自信不足，且2008年海軍新型艦艇大多尚未入列服役，僅能在有限的兵力中挑選菁英執行任務。待護航任務成為常態後，中共仍維持派遣3艘艦艇的模式前往亞丁灣護航，一方面是中共僅將護航任務艦艇作為艦隊實戰訓練及執行海外「應急處突」任務的應急部隊，因此不需要派遣大規模艦隊進駐亞丁灣；另一方面，中共尚未具備發展大規模海外駐軍的能力與企圖，且現階段中共海軍的遠洋戰力尚不成熟，更缺乏充足的海外基地提供後勤保障。因此，在任務艦船派遣因素考量下，中共並不具備執行「打擊海盜」任務的條件；此外，在亞丁灣護航的目標上，中共所追求的標的偏向「保護航行船舶安全」及「維護海上交通線暢通」，而非取得索馬利亞海域的「制海權」，故以隨船伴護模式護衛船舶安全，在操作風險上相對最低，也最符合經濟效益。

（五）小結

無論是因政治考量上顧及國家的自主權，還是受制於海軍實力與實務經驗不足之因素，中共在執行亞丁灣護航任務初期堅持採取獨立護航的態度，是不得已的情況下最佳的作法。當護航行動逐漸形成常態，海軍對護航任務的操作也從捉襟見肘轉為駕輕就熟，護航編隊的職能也隨之擴增。2015年中共海軍執行的葉門撤僑行動，就是護航編隊成功轉型的最佳典範，此次行動確立了中共海軍具備執行緊急海外複合式軍事行動的能力，也使亞丁灣護航編隊成為目前中共唯一常態的海外駐軍（機動部隊），更成為中共在具備常態護航能力後，卻仍堅持獨立護航的原因之一。「獨立自主」也成為中共護航編隊得以保持「進可攻、退可守」的最高指導原則。

六、結論

1991年冷戰結束後，大規模軍事衝突發生的機率已降低。取而代之的，是區域性衝突以及非傳統安全所的威脅。由於非傳統安全具有「跨國性」和「相互影響」的特點，[121]使威脅的來源不再侷限於單一國家或對象，相對地這一類的威脅也不再是單一國家或國際組織可獨力抗衡。索馬利亞海盜的崛起與肆虐，為各國安全機構上了一課，讓世界明白在非傳統安全的威脅下，遭到攻擊的對象不再只是持槍作戰的軍人或隱身在敵後的情報人員，也包含了往來各地的無辜平民，各國政府唯有透

[121] 王崑義，〈非傳統安全與台灣軍事戰略的變革〉，《台灣國際研究季刊》，頁8。

過充分的授權與合作才能有效對抗新興威脅的侵襲。這個觀點也正是在亞丁灣護航的各國艦隊最重要的共識。共同觀點的建立，打破傳統地域、意識形態、猜忌與恐懼的束縛，也讓中共得以走入國際的體系中，進而促使海軍在素質上能快速提升，受到世界各國的認可。然而，中共海軍畢竟與歐美國家仍有利益和戰略布局上的差異。雖然中共與其他國家已充分展現出彼此間觀念與行動的認同與合作，但涉及「自主權」和「國家利益」等重要議題時，仍會走回自己堅持的路線。尤其是攸關海軍能力提升以及海外兵力部署等敏感性議題時，中共海軍仍按部就班下著每一步棋。若以當前的模式持續發展下去，在可預見的未來，中共海軍將具備與國際海軍溝通與協同作戰的能力，同時建立兼具國際合作與自我特色之戰略布局的用兵思維。

第陸章　中共護航的影響

一場從無到有的軍事行動，為中共海軍海外軍事行動拉開了序幕。索馬利亞海盜的肆虐，意外提供了中共海軍跨出島鏈、走向遠洋的機會。這個突然降臨的契機，打亂了中共「三步走」海洋戰略的進程，也讓初接觸護航任務的中共海軍必須從零開始摸索海外任務的規劃與執行。在一次又一次的錯誤與嘗試後，共軍逐漸找到自己的步調，護航任務也已成為中共海軍不可或缺的常態任務。中共這個長期孤立獨行的亞洲陸權大國，開始與國際體系接軌，並提前走向遠洋的懷抱。本章將探討在護航任務成為常態後，13年漫長的海外護航行動對中共在「內政」、「外交」、「經濟」和「海軍」等各層面產生的影響。

一、內政

鄧小平於1979年8月指出：「海洋不是護城河。當前世界各國爭相把科技、經濟發展、威懾戰略的重點轉向海洋，我們不可以掉以輕心。中國要富強，必須面向世界，必須走向海洋。」[1]由此番言論的內容可看出，中共已建構了必須成為海洋強國的願景。雖然在繼任者的努力下，中共中央仍將該信念奉為圭臬，但受制於國際現實和海軍實力限制，縱然中共在海外貿易與投資已具備可觀的規模，在建構海洋大國與掌握海權的進程上，仍無法有決定性的突破。亞丁灣護航除為中共帶來海軍的行動空間及國際名聲外，同時也對國內產生極大的影響。尤其在海權發展與海洋利益政策的推動上最為顯著。以下針對護航後對中共「實踐海洋大國願景」和「提升海軍國內地位」等兩個面向進行探討。

[1] 石家鑄，《海權與中國》（上海：上海三聯書店，2008），頁34。

（一）實踐海洋大國願景

中國是亞洲第二大國，土地面積僅次於北方的俄羅斯，擁有良好的天然資源與廣闊的土地孕育作物，故中國自古以來就存著「以農立國」的傳統觀念。也因為這層關係，使土地對華夏民族的重要性等同於空氣、水之於生物。此觀念影響了中國人對從事海外貿易和海上商業行為意願，進而也降低了中國人對海洋事務的關心與發展。在漫長的中國歷史中，只有在明朝晚期至清朝初期較開放的外貿政策下，中國與日本、西屬菲律賓馬尼拉、澳門以及荷蘭東印度公司等有較為頻繁和穩定的貿易往來。[2]鄭芝龍的海商勢力，也是這個時期中國海上貿易最具代表性的體現。另一方面因國土幅員廣大和周邊諸多國家接壤，中國傳統的威脅皆來自陸地，尤其是盤據在中原四周的遊牧民族，更被視為是漢民族最大的外患。在此威脅下，歷代政權對國家安全的目光，多投注於來自陸地與邊塞的危害，而未曾關注過海洋上的威脅。明朝永樂三年（西元1405年）至宣德八年（西元1433年）間，大明帝國曾有鄭和7次率領艦隊下西洋的壯舉，但最終在政治與社會的反對氛圍下只是曇花一現。[3]中國真正開始重視海上貿易活動，是西元1839至1842年「中、英鴉片戰爭」後，中國被迫開放口岸與列強進行貿易。1842年8月29日第一次鴉片戰爭結束，中國被迫與英國簽訂了《南京條約》、英國艦隊退出長江後，中國才開始意識到海防的重要，並開始認真面對海防與來自海上的威脅。[4]透過馬漢《海權對歷史的影響1660~1783》書中界定影響海權的六項條件（即地理位置、自然結構、領土範圍、人口、民族特性及政府特點和政策），[5]來分析中國難以成為海洋大國的原因：在地理位置、領土範圍等天然條件皆俱足的情況下，人口與民族特性恐怕才是影響中國是否能成為海洋大國真正的關鍵因素。

若說陸軍是農業社會下的產物，海軍與海權則是工、商業社會體系所發展而成

---

2 李隆生，《清代的國際貿易：白銀流入、貨幣危機和晚清工業化》（台北市：秀威資訊，2010），頁24。

3 李菁菁主編，《鄭和下西洋：海上史詩》（台北市：經典雜誌，1999），頁65。

4 王宏斌，《晚清海防：思想與制度研究》（北京：商務印書館，2005），頁4。

5 馬漢著，安常容、成忠勤譯，《海權對歷史的影響1660~1783》，頁38。

的結晶。擁有強盛海權的國家，通常是擁有工業資本優勢的國家，而擁有雄厚工業資本優勢的國家，也往往是擁有強大海權的國家。[6]中國自鴉片戰爭後開始和世界體系接軌，開始學習商業活動與面對全球化的挑戰。隨著產業與國家經濟的轉型，21世紀的中國已由傳統的農業國家轉變為工業國家，經濟發展也由孤立封閉轉向參與經濟全球化，並日漸融入世界經濟體系中。隨著經濟活動的轉變，伴隨而來的是中共國家利益的外擴。中共在經濟發展與全球化的帶動下，已從依賴陸上資源的戰略思維，轉變為依賴海洋及海外資源的戰略視野。[7]隨著劉華清對海軍戰略的重新定義，中國的海洋利益與海權戰略的論述也逐漸蓬勃發展。1980年代中期，中共開始將海權的追求訂定為長遠的戰略目標，2000年代中期又更進一步確認海權不僅是海軍的目標，更是國家必須優先追求的要務。在這20年間，中國大陸意識到海權的重要性，並致力於海權的建立，[8]而這份認知也隨著亞丁灣護航任務的啟動，逐漸化為具體的願景和實踐。

中共藉由亞丁灣的海外護航任務，使海軍在沒有阻力的環境中跨出近海航向遠洋，並將武力投射到西印度洋。護航任務成功帶起民眾對海權維護及成為海權國家的信心，並轉化了中國長期以來在海洋意識及海洋事務參與的貧乏與冷漠。海洋意識的抬頭，也間接成為中共建立海洋大國政策的助力。護航過程中中共海軍透過「能力的驗證」與「意圖的展現」，成功對外宣示中共海洋時代的到來，同時也宣告著建設海洋大國的願景，已從過去的紙上談兵走上實踐的航道。

1、能力的驗證

將抽象的海權思想用具現化的方式呈現，可將海權分為「經濟海權」與「軍事海權」。[9]一個國家的經濟海權和軍事海權在實際操作上，通常是不可分割的一體

[6] 石家鑄，《海權與中國》，頁15。
[7] 石家鑄，《海權與中國》，頁1。
[8] 龔培德（David C. Gompert）著，高一中譯，《西太平洋海權之爭》，頁158。
[9] 軍事海權（Military Seapower）就是部署於海上或是從海上部署的軍事力量，又被視為是狹義的海權。而經濟海權（Economy Seapower）則是海權的經濟內涵，也就是海權的基本內涵。資料來源：石家鑄，《海權與中國》，頁37。

兩面，兩者的結合才能構成完整的海權體系。經濟海權是軍事海權產生的前提，而軍事海權則是對經濟海權的發展產生保護的作用。[10]中共在2009年國際貿易占全中國大陸總體經濟的45%，貨櫃航運也在過去10年中增加了15%的成長，[11]顯示中共對海上貿易和海上經濟活動的依賴度逐漸加深，也代表中共必須面對經濟海權層面引申出來的諸多問題與需求。其中最為重要的議題，是如何確保在經濟海權的穩定與優勢——軍事海權與經濟海權的連動性，便成為中共如何維護海外貿易和航運安全的重要註解。

根據中共海軍三階段的海洋戰略規劃，在跨出近岸防禦的束縛後，2020年要達到對第二島鏈周邊海域的掌控；到了2050年要建立一支具全球化的遠洋海軍。[12]這一理想卻因政治上的限制及海軍實力尚未成熟，使中共海軍力有未逮，以致其能力可及範圍仍侷限於鞏固近海海疆。亞丁灣護航讓中共海軍提前突破島鏈封鎖的禁錮，將海軍的活動範圍拉到三海（即黃海、東海與南海）以外的印度洋。13年的護航歷程也逐步為中共海軍執行海外軍事任務、遠洋補給體系運作及海上航運安全維護的能力作了驗證。尤其在利比亞和葉門的撤僑行動中，證明海軍已成為中共在海外緊急應處及鞏固海外利益的保障，其展現出的「可信度」，更成為維護中國海洋利益與經濟海權的重要指標。這份能力與可信度，也是中共建立海洋大國願景中最重要的後盾與支柱。

2、意圖的展現

中共護航編隊於護航結束後隨即前往世界各國敦睦訪問，以「仁義之師」的姿態與世界各國接觸，期以消弭「中國威脅論」的氛圍。同時中共也透過海軍外交的途徑使世界各國認知中共海軍已非吳下阿蒙，可隨時航行於世界各個海域，展現出

---

[10] 石家鑄，《海權與中國》，頁38。

[11] 哈特尼特（Daniel M. Hartnett）、維魯西（Frederic Vellucci）著，李勇悌譯，〈邁向海洋安全戰略：九〇年代初期至今的中共觀點分析〉，《中共海軍：能力跨大・角色演進》（台北市：國防部政務辦公室，2013），頁117。

[12] 伯德納・柯爾（Bernard D. Cole）著，吳奇達、高中一、黃俊彥譯，〈中共的海軍戰略〉，《下下一代的共軍》，頁367-378。

具備長時間遠洋活動的能力。尤其第二十批護航編隊在任務結束後，開始為期160多天的環球訪問，開創中共海軍首次環繞地球一周的創舉。值得一提的是，當第二十批編隊執行環球訪問同時，第二十一批編隊尚在亞丁灣執行護航任務，而接防的第二十二批編隊則正在前往亞丁灣的路途上，代表2015年12月6日至2016年2月5日的兩個月中，中共海軍共有三批編隊、合計9艘艦艇（其中包含6艘作戰艦和3艘油彈補給艦）同時在海外活動（表6-1），顯示中共已具備同時派遣3個編隊於海外活動，仍不影響守衛海洋國土戰備任務的能力，更向國際社會宣告，中共海軍的遠洋投射能力開始迎頭趕上其他海軍強國。「已具備在世界各地維護海洋利益的能力」，是中共在護航任務執行過程中間接對國際透露的意圖與訊息。

另一方面，中共透過國內對亞丁灣護航過程的報導、海軍敦睦遠訪、海外艦艇開放參觀與正式的外交訪問，讓國內民眾和世界各地的僑胞對中共海軍的能力產生認同與肯定。尤其以大國姿態，並挾帶著「仁義之師」之名在國際訪問的護航編隊，更容易激發人民對政府海洋相關政策的支持和投入。政府藉由人民對海洋事務的關切和政策的認同，改變中國長久以來對海洋忽視的民族性，進而推動海權的建立。若說護航編隊對外展現的成果，是對國際宣告中共建立海洋大國的願景，那護航任務對內部的影響，就是激發人民對海權意識的建立，作出深遠而重要的貢獻。

亞丁灣護航任務中展現出的「能力」與「意圖」，在政府刻意的操作與宣傳下，成功帶起人民對海洋權益的重視以及對海軍維護海洋權益能力的肯定，並建立起對海洋事務的關心和熱情，使欠缺海洋事務參與人口及民族特性等要素的中國海權，補上建立海權的兩片關鍵拼圖。

（二）提升海軍國內地位

就廣義上的定義來說，所謂「海洋強國」是指一個國家擁有開發海洋、利用海洋、控制海洋的綜合性海上力量，透過運用海上的優勢來維護國家利益，並為國家經濟的發展，提供戰略空間與戰略物資的儲備，以增強其綜合國力。[13]19世紀的大

[13] 王立東，《國家海上利益論》（北京：國防大學出版社，2007），頁152。

英帝國和20世紀的美國皆充分發揮了海洋強國的實力，故獲得世界霸權的地位。如前文所述，海權的本質中除了經濟海權的基本內涵外，仍需要軍事海權作為依靠和後盾。因為海軍具有全球機動的特性，能夠在最短的時間內將兵力投射到事件發生點，使海軍具備保護全球利益的能力。[14]因此，擁有一支強大的海軍，是海權力量中不可動搖的核心要素。中共前國家主席胡錦濤2008年4月9日考察「南海艦隊」駐三亞的部隊時明確指出：「海軍是一個戰略性、綜合性和國際性的軍種。在維護國家主權、安全領土完整和維護國家海洋權益中，具有重要的地位。」[15]此語為中共海軍在維護海洋權益的責任上做出了明確的定義。

中共海軍受限於能力和政治環境的束縛，導致在戰略願景的追求與實務運作的現實間產生嚴重的落差。執行亞丁灣護航任務前的中共海軍，致力於海洋國土防衛能力的建構及海洋資源的爭奪。具體作法的展現則是在「積極防禦」概念下建立「反干預」能力的，也就是「反介入」和「區域拒止」戰力的建設。[16]2008年12月中共開始派兵投入護航任務後，將海軍自保障領土、領海主權、海洋管轄權及維護國家統一等海上國防安全利益的框架中脫離，[17]轉而投入海洋交通利益、海洋安全利益維護以及執行海外非戰爭軍事行動等任務，[18]擴大了中共海軍任務的多元性與可塑性。這樣的轉變使海軍與其他軍種相比，更具備國際性、可靠性與外交影響力等軟性特質，將海軍轉化為高價值的活棋，間接深化海軍在中共政策運用上的優先性和不可取代性。

護航編隊從初期單純的船舶護航任務、中期的撤僑船舶護航到後期的直接投入撤僑行動，顯示中共海軍在國家海外政策的執行能力上，已具有高度的「可靠性」。這份可靠性讓中共海軍從國家疆土的維護者，躍升為廣義國家利益的捍衛者。就目前共軍陸、海、空、火箭軍及戰略支援部隊五大軍種的能力與定位來說，

---

14 石家鑄，《海權與中國》，頁53。

15 〈胡錦濤考察南海艦隊駐三亞部隊　強調推進海軍建設〉，《新華網》。檢索日期：2016.5.2。http://news.xinhuanet.com/photo/2008-04/11/content_7959698.htm

16 伯德納・柯爾（Bernard D. Cole）著，李永悌譯，《亞洲怒海戰略》，頁152。

17 石家鑄，《海權與中國》，頁47。

18 石家鑄，《海權與中國》，頁39、42、45、47。

表6-1　第二十至二十二批編隊護航期程對照表

編隊批次	隸屬艦隊	啓（返）航港口	啓航日期	護航期程	返港日期
第二十批編隊	東海艦隊	浙江舟山	2015.04.03	2015.04.24 | 2015.08.22	2016.02.05
第二十一批編隊	南海艦隊	海南三亞	2015.08.04	2015.08.22 | 2016.01.03	2016.03.08
第二十二批編隊	北海艦隊	山東青島	2015.12.06	2015.12.29 | 2016.05.02	2016.06.30

製表：黃丞佑　2022.04.01
資料來源：新華網、中國軍網、人民網、環球時報。

海軍和空軍是唯二有能力從事境外兵力投射的軍種，其中又以海軍在兵力投射規模、任務複雜度、迅速部署及和平正面形象的展現上，是五大軍種中唯一可勝任的部隊。尤其常駐海外的亞丁灣護航編隊，已具備海外常態部署的雛型與特性，雖然兵力規模不大，卻是當前中共在西印度洋與非洲地區中，唯一可隨時投入該地區維護國家利益需求軍事行動的常駐兵力。中共海軍因參與護航行動，衍伸出許多過去未曾思考、規劃與執行的任務，這些任務已不侷限於傳統安全領域的範疇，多數已涉及非傳統安全領域甚至是國家大戰略規劃的一環。從職能的角度上分析，海軍因具備海外軍事行動的能力，得以擔負政府對外政策上進可攻、退可守的活棋。而這種特性，也使海軍能獲得決策者更多的重視和投資意願。從近年來052D飛彈驅逐艦、054A飛彈護衛艦、903A型綜合油彈補給艦及056輕型護衛艦等多款新造艦艇緊鑼密鼓成軍、[19]首艘自製航母也已成軍，[20]在在顯示海軍受到中共中央高度的重

19 陳建瑜，〈過去4年　解放軍新服役軍艦破百〉，《中時電子報》。檢索日期：2016.5.6。http://www.chinatimes.com/newspapers/20160214000630-260301

20 〈陸第一艘自製航空母艦正式成軍　命名山東艦〉，《中時電子報》。檢索日期：2019.12.18。

編隊指揮官	編隊納編艦艇	艦船型號	訪問國家及地區	備註
王建勛大校（東艦副參謀長）	濟南艦（DDG-152）	052C型	蘇丹、埃及、丹麥、芬蘭、波蘭、瑞典、葡萄牙、美國、古巴、墨西哥、澳大利亞、東帝汶及印尼	
	益陽艦（DEG-548）	054A型		
	千島湖艦（AOE-886）	903型		
俞滿江少將（南艦副參謀長）	三亞艦（DEG-574）	054A型	巴基斯坦、斯里蘭卡、孟加拉、印度、泰國及柬埔寨	
	柳州艦（DEG-573）	054A型		
	青海湖艦（AOR-885）	908型		
陳強南少將（北艦裝備部部長）	青島艦（DDG-113）	052型	南非、坦尚尼亞及韓國	
	大慶艦（DEG-576）	054A型		
	太湖艦（AOE-889）	903A型		

視。此外在形象的建立上，海軍亞丁灣護航已經成為中共參與國際的身分標記，也是中共「走向世界」的象徵。官方媒體甚至為中共亞丁灣護航任務設立專網，刻意表彰中共海軍在國際上的成就，大幅提升海軍在人民心中的地位（如圖6-1）。甚至還將亞丁灣護航行動拍攝成電視劇《艦在亞丁灣》[21]，透過傳播媒體宣揚中共海軍在亞丁灣的行動，激發人民崇向海洋及支持海軍的意願。在政府全方位的宣傳下，亞丁灣的護航行動慢慢成為中國大陸的顯學，同時也為中國海權的發展注入新血與助力。

（三）小結

無論因護航的成效和影響促使中共加速海洋大國願景的實踐，抑或海軍因護航成績斐然，受到人民和中央的支持與肯定，都使中共海軍在國內的地位隨著護航任

https://www.chinatimes.com/realtimenews/20191217003237-260409?chdtv

[21] 〈「艦在亞丁灣」開播　海軍國威制服海盜〉，《北京新浪網》。檢索日期：2016.5.8。http://dailynews.sina.com/bg/ent/tv/sinacn/file/20140902/19056053698.html

圖6-1　中國軍網亞丁灣護航編隊報導專頁

資料來源：中國軍網。檢索日期：2016.05.02。htttp://www.81.cn/big5/2014hjhh/node_74805.htm

務的增加而水漲船高。護航對國內最重要的影響是引起政府重視，使決策者擬定海權發展和建設海軍的政策。就中共而言，人民對海軍與海權發展的支持日益升高，有利於政府在掌握海權與建立海洋大國政策的推動。在已建構的海洋經濟貿易體系下，政府透過護航的成效激發人民對投身海洋事務的意識與憧憬；人民對海洋事務發展的投入與支持進而提升了海軍的地位，更成為政府推動海權國家願景的基礎和動力。在互為因果的循環關係下，中共在參與護航的過程中，逐漸建立了馬漢構成海權要件中的「人口」、「民族特性」與「政府特點」等要素，為爾後的海權發展奠定了思維層面的基礎。

二、外交

亞丁灣的護航行動是中共首次海外軍事行動，也是中共海軍首次以國家名義在海外執行軍事任務。除在軍事方面的意義非凡外，在政治上也具極高的象徵性。經過亞丁灣的洗禮，護航編隊投入敘利亞化武銷毀護航行動，再到參與馬航搜救任務，均顯示中共對國際軍事行動和國際事務參與度的大幅提升。這是中共開始積極處理國際事務的展現，也是崛起中的強權形塑自己已成為負責任大國的態度。以下就「開啟國際軍事行動之門」及「建立負責任大國形象」等兩點進行說明。

（一）開啟國際軍事行動之門

在中共執行亞丁灣護航任務前，中共海軍並非完全未參與任何國際行動。1988年9月中共表示「維持和平行動已經成為聯合國維護國際和平與安全的有效手段，有助於緩和地區衝突及和平解決事端，中共願意對維護和平行動做出貢獻」，改變了過去中共對聯合國維和部隊價值的否定。[22]中共於1991年起正式派遣部隊參與聯合國在柬埔寨的維和行動，成為中共軍、警部隊參與國際行動的濫觴。中共也是聯合國常任理事國中，唯一積極投入維和行動的國家。聯合國維和部隊雖然是由各成員國派遣人員編成，但在行動上仍是以「聯合國維和部隊」的名義執行維和任務；中共雖積極派遣軍、警人員參與聯合國維和部隊在全球各地執行維和任務，卻未能以「中華人民共和國」的名義參與維和任務。此外，自聯合國成立以來，中共因立場和政策等因素未參與安理會決議下的軍事行動（例如：第一次波斯灣戰爭），使亞丁灣護航行動成為中共首次以「中國人民解放軍」之名義參與的聯合國軍事行動。此舉也顯示中共已從過去孤立和封閉的道路，逐漸融入國際體系制度中。

亞丁灣的護航行動是中共海軍跨出國境的第一步，也是在聯合國機制下的第一次海外軍事行動。2013年的敘利亞化武銷毀行動，中共願意派出兵力擔任護航工作，可視為是參與國際軍事行動的第二步。雖然短期的化武銷毀行動無法與大規模的軍事行動相比擬，但中共開始主動投入聯合國架構下的軍事行動，卻是不容忽視的轉變。這點更可從2009年11月在北京召開的「多國亞丁灣護航國際合作協調會議」中得到印證。該次會議主要目的在解決打擊索馬利亞海盜任務中，尋求如何促成國際合作的最佳辦法，然而受制於各國不願意釋放艦隊行動的「自主權」，因而導致會議難有共識與結論。期間，中共在會議中提出：「願意在聯合國安理會有關決議框架下，與所有相關國家和組織開展多種形式的雙邊及多邊護航合作」。[23]由此聲明的宣告及呼籲，加上中共將聯合國安理會的決議文視為出兵打擊海盜的法源依據，以及在護航過程中堅決強調「獨立自主」的護航政策觀察，可看出中共日益

[22] 謝啟美、王杏芳主編，《中共與聯合國——聯合國成立五十週年》，頁88。
[23] 李軒良，〈亞丁灣護航國際合作協調會議在北京召開〉，《新華網》。

重視和強調聯合國的機制與職能。立場的轉變顯示中共自亞丁灣護航任務後，對聯合國體制下決議的軍事行動產生高度興趣，也代表受「中國威脅論」困擾的中共，在聯合國的大旗下能積極參與國際安全事務。

除了加強對聯合國授權行動的重視外，亞丁灣的護航任務也激發中共參與國際重大事件的意願。2014年馬來西亞航空370號班機在南中國海失事後，中共除派遣「國家海洋局」所屬公務船舶前往協助搜尋外，更派遣海軍艦艇及空軍運輸機等兵力共計艦艇10艘、[24]運輸機3架，[25]前往失事海域與各國搜救艦艇實施聯合搜救行動。該次搜救任務雖然不是由聯合國發起的行動，但仍然是由多國海軍及海事單位提供艦艇，在統一的指揮體制下聯合執行的大規模搜救行動，顯見中共逐漸掌握在非戰爭軍事行動中，武裝力量可扮演的角色與無限的操作空間。

（二）建立負責任大國形象

奧根斯基（A. F. K. Organski）在「權力轉移理論」（Power transition theory）中闡述了「一個後工業化國家有著比已開發國家更快速的成長潛力，這樣的國家能迅速趕上霸權國的國力」。當崛起的強國與主導現狀的大國國力越接近時，崛起的強國有能力也有野心挑戰世界霸權的地位。[26]此觀點清楚分析既有的霸權在面對新興勢力時，會不計一切地壓制和避免挑戰者的誕生。中共帶領著中國重新走回世界舞台，在成為世界強國的路途上，同樣也面臨著既有霸權和強國的打擊與阻力。在崛起的過程中中共積極擴展軍備，特別是在海軍力量的拓展上更為顯著。此舉卻對美國、日本等舊有強權形成威脅。美國及其亞洲盟邦開始以「中國威脅論」的論述，將中共的崛起渲染成新興的威脅力量，[27]使中共在追求強國地位的過程中，可

---

24 〈搜救馬航失聯客機　中國投入最強力量〉，《中評社》。檢索日期：2016.5.11。http://hk.crntt.com/doc/1030/7/8/8/103078871.html?coluid=7&kindid=0&docid=103078871&mdate=0318123958

25 〈中國空軍3架飛機赴馬搜救失聯客機〉，《中國軍網》。檢索日期：2016.5.11。http://www.81.cn/mlxyjy/2014-03/21/content_5821406.htm

26 王高成、王信力，〈東亞權力變遷與美中關係發展〉，《全球政治評論》，第39期，2012年7月（台中市：國立中興大學國際政治研究所，2012.7），頁45。

27 陳錫蕃、謝志傳，〈中國威脅論面面觀〉，《國政分析》。檢索日期：2016.5.12。http://www.npf.org.tw/3/11248

說篳路藍縷、備感艱辛。「中國威脅論」就如鬼魅般，在中共走向大國之路的旅途中不斷糾纏，不僅對中共在世界的名聲上造成打擊，國際社會也開始用放大鏡來檢視這個新興的潛在強權。

2005年9月前美國副國務卿佐立克提出「中共應成為國際體系中『負責任的利益相關者』，承擔大國應具備的態度與責任」，使「中國責任論」成為中共崛起的另一種立論與解讀，為中國的崛起做了新的定義與詮釋。[28]「中國責任論」更成為國際社會對中共踏進國際社會的呼籲，而中共也因該論述而獲得解脫。2008年中共參與亞丁灣護航任務，即是呼應「中國責任論」最實際的展現。雖然出兵的理由不單單只是為了消弭「中國威脅論」的浪潮，亦包含了經濟、軍事能力及政府威望等考量，但呼應「中國責任論」及淡化「中國威脅論」，確實是中共中央出兵亞丁灣的核心考量之一。

開始執行亞丁灣護航任務後，中共一改過去消極參與國際事務的態度。不僅參與打擊海盜工作、在北京舉辦「多國亞丁灣護航國際合作協調會議」，更在敘利亞化武銷毀行動中展現出積極參與的態度。此外，中共在護航任務過程中，多次為聯合國世界糧食計畫署的人道物資運補船實施護航任務，積極展現出參與國事務的決心與行動力的表現更是不容忽視。13年來中共護航編隊不斷展現出對國際事務參與的積極態度，對此我們可以解讀為對「中國責任論」作出的回應。除了共軍醫療團隊投入環球醫療任務外，空軍及陸軍航空兵各型定、旋翼機更直接投入海外人道物資運補的工作，在在顯示出中共正逐步擴大在國際人道救援上的規模和力度。2010年起，中共空軍派遣運輸機從事海外人道物資運補、協助救災甚至是災後重建等工作，已逐漸成為常態（表6-2）。此外，中共自2010年起執行代號「和諧使命」的演習任務，透過海上醫療船提供發展中國家跨國界醫療服務，[29]也是中共擴大國際參與和擔負國際責任的體現。

自亞丁灣護航後，中共對國際事務的關心遠遠超越過往，證明中共發現積極參

---

[28] 〈佐利克訪華呼籲中國承擔國際責任〉，《中評社》。

[29] 羅文俊，《不能說的秘密：中共國防報告書之戰略意涵（1998-2010）》（台北市：致知學術出版社，2013），頁261。

與國際事務可獲得更多的話語權，也能轉移周邊國家對中國威脅論的關注與擔憂。更重要的是，中共在執行亞丁灣護航任務後發現，藉由非戰爭軍事行動派遣部隊參與國際事務，有助部隊兵力投射和海外任務的訓練。因此，中共海軍持續透過亞丁灣護航任務，磨練艦隊遠洋操作、海外整補及國際合作等科目，空軍和陸軍航空兵運輸機、直升機也間接透過海外人道物資運補及救援的機會，熟悉部隊物資集結、長程運補及海外兵力投送，為空軍奠定了全球戰略運補、兵力投送的能力。而代號「和諧使命」演習的國際醫療任務，除為中共建立良好的人道關懷形象外，更藉由醫療船在非洲和中南美洲巡迴醫療的機會，熟悉當地航道和水文特性，為爾後的艦隊醫療保障做準備。

成為「負責任的利益相關參與者」，是中國責任論中的核心論述。從亞丁灣的護航過程中，中共發現派遣軍隊參與國際非戰爭軍事行動，不僅可以建立中共是個負責任大國的形象，更可在派兵的過程中磨練、培植共軍在海外執行任務的能力。這也是在中共亞丁灣護航後，最明顯的改變和影響之一。2015年9月28日，中共國家主席習近平在聯合國大會上宣布，在大國不願意承擔聯合國義務的現實情況下，中共將率先組建一支人數約8,000人的常備維和部隊，只要聯合國需要，中共隨時可以派出最精銳的維和力量進入不同任務地區，執行聯合國的維和任務。[30]現今軍隊已不僅僅是傳統維護國家安全的國防力量，抗震救災、參與聯合國維和行動，都是軍隊職能的拓展。建立常備維和部隊是中共向世界展示對國際安全維護的決心，也代表未來中共將有更多派駐海外的機會，這對「中國威脅論」轉向「中國責任論」有極大的幫助，也是在亞丁灣護航啟動後，中共最大規模的海外軍事行動計畫。

（三）小結

從聯合國維和部隊的參與到亞丁灣護航的執行，中共在國際事務的參與上步伐雖然緩慢，卻是穩扎穩打地前進。亞丁灣護航行動激發了中共積極投入國際軍事行

[30] 趙磊，〈維和正在成為中國外交名片〉，《金融時報中文網》。檢索日期：2016.5.15。http://big5.ftchinese.com/story/001064211#adchannelID=2000

表6-2　中共年重要海外人道援助任務一覽表

<table>
<tr><th>年度</th><th>首批派遣日期</th><th>目的地</th><th>任務內容</th><th>派遣機（艦）型</th><th>架次</th></tr>
<tr><td>2010年</td><td>01月31日</td><td>蒙古</td><td>載運雪災賑災物資</td><td>伊爾76機</td><td>6架</td></tr>
<tr><td>2011年</td><td>10月16日</td><td>泰國</td><td>載運水災救災物資</td><td>伊爾76機</td><td>4架</td></tr>
<tr><td rowspan="2">2014年</td><td>12月05日</td><td rowspan="2">馬爾地夫</td><td rowspan="2">載運飲用水、海水淡化器</td><td>遠洋打撈救生船</td><td>1艘</td></tr>
<tr><td>12月07日</td><td>伊爾76機</td><td>2架</td></tr>
<tr><td rowspan="3">2015年</td><td>01月12日</td><td>馬來西亞</td><td>載運水災救援物資</td><td>伊爾76機</td><td>2架</td></tr>
<tr><td>04月27日</td><td rowspan="2">尼泊爾</td><td rowspan="2">載運賑災物資、救援人員</td><td>伊爾76機</td><td>8架</td></tr>
<tr><td>05月06日</td><td>陸航直升機</td><td>3架</td></tr>
</table>

製表：黃丞佑　2016.06.05
資料來源：中國網、中國軍網、人民網、新華網。

動的意願，也巧妙地提供了中共呼應「中國責任論」的操作空間，緩和國際輿論上對「中國威脅論」的擔憂與反應。此外，因亞丁灣護航行動的成功，使中共中央發現將軍事力量投入國際軍事行動及國際事務中，對部隊能力提升有實質的幫助，大幅提升中共將部隊投入海外非戰爭軍事行動的意願。此舉也有助於部隊透過海外人道援助的機會，間接磨練與提升其海、空軍兵力投射能力。

三、經濟

隨著中共在非洲地區的建設和投資日益激增，2009年中共對非洲地區的貿易投資規模已超越美國，成為非洲最大的貿易夥伴。[31]一個穩定的投資環境，對中國大陸企業來說，是比其他投資要件更優先考量的要素。索馬利亞海盜的崛起造成航運成本的提升，間接影響企業在非洲投資的意願。中共派遣亞丁灣護航編隊進駐後，除在打擊海盜上產生顯著的成效外，也帶給在非洲的投資者保障和信心，更因護航編隊遠洋補

[31] 〈中國非洲投資踢到大鐵板　自利比亞大規模撤僑三‧六萬人只是開始〉，《財訊快報》。

給的需求與契機，讓中共長期在印度洋投資的港口得以串聯；護航任務也同時串連起石油運輸線，進而對海上絲綢之路的建設奠定更穩固的基礎。

（一）穩定對非貿易信心

2008年中、非雙邊貿易首次突破1,000億美元後，非洲已成為中共最大的貿易夥伴國。中共對非洲出口額為508億美元，自非洲進口額則為560億美元，[32]遠遠超過中共與美國之間的貿易總額。中共在非洲積極投入經濟、公共建設發展和石油進口，更以無息貸款或爭取礦產的開採權、大型工程的建造權（尤其是港埠的興建和改建工程）或以低廉的價錢進口石油。這一系列大型建設的施工及天然資源的開發，都需要龐大的海運和穩定的投資環境。以目前擁有700多艘現代化商船，運載量可達5,100多萬噸，一年貨運載運量超過4億噸，遠洋航線覆蓋全球160多個國家，計有1,500多個港口的中國中遠集團為例，旗下船隊包含貨櫃輪、散裝貨輪、專業雜貨、多用途特種運輸船及油輪等船隊，[33]是中共在非洲投資的企業中，規模最龐大的企業。

索馬利亞海盜不僅僅對海上航運造成危害，也對在非洲從事投資的企業造成極大的衝擊。單就每日往來非洲各港口的船舶而言，只要一艘載運原物料的船舶遭到劫持，在非洲當地的工程很可能就被迫停工，對企業造成的損失，往往是難以估計的天文數字。中共投入兵力在亞丁灣從事護航任務，除實質保障了在非中資企業的投資外，自己國家的海軍在該地區巡護，也是對這些海外投資者打了一劑強心針。特別是自2008年至2015年間，中共海軍護航編隊圓滿完成832批5,952艘中外商船的護航任務，保持著被護船舶和編隊自身百分之百安全的紀錄，[34]使中國籍船舶多加入中共的護編隊，進而為在非的中資企業帶來穩定和保障。此外，經過利比亞和葉門2次撤僑行動後，中共海軍在緊急海外任務應處上更有心得；經由政府的宣傳和刻意表彰，更建立起共軍對海外華僑、駐外人員及中資企業員工人身安全保障的威

---

32 〈中國與非洲的經貿合作〉，《中華人民共和國國務院新聞辦公室》。

33 〈中遠簡介〉，《中遠集團》。

34 〈海軍完成832批護航任務　第20批編隊接力護航〉，《中央人民廣播電台》。

信。這也是護航編隊長期進駐亞丁灣後，逐步建立起的穩定人心效果。

（二）石油運輸航線的保障

從中共積極投資和建設印度洋沿線商港、取得商港經營或使用權的行動中，可看出中共對印度洋的重視不亞於對南海和東海的關注。2005年正值中國威脅論被大肆渲染時，中共「珍珠鏈（String of Pearls）戰略」概念被西方學者熱烈討論，並開始塑造中共具指染印度洋的野心，其目的是要保障中共的海外石油運輸線。當前中共已成為世界第二大石油進口國，其中80%的石油運輸都是經由亞丁灣及馬六甲海峽運往中國大陸，且中共一年航經亞丁灣海域的商船約有1,260餘艘，更顯示中共在亞丁灣海域的經濟利益不容小覷，[35]尤其與中共長期建立經貿關係的非洲產油地區國家，更是中共最重要的石油來源之一。中共自1992年起開始由非洲地區進口原油，2002年中共從非洲進口的石油量為1,580萬噸，比2001年增加了16.6%。2003年進口量更成長至2,218萬噸，增加量超過四成，占中國石油進口量的24.5%，是中東以外中共最大的原油供應區。[36]中共透過亞丁灣護航編隊的實質影響力，逐步在印度洋沿線建立了多個補給港，並一路延伸到亞丁灣海域。這些補給港現今已成為中共海軍進入印度洋活動時固定的整補據點。當中共海軍進入印度洋成為一種常態時，對該航線形成一種無形的保障，除間接保障中共的海上石油運輸線外，更為中共「一帶一路」的海上絲綢之路奠定了基礎。

（三）小結

2013年中共提出一帶一路的戰略規劃後，可看出其將戰略視野和重心避開與美、日的針鋒相對的太平洋區域，開始轉向西方更廣闊的歐亞大陸與印度洋海上航路。在非洲的投資以及對印度洋沿線港口的開發，雖然不完全是同一時期完成的計畫，但在戰略願景規劃上卻是有脈絡可循的。亞丁灣的護航編隊在某種程度上成為串起不同時期、不同階段戰略投資的鏈條。倘若沒有亞丁灣的護航編隊的出現，中

---

35 柏子、靳航，《護航亞丁灣——沉思錄》，頁86。

36 嚴震生，〈當前中國對非洲的能源戰略與外交〉，《國際關係學報》，第24期，頁27。

共海軍無法在短時間將影響力投射到印度洋以西。僅憑著陸路和海港的建設，中共仍無法打開海上絲綢之路的願景並逐步將其實現。

四、海軍

亞丁灣護航行動除了實踐海洋大國願景、建立負責任大國形象與加深中共在非洲貿易的信心外，因投入護航行動而直接獲利的受益者非中共海軍莫屬。雖然最初海軍在護航行動的評估中，曾對海軍海外行動的能力和投入護航的成本效益做出質疑和爭辯，但在真正投入護航後卻發現，整個行動對海軍戰力提升及建立軍事海權的目標有極大的幫助。我們可以從間接的「海權存在要件」和直接的「海軍能力提升」等兩個面向進行探討。以下就針對「從近海走向遠洋」探討護航對海軍間接建立海權要件的影響，並以「海軍訓練實兵化」來探討護航對海軍戰力提升的影響。

（一）從近海走向遠洋

前文已說明中共海軍因亞丁灣護航的契機，使海軍有機會跨出島鏈的束縛、走向遠洋，促使海軍提前踏上2050年建立遠洋海軍願景的道路上。從近海走向遠洋，除政府堅定的政策推動和人民的支持外，關鍵仍在海軍實力是否已具備長期海外軍事行動的能力。中共執行亞丁灣護航，除海軍部隊艦艇操縱能力大幅提升外，中共已在13年39批次的編隊航程中，逐漸建立起成為遠洋海軍的條件。要具備遠洋海軍的能力，不僅僅得倚靠海軍的實力，更需要有充分的海權要件才得以滿足，否則將步上法國及德意志帝國海軍挑戰英國海權失敗的道路。中共在亞丁灣護航的過程中間接建立了遠洋海軍所需的要件，即馬漢提出構成海權要素中的「地理位置」，也就是海外據點的建立；另一方面中共透過護航任務的執行，強化海軍對商船指揮、管制和領導的能力。以下就「具備海外補給據點」、「建立首座海外基地」及「籌建商船隊管理能量」等加以說明。

1、具備海外補給據點

中共自2008年12月首批護航開始，靠著「中遠集團」和「中國海運」等國營企業，透過商業模式執行後勤保障，穩定地完成護航任務。13年間中共海軍以「商維」的補給模式，一步步在摸索中建立起保障海外艦艇的能量，初步滿足了中共海軍遠海保障的需求。在具備商維補給的能力後，中共艦艇未來只要停靠任何一個與亞丁灣補給點條件相符的港口，皆可作為海軍的後勤補給據點。正如前文所述，中共已在印度洋、地中海甚至是南太平洋爭取了多個港口的使用權，如今中共具備商維後勤補保的機制後，海軍艦艇可在世界各地活動而不受後勤補保問題的影響。

2、建立首座海外基地

2015年11月中共與吉布地政府簽訂一份長達10年的合約，將在吉布地的多哈雷港建設首座海外軍事基地。多哈雷港碼頭陸域面積達227.6萬平方公尺，碼頭海岸線長約1,375公尺，共分為6個泊位。據媒體報導，中共海軍艦艇將使用其中一個泊位作為海軍補給碼頭之用。[37]中共官方對外宣稱，該基地是作為海軍護航編隊「保障設施」之用，[38]目的是彌補過去海軍護航編隊用商港補保的不足之處，進一步確保護航編隊能具備更完善的後勤保障。中共在吉布地建立首座海外軍事基地除實質功能外，也具有重要的象徵意義：除宣示中共海軍在遠洋海發展的道路上不會缺席，更代表著海軍艦艇在亞丁灣海域長期駐軍的意圖。2017年7月11日中共海軍司令員沈金龍中將在廣東湛江海軍基地宣布非洲「吉布地保障基地」正式成立，除舉行部隊出征儀式外，並授予軍旗給首任基地司令員梁陽大校，象徵吉布地海外保障基地正式運作。[39]2017年8月1日，首批吉布地海外保障基地官兵正式進駐，並在中共海軍副司令員田中中將、吉布地國防部長巴赫敦、參謀總長扎卡里亞及中共駐吉

---

[37] 中國新聞組，〈解放軍「挺進」吉布地〉，《世界新聞網》。檢索日期：2016.5.20。http://www.worldjournal.com/3824553/article--解放軍「挺進」吉布地/

[38] 蕭爾編譯，〈吉布提總統：中國將很快開始海軍基地修建工作〉，《BBC中文網》。檢索日期：2016.1.26。http://www.bbc.com/zhongwen/trad/world/2016/02/160203_djibouti_china_military_base

[39] 〈吉布地基地　陸首度海外駐軍〉，《中時電子報》。檢索日期：2017.7.18。http://www.chinatimes.com/newspapers/20170713000396-260102

布地大使符華強的共同校閱下舉行營區進駐儀式，[40]象徵中共正式開啟海外駐軍的新里程。

這座可容納上千名軍、文職人員的基地，將成為中共在東非地區最重要的樞紐。無論向北通過蘇伊士運河進入地中海、向南繞過非洲之角和好望角進入大西洋，還是經由亞丁灣向東進入印度洋，都有利中共部隊在最短的時間將兵力投送到周邊海域，維護國家海外利益。

3、籌建商船隊管理能量

海軍護航編隊在船團管理上透過「軍民聯防」的模式，將地方海事部門人員統一納入編隊中，並設立「各縱隊指揮船」來協助管理船團編隊的秩序、增加船團對周邊海情預警時間，以彌補護航艦艇不足。此種操作模式顯示中共已意識到戰時國輪（航）作為物資運補，以及維持海上交通線暢通的重要性。藉由亞丁灣護航來磨練船團指揮和管理能量，使海軍於戰時從事護航任務的過程中，可專注在面對敵方機、艦威脅上，而不需對船團的管理和運作操心；一旦爆發戰爭後，商船隊將成為中共海上運補及海軍後勤補給最強而有力的後盾。由此可看出中共在海洋利益和海軍遠洋能力的建設上，已具備完整的政策規劃。

中共在亞丁灣護航的過程中，不僅提升了海軍的遠航能力，也積極建設海軍走向遠洋所需的其他條件。海外補給據點的開拓，甚至是海外軍事基地的建立，都是成為一個遠洋海軍國家不可或缺的要件。而商船隊的管理能力，則攸關著戰時資源運補及有生戰力的補充。透過亞丁灣護航任務建立起的種種機制，是中共海軍在護航初期始料未及的斬獲。時至今日，當初海軍因能力不足而產生的隱憂，卻成為護航行動中最重要的收穫之一。

---

[40] 〈解放軍進駐吉布提基地〉，《文匯報》。

（二）海軍訓練實兵化

中共海軍藉由亞丁灣護航的機會，陸續派遣各式國造艦艇前往索馬利亞海域執行護航任務，突顯中共海軍正透過「以戰代訓」的方式，磨練官兵的作戰能力，並透過遠航的機會驗測國造艦艇的性能與操作極限，這對中共海軍的戰力成長具有重大的意義。除擔負護航任務的水面艦艇外，中共更進一步派遣核子動力潛艦進入亞丁灣活動，顯現中共利用亞丁灣護航任務作為偽裝，骨子裡則是行海外練兵之實。進一步觀察可發現，這一系列的練兵作為，對中共海軍「海外艦艇編隊操作」及「海外兵力投射能力」等兩方面的影響甚鉅。

1、海外艦艇編隊操作

派遣多艘作戰艦艇大張旗鼓遠赴亞丁灣海域，打擊亞索馬利亞海盜這一類低強度目標，是否對中共海軍的戰力及建設海權的能力有所提升？這是許多人在探討亞丁灣護航時最常提出的疑問。打擊索馬利亞海盜，其規模與作戰力度確實不能與傳統軍事衝突相比擬，在艦隊作戰協調上也不如傳統軍事衝突可以將各類雷達、偵蒐設備、飛彈及魚雷等重型武器投入戰爭中；更不像反潛作戰、防空作戰中，在面對特定威脅時採取艦隊運動、積極進行目標辨識及戰術戰法運用的驚險；但在海軍船藝、艦隊戰術運動及海上補給等海軍艦隊作戰的基礎科目訓練上，卻是可以扎扎實實作為磨練與考核的最佳場域。尤其遠洋作戰和海外執行軍事行動不比近海，沒有岸基雷達、通信設備等C^4ISR系統全程保障，也沒有完善的補保體系隨時支援，一切都得倚靠艦上僅有的設備維持作戰任務。這些不具「亮點」的基本功，都是攸關海軍是否具備遠洋戰力、能否爭奪海權的根本。因此，遠赴亞丁灣打擊海盜看似平淡無奇，對海軍艦隊作戰也沒有直接關聯，但過程中對遠洋作戰能力的培養，卻是影響中共海軍是否具備「走出去」能力的基本條件。

2、海外兵力投射能力

從亞丁灣護航艦艇的編配模式發現，自第六批護航編隊起中共將071型船塢登陸艦、726型氣墊船納編至編隊序列中，此舉已隱約透露出中共企圖藉由亞丁灣護航的機會，測試兩棲船塢登陸艦和自製中型氣墊船的能力與特性，並藉由海外陌生水域的不確定性，來驗證兩棲船塢登陸艦和氣墊船的適應性。由於兩棲船塢登陸艦具備運兵和兵力投射的特性，此舉也引起國際的疑慮和關注。美國海軍軍事學院副教授、中國海運研究所創立者安德魯・艾力克森（Andrew Erickson）和美國海軍軍事學院研究員奧斯汀・史特蘭奇（Austin Strange）就曾在美國「詹姆斯敦基金會」（Jamestown Foundation）發表名為〈在實踐中學習：中國海軍在亞丁灣的作戰創新〉一文，[41]質疑中共海軍派遣兩棲船塢登陸艦派赴亞丁灣的意圖，並進一步檢視中共海軍陸戰隊於2015及2016年初，先後將部隊拉往冰天雪地的吉林洮南及新疆戈壁沙漠，[42]以全域作戰、全程練兵為目標實施寒訓，[43]藉以加強複雜氣候、多樣地型和長途跨區等科目的訓練，發現中共對海軍陸戰隊的運用更加靈活，也增加了海軍陸戰隊未來成為海外兵力投射及海外國家利益維護先鋒部隊的可能性。2017年中共宣布將擴編海軍陸戰隊，並成立海軍陸戰隊司令部，亦證明了共軍正加速建設海外兵力投射能力，以因應未來維護國家海外利益之需求。[44]

（三）小結

相較於派兵前往亞丁灣前，海軍內部曾對海軍是否有能力執行亞丁灣護航任務做出激烈的爭辯，顯現出海軍內部相當清楚自己的能力與限制。開始投入護航行動後，從最初的質疑和反對到今日自護航過程中得到的種種收穫，使中共海軍真正具備執行海外軍事行動的能力。這樣強烈的轉變，恐怕是共軍高層始料未及的。正值成長階段的中共海軍，透過護航編隊任務的多元性和可塑性，將海軍能力大幅提

---

41 〈美質疑中國兩棲艦赴亞丁灣：成本大於戰略收益〉，《中華網》。檢索日期：2016.5.20。http://www.bbc.com/zhongwen/trad/world/2016/02/160203_djibouti_china_military_base

42 〈海軍陸戰隊首次成建制赴東北跨區機動訓練〉，《國際在線》。檢索日期：2016.5.20。http://big5.cri.cn/gate/big5/gb.cri.cn/42071/2015/01/14/2225s4841315.htm

43 〈海軍陸戰隊赴新疆沙漠戈壁開展多兵種協同演練〉，《人民網》。檢索日期：2016.5.20。http://pic.people.com.cn/BIG5/n1/2016/0121/c1016-28074465.html

44 〈中國擬組建海軍陸戰隊並獨立成軍〉，《世界之聲》。檢索日期：2016.6.10。http://trad.cn.rfi.fr/tw/中國/20170530-中國組建海軍陸戰隊並獨立成軍

升，甚至已超越近海海軍的規範和範疇。現階段的中共海軍已具備海上護航及維護海上利益的能力。放眼未來，下一階段的中共海軍極有可能朝向小兵力投射與加強國家海外利益維護的目標前進。

五、結論

亞丁灣護航任務與歷史上偉大的軍事行動相比或許微不足道，但它卻成為點燃「天朝」中國踏出神州大陸、走向七海那把雄心烈火的火種。亞丁灣護航編隊雖是軍事行動下的產物，卻也是國家戰略發展中偶然的一個機遇。它不僅僅實踐了中共長期以來渴望成為海洋大國的願景，也把中共推上國際政治舞台的焦點，更將中共的戰略發展走向帶往印度洋與非洲，進而獲得更廣大的戰略操作空間。從其影響可發現，因為海軍護航任務的宣傳，使中國大陸人民對海軍、海權的議題更加關注；因為護航任務的交流與啟迪，使中共挾著「中國責任論」的立論基礎，逐步建立負責任大國的形象與威望；因為護航任務的拓展與累積，將中共能源航線「珍珠鏈」上的驛站一一串連，進而發展成全球經貿布局的「一帶一路」戰略。這些豐碩的成果，是13年前尚在猶豫是否應該出兵亞丁灣的中共始料未及的。除國家層面的影響外，因為亞丁灣護航任務的鍛鍊，使中共海軍獲得跨世代的成長，默默地完成海外駐軍的行動，海軍三步走的願景也意外提前；同時還進一步促使中共提早與國際海軍接軌。這樣的發展對全球的影響究竟是福還是禍？恐怕只能等待時間的驗證與解答了。

第柒章　總結

透過對中共亞丁灣護航編隊的研究與探討，深入了解自2008至2021漫長的13年時間，亞丁灣護航任務對中共帶來的變化與影響，我們看到一個走向海洋的陸權國家在面對國家利益轉化的環境中，如何借鏡其他國家的經驗，融合了自我的創見，發展出具「中國特色」的海外軍事行動及國際政治的運作。13年的護航行動除對國家戰略層次的決策產生了重大影響外，也替中共海軍帶來思想與實務上的變化。接續就透過「從猶豫到積極參與」、「在護航中成長的中共海軍」、「開啟中共海外駐軍之門」、「海外二軌補給基地浮現」、「從珍珠鏈走向一帶一路」及「開啟國際軍事行動之門」等6個主題，綜觀中共海軍39批次護航任務的斬獲及對未來的預判。最後則對該議題後續研究，提出建議與分析。

一、從猶豫到積極參與

在猶豫和顧忌下投入護航任務，卻在過程中意外發現充滿著無限操作空間。

（一）現況總結

從中共海軍在中央決議是否派遣艦艇遠赴亞丁灣前，內部產生的質疑與辯論，說明了海軍對於艦隊是否有能力擔負護航重任有高度的疑慮，甚至連海軍高層對海軍是否能勝任，也沒有十足的把握。[1]囿於過去毫無執行海外軍事任務的經驗，加上遠洋軍事行動龐大的操作成本，高風險的投資未必能獲得相對應的實質效益，使海軍在護航前，對派遣部隊前往亞丁灣護航抱持著猶豫與觀望的態度。此外，在

1　柏子、靳航，《護航亞丁灣——沉思錄》，頁83-84。

「中國威脅論」的陰影下，中共中央對出兵亞丁灣一事的態度極為慎重。[2]在毫無前例和經驗可循的狀況下，實際投入護航任務後的護航編隊，犯下了許多嚴重的錯誤（例如第一批編隊僅透過快速油彈補給艦實施中繼整補，編隊作戰艦未進港整補）。但在這種摸著石頭過河、邊做邊學的環境中，反而讓中共海軍直接面對海外軍事任務經驗不足的盲點，並在後續編隊行動中立即修正與調整。這也讓中共海軍從亞丁灣護航的實務過程，不斷檢討過去在戰術、戰法和思維上的缺陷，進而在實戰中驗證理論，並進一步成為部隊戰備訓練的參考與教範。

護航除帶給海軍部隊海外訓練的契機與能力提升外，在13年漫長的護航歲月裡，護航編隊經歷了「摸索期」、「轉變期」進而走到當前的「成熟期」，能力的提升與職能的轉變，是中共護航編隊成長的重要指標。從伴隨護航、打擊海盜、協助執行化武銷毀到緊急撤僑行動，護航編隊從單一職能轉向複合式任務，證明護航編隊的戰力已受到中共中央的認同與肯定。除海軍能力的提升外，任務屬性逐漸由單一朝複合式任務型態轉變，代表海軍護航編隊戰略定位已跳脫最初護航的角色。從13年後護航編隊的成果與轉變，回頭看當年的擔憂與質疑，中共海軍從最初的質疑與不願意出兵到後來積極派遣部隊遠赴亞丁灣，甚至亞丁灣護航任務成為艦隊戰演訓及海軍高階將領必經重要歷練，在在顯示護航任務已成為中共海軍人員重要的考評依據，也是海軍艦隊戰力檢驗的指標性任務。「從猶豫到積極參與」背後真正的涵義，是中共雖在缺乏自信情況下投入護航工作，卻透過護航任務的過程，發現兵力運用及戰略布局的部署上擁有更多的操作空間。

（二）未來預判

能力提升及任務轉型後的中共護航編隊，於2015年葉門撤僑行動中已澈底展現出其具備獨立執行守護海外國家利益的能力。由於索馬利亞海盜的威脅仍未完消除，亞丁灣的護航行動仍會持續一段相當長的時間。中共已意識到護航行動具備高度的可塑性和多元性，透過適當的運用及操作後，可作為國家政策中進可攻、退可

---

2 劉衛東，〈索馬里護航，中國海軍的得與失〉，《黨員幹部之友雜誌》，2011年第12期，頁43。

守的活棋。尤其自第二批編隊起，結束護航任務的艦艇隨即展開全球性的附加任務，每一批護航編隊從啟航到返港歸建的任務期程越來越長，執行的附加任務也更加多元。未來中共護航編隊將透過這些在海外活動的艦船編隊（至少可保持2至3個艦船編隊同時在海外執行任務），作為海外國家利益的維護者，以變相的「全球部署」模式，維護海外利益與國家政策。

二、在護航中成長的中共海軍

打破舊有觀念的束縛，建立實戰化、一體化及國際化的中共海軍。

（一）現況總結

中共海軍在派遣護航編隊的過程中，除透過護航和外訪的機會鍛鍊官兵遠洋航行能力外，也藉由日益頻密的艦隊交流、聯合演訓及聯合護航等機會向外軍學習，並逐步提升部隊素質，更透過共同行動規範的共識，促進與世界海軍在觀念、教則教範及共同守則上的一致性，使中共海軍漸漸脫離故步自封的孤獨環境，走上世界一流海軍的道路。遠航能力以及與國際接軌，是護航任務帶給中共海軍最直接也是最顯而易見的成長。除了遠航能力和與融入國際等外顯的幫助外，護航帶來更深層的成長則是在中共海軍自身的組織、訓練及作戰能力的提升。其中又以「部隊訓練實戰化」、「艦隊壁壘模糊化」及「艦隊戰力擴大化」等三個面向最為顯著。

1、部隊訓練實戰化

相較美、英、法等歐美國家的部隊在冷戰結束後，先後經歷1991年波斯灣戰爭、1996年科索沃戰爭，甚至是2003年的美伊戰爭，已具備第三波戰爭的實戰經驗。而自1988年中、越南沙「赤瓜礁海戰」結束後，未再經歷戰爭洗禮的中共海軍，最欠缺的就是實戰經驗。中共派遣海軍艦艇前往亞丁灣護航，除磨練官兵遠洋航海能力外，更透過與索馬利亞海盜的交手，讓海軍在承平時期利用低強度的實戰環境，磨練部隊接戰與臨戰指揮的應變能力和抗壓性。這種「以戰代訓」的模式，比起任何仿真性的軍事演習，更能磨練官兵的戰鬥意志和作戰能力，使中共海軍足以在最短的時間，融入遠洋作戰的實戰環境中。

從新造艦艇成軍服役到派赴亞丁灣護航的時程逐漸縮短，也說明了亞丁灣護航任務已經成為海軍艦艇重要的「遠洋航訓」科目，甚至是新造艦艇戰備訓練中的重要「測考科目」，更加確認亞丁灣護航行動，為部隊提供了實戰化訓練良好的練兵場。尤其在中共中央軍委主席習近平提出的「強軍夢」中，特別強調「部隊必須能打仗、打勝仗是強軍之要」的目標下，「以戰代訓」的海外護航任務，也逐漸成為中共海軍重要的訓練模式。2012年12月中共中央軍委主席習近平於廣州軍區（當時尚未改制為南部戰區）視導海軍和陸戰隊時特別提出：「部隊必須按照打仗的標準搞建設、抓準備，確保我軍始終能夠召之即來、來之能戰、戰之必勝」。[3]亞丁灣護航部隊這種「以戰代訓」的模式，正好呼應了習近平對部隊素質、訓練的要求與期許。特別是在海軍特戰部隊方面，因擔負與海盜最直接的對戰任務，加上多次的國際反海盜演習中，特戰部隊均擔負登船臨檢、近戰交火和解救人質的要角，從而大幅提升特戰部隊戰技和戰術戰法的素質。中共海軍特戰部隊在演習過程中，藉由學習和實戰的淬鍊逐步成長，反而成為護航編隊中成長最快、獲益最多的單位。

2、艦隊壁壘模糊化

中共三大艦隊有各自的作戰方向、各自的指揮體系和管轄地域。傳統上各艦隊互不隸屬也互不干涉。艦隊的軍事行動皆由艦隊司令部指揮轄屬艦艇編組、訓練和戰備。從亞丁灣護航的油彈補給艦編配模式轉變，可看出中共海軍在艦艇調度與任務編組上，逐漸打破過去護航編隊均由同一艦隊轄屬艦艇編組的模式。中共近年積極建造可供艦隊遠洋後勤保障的快速油彈補給艦，加速編配至各艦隊服役，其目的就是希望充實海軍在遠洋作戰的補給能力，使各艦隊都具備獨立遠洋作戰的戰力。[4]從第一至第十批編隊的任務輪值與艦艇編組中，快速油彈補給艦都是由任務

---

3 曾偉，〈習近平「治軍」關鍵詞：從嚴　實戰　轉型〉，《人民網》。檢索日期：2016.5.25。http://cpc.people.com.cn/BIG5/n/2014/0619/c64094-25170727.html

4 中國新聞組，〈21艦新上陣　海軍迎巨艦時代〉，《聯合新聞網》。

艦隊轄屬艦艇中抽調；自第十一批編隊起油彈補給艦開始未依照固定規律編配，改採跨艦隊編配的模式編配。我們可以解釋為因任務環境改變，現有的油彈補給艦數量不足，無法有效支援單一艦隊頻密的海上勤務，故需要跨艦隊支援。但從過去單一艦隊編組演變至今日跨艦隊編組模式，顯示中共海軍開始打破過去艦隊間的藩籬，在遠洋艦隊後勤保障上開始朝統一管理的模式運作。此外，跨艦隊編制也顯示海軍已打破各艦隊指揮權，海軍在兵力的調度和運用上將更加靈活與彈性。

3、艦隊戰力擴大化

談到中共海軍在護航中的成長，最後必須談到中共海軍整體戰力和海外指管能力的提升。2008年亞丁灣護航任務啟動後，海軍每4個月就必須派出一批護航編隊前往亞丁灣接防，而換防後的編隊艦艇則繼續執行海外訪問任務。依作業時程觀察，接防部隊自啟航出港到駛抵亞丁灣大約需耗費15-20天的時間；離防部隊則依任務規劃，於外訪任務結束後始返回母港歸建（目前最高紀錄為第二十批編隊，自2015年8月23日換防後，執行環球外訪任務直到2016年2月5日才返抵浙江舟山歸建）。從海外活動日程可發現，每次換防前後約有2-4個月的重疊期，這段時間海軍固定有6艘艦艇在海外活動（其中包含1-2艘的快速油彈補給艦）。若這段時間又有其他的外訪或遠航訓練，實際執行戰備任務的主戰艦艇將所剩無幾（還必須考量進塢檢修及從事訓練任務的艦船）。由此可看出中共海軍戰力已不可同日而語，對實踐近海防禦戰略任務已是得心應手，也充分展現出其自信與實力。以2014年12月舉行的「機動-6號」遠海演習為例，中共第十九批護航編隊於2014年12月2日自山東青島啟航，前往亞丁灣接替第十八批護航編隊任務；第十八批編隊則於結束外訪後在2015年3月19日返回廣東湛江港歸建。同一時間，中共海軍於2014年12月在西太平洋舉行「機動-6號」遠海演習，期間動員北海艦隊各型艦艇5艘、東海艦隊各型艦艇6艘、南海艦隊各型艦艇3艘，並搭配海軍航空兵各式主戰、輔戰機種，前往西太平洋「沖之鳥礁」附近海域實施遠海對抗演練。[5]演習期間演習兵力加上尚在

[5] 陳弈成，〈中共海軍「機動6號」演習之分析及其戰略意涵〉，《海軍學術雙月刊》，第15卷，第1期（台北：海軍司令部，2016年2月），頁131-132。

海外交接的兩批護航編隊在內，總共有5支艦船編隊（演習兵力：藍軍編隊1支、紅軍編隊2支；護航編隊：第十八批、第十九批編隊）共計20餘艘艦艇在海外活動，近海防禦的戰備任務則由國內剩餘艦艇擔負。同一時間有20餘艘艦艇無法擔任戰備任務，顯示中共海軍在中國大陸周邊的三海（黃海、東海及南海）防務上已有充足的信心；另一方面也顯示出海軍已具備同時指揮多支海外任務編隊的能力，更展現出中共海軍在職能擴大的變革中，已從艦隊執行海外任務的用兵思維，進入海外戰場經營的層次。

（二）未來預判

藉由護航行動訓練海軍遠海作戰、磨練部隊實戰能力，到海軍補給艦艇打破建制跨艦隊與作戰艦艇混合編組，可看出中共海軍持續透過護航編隊作為戰術模擬、效益評估及部隊考核的試驗場。未來中共對護航編隊操作的模式，肯定比現在更大膽也更多元，以下幾點更值得持續關注與分析：

首先必須關注中共海軍未來在護航艦艇派遣上的選擇，當前054型、054A型飛彈護衛艦、052B型、052C型及052D飛彈驅逐艦、071型兩棲船塢登陸艦等各種新型國造艦艇，均已先後派往亞丁灣執行護航任務，甚至中共更派遣核子動力攻擊潛艦前往亞丁灣海域，以護航之名從事遠海訓練之實。亞丁灣護航在有技巧的操作下，儼然已成為中共最佳的國造艦艇驗測場。不排除未來最新的055型飛彈驅逐艦將納入護航編隊序列前往亞丁灣護航執行遠洋驗測。此舉除可展現中共海軍現代化的成果，更可藉由遠海測試驗證新型艦艇能力與不足。此外，觀察何種艦艇頻密參與亞丁灣護航行動，也可間接判斷中共海軍未來遠海作戰主力將由何種艦艇擔綱。

第二個必須關注的重點為：中共海軍未來於同一時間內可同時派遣多少艦艇編隊在海外從事演訓、護航、訪問及特殊行動。每一支編隊都代表一個中共的海外戰鬥單位，中共同時派遣多少部隊在海外執行任務，即顯示中共具備同時指揮多少海外部隊的能力。這不僅僅代表中共海軍的作戰能力，更代表中共具備同時掌握多個區域即時情報與戰場環境的一切資訊。這對尚未建立充足海外基地的中共而言，是研判共軍遠洋海軍實力、海外影響力及全球行動能力的重要參考指標。

三、開啟中共海外駐軍之門

中共首座海外基地的啟用，開啟長期執行海外軍事任務之門。

（一）現況總結

全年度、全天候及不間斷的輪駐，使護航編隊已實質成為中共在西印度洋的常態海外駐軍，護航編隊也變相轉型為中共在非洲及地中海地區可隨時投入緊急事態應處的「快速反應部隊」。這不僅只是在該地區執行「展現國旗」任務，更是建立實質影響力的展現。在未建立海外基地前護航編隊雖有海外駐軍之意圖與雛型，卻無海外駐軍之實。2015年11月中共與吉布地政府簽訂一份長達10年的合約，以「後勤保障設施」的名義在吉布地的多哈雷港建設首座海外軍事基地，使中共正式擁有第一個海外軍事基地[6]（雖然中共官方不斷對外強調在亞丁灣的建設只是一處「保障設施」，是為了替亞丁灣護航編隊艦艇提供更完善的後勤保障及官兵正常輪休的補給站，中共的軍事專家張軍社2016年3月8日接受中共《環球時報》記者採訪時也表示：「中國在吉布地建立的是後勤保障設施，在規模和功能上遠遠達不到軍事基地的級別」，[7]更突顯中共極力否認自己具備海外駐軍之企圖）。即便中共對外不斷強調吉布地的規模和職能只是為了海軍保障所需而建設，與海外駐軍、擴軍和海外用兵無關，但從中共高層的種種動作與吉布地官方的說明，均透露出事實並非如官方對外宣稱如此單純。

中共總參謀部（為現今「中共中央軍委聯合參謀部」前身）總參謀長房峰輝上將，2015年11月8日前往吉布地訪問，並慰問海軍第二十一批護航編隊官兵。期間受到吉布地總統伊斯梅爾・奧馬爾・蓋萊（Ismail Omar Guelleh）接見，雙方就中、吉兩國之間的多項合作案進行討論。[8]隨行人員中除了中共海軍參謀長邱延鵬

---

6 郭媛丹，〈專家：中國在吉布提建設施遠遠算不上軍事基地〉，《中新網》。檢索日期：2016.5.27。http://big5.chinanews.com/mil/2016/03-09/7789525.shtml

7 郭媛丹，〈專家：中國在吉布提建設施遠遠算不上軍事基地〉。

8 〈中國在非洲之角籌建海軍後勤設施〉，《金融時報》。檢索日期：2016.5.27。http://big5.ftchinese.com/story/001065057

外，最令人感到意外的是中共軍空軍副司令員張建平也在訪問人員之列。中共軍空軍在吉布地並未駐紮空軍部隊，且此次行程總參謀長的主要目的是拜會吉布地總統並慰問第二十一批護航編隊官兵，但此一外訪與慰問海軍的行程中，海軍僅由參謀長陪同隨行，空軍卻由副司令員陪同前往訪問，不得不令人懷疑中共軍空軍亦有在吉布地建立基地之意圖。2016年4月1日吉布地外長馬哈茂德・阿里・優素福接受英國《金融時報》專訪時，更首次披露中共在吉布地首座基地的相關細節。優素福表示中共於吉布地建立的首座海外基地具有10年的使用權，並於合約到期時享有續簽10年的選擇權。該基地建設完成後，將進駐數千名的軍、文職人員。專訪中更透露，中共計劃在吉布地建設新的大型機場，並將擁有與美國和法國相同的使用無人機的權利。[9]以上談話是吉布地官方首次證實中共將在吉布地建設機場與無人機基地，更間接證實2015年11月張建平陪同前總參謀部總參謀長房峰輝訪問吉布地，是對吉布地建設機場及進駐無人機部隊可行性進行評估與考察。中共軍方高層的行動和吉布地官方的回應，也直接否定了中共長期對外宣稱吉布地的軍事設施只是為提供海軍後勤整補的保障基地的說法，更對中共首座海外軍事基地和海外駐軍，埋下更多可能性與變化。

2016年7月6日中共新研發的運20運輸機開始撥交中共軍空軍服役後，對空軍空中長程運輸能力添加了生力軍。[10]未來中共在吉布地的大型機場興建計畫一旦談妥並完工，在中共空軍空運機部隊長程運輸能力及國航貨機的協助下，可大幅解決現階段物資運補成本過高、物資籌措和補給不易等問題，將有效改善護航艦艇補給需求，並提升艦艇海外任務執行期程。未來甚至可作為海外非傳統安全任務的物資轉運站與兵力投射前進據點，使中共能更靈活運用武裝力量處理海外利益及非傳統安全威脅問題。

---

9 Katrina Manson，〈中國將在吉布提建首個海外軍事基地〉，《金融時報》。檢索日期：2016.5.27。http://big5.ftchinese.com/story/001066929

10 〈中國自產大型軍用運輸機撥交部隊服役〉，《BBC中文網》。檢索日期：2016.7.8。http://www.bbc.com/zhongwen/trad/china/2016/07/160706_china_aircraft_y20

（二）未來預判

依照承建吉布地多哈雷港的「中建港務」對駐吉布地大使館經商參贊處的工程簡報，該港於2016下半年開始部分營運，2017年上半年正式營運（該基地已於2017年7月正式運作）。[11]中共海軍使用該港6個泊位中的其中一個泊位作為海軍後勤基地。[12]吉布地多哈雷港啟用後，中共海軍在吉布地港的補給業務均轉移至多哈雷港。此外，葉門近年因內戰導致國內局勢不穩定，護航編隊在亞丁港的補給業務，極可能轉移至吉布地實施。多哈雷港已成為亞丁灣航線上最重要，也是設備最完善的海軍補保基地。中共若如計畫在吉布地興建大型機場，將可替多哈雷港的海軍基地提供定期運補，尤其運20大型運輸機已於2016年撥交部隊服役，除可提供中共長程戰略運輸需求，也可作為全球兵力投射的最佳載具。吉布地的海軍軍港及大型機場，從海外兵力投射的角度來而言，將是中共鞏固非洲海外利益、兵力投射及一帶一路計畫中海上絲路重要的驛站。吉布地基地的建設與海軍護航編隊職能的轉換，被視為是中共海外駐軍的灘頭堡。一旦機場建設完成，中共將可以吉布地為中心點，向西進入歐洲、向北進入東歐與地中海、向東進入印度洋，向南則進入非洲大陸甚至是大西洋，使中共一帶一路的願景得以實踐。

四、海外二軌補給基地浮現

透過海外商業據點建立二軌補給基地，奠定中共海軍常態遠航任務基礎。

（一）現況總結

索馬利亞海盜為中共海軍帶來海外任務的契機，是中共中央夢寐以求卻不敢奢

[11] 〈駐吉布提使館經商参處組織參觀考察多哈雷新多功能碼頭建設工地並與項目負責人座談〉，《中華人民共和國駐吉布提共和國大使館經濟商務處》。檢索日期：2016.5.29。http://dj.mofcom.gov.cn/article/jmxw/201504/20150400939292.shtml

[12] 〈航拍吉布提中國軍港建設：辦公樓已初具規模〉，《中國台灣網》。檢索日期：2016.5.29。http://m2.chinaiiss.com/html/20163/8/a9dc70.html

望的意外。中共在護航過程中充分運用海外任務的機會，建立形象、參與國際行動並積極拓展軍事交流。隨著中共護航編隊操作日益成熟、航行的經驗逐漸累積，造訪的國家與港口也不斷增加。海外遠訪不僅僅讓中共與世界接軌，更讓海軍熟悉國際重要水道、各國港埠及各洋區水文環境，這對渴望建立大洋海軍的中共而言，是極為重要的突破。中共在護航任務建立的「商維補給模式」，已可提供艦隊海外任務所需的後勤保障，由補給模式的分析可確認，只要能透過中資企業在該地港埠的船舶設施及中共駐該國大使館的協助，海軍艦隊足以在海外長時間執行任務。這已從13年亞丁灣護航任中，護航編隊透過中遠集團商用港埠設備的協助，先後停泊亞丁港、吉布地港、薩拉拉港和吉達港實施整補的事實得到驗證。這種非軍規補給模式的建立，也為中共海軍打破軍事基地和軍規補給模式的限制，開設第二軌模式作為海軍戰時後勤保障的備援。雖然商維模式仍有其缺陷，無法像軍規模式一樣解決軍用物資（如彈藥）補給問題，但在一般航行任務的補給、保障和基礎設施維護上，商維模式確實可提供相當水準的支持能量。

（二）未來預判

從中共近年不斷收購、建設和租用印度洋、地中海甚至是南太平洋重要海上交通線周邊港埠，企圖建立龐大的港口運輸網觀之，中共在海上貿易和海洋利益建設的用心與決心已是「司馬昭之心路人皆知」。這也顯示中共對「經濟海權」的經營，在「一帶一路」海上絲綢之路的規劃下一點一滴地展開布局。這些海外港口從經貿的角度而言，是重要海上運輸線的轉運站與據點，而從軍事運用的角度來看，則是海軍布局的重要節點。當中共海軍具備穩定的商維補給模式，即可在這些中共擁有的港口進行定期補給，使沒有充足海外基地也沒有常設海外駐軍的中共，亦可採折衷的方式建立海外補給據點，以達成遠洋海軍的夢想。中共充分利用「軍民一體、軍民共用」的概念，透過海外港埠經營及港埠使用權的方式，彌補中共海軍缺乏海外基地的劣勢，也符合馬漢《海權論》中，對地理位置、海外殖民地是海權建立條件的觀點。

五、從珍珠鏈走向一帶一路

中共將模糊的「珍珠鏈戰略」，經亞丁灣護航的鏈結變成「一帶一路」布局。

（一）現況總結

美國博思顧問公司（Pulse Communications）於2004年底受美國國防部「淨評估辦公室」委託進行的研究報告中，首度將中共在印度洋建設港口、設立海軍補給據點的戰略部署稱為「珍珠鏈戰略」。[13]珍珠鏈戰略被提出後，國際社會多以中共石油運輸線、印度洋戰略等論述來說明中共將指染印度洋，企圖將軍事力量推向印度洋。然而自「珍珠鏈戰略」被提出後，中共卻遲遲未有大規模軍事拓展，也沒有在印度洋沿線港口駐軍的跡象。直到2008年亞丁灣護航行動展開後，中共海軍的艦艇才開始進入印度洋，並進一步在可倫坡港和瓜達爾港實施補給。2013年9月習近平提出「一帶一路」的概念，希望透過「絲綢之路經濟帶」和「21世紀海上絲綢之路」兩個箭頭，建立陸路和海路貿易線，期望建立跨越亞、非、歐的經濟圈。其中21世紀海上絲綢之路的規劃航線，恰巧與過去珍珠鏈戰略中，從中國經馬六甲海峽進入印度洋，再延伸到非洲的海上交通線相吻合。由這個角度觀察，習近平提出的21世紀海上絲綢之路，似乎是在珍珠鏈戰略概念的基礎上所建構出的海上經濟航道。從這個觀點來看，「珍珠鏈戰略」與「21世紀海上絲綢之路」兩者應為戰略構想與政策實踐的關係，而連結兩者的關鍵要素，正是亞丁灣護航編隊的突破與實踐。

2004年掀起討論風潮的珍珠鏈戰略，到2006年時已逐漸趨緩。雖然珍珠鏈戰略仍不時被提出，但已不是中共研究者優先關注的主題，主因在於珍珠鏈戰略雖然勾勒出中共軍事力量進入印度洋的企圖，但憑藉當時國際政治環境的現實與中共海軍的實力，中共縱使真的有珍珠鏈戰略的規劃也難以實踐。2008年亞丁灣護航編隊啟航，讓中共海軍跨出亞太地區的侷限，並名正言順跨入印度洋。自第二批護航編隊

[13] 劉啟文，〈前進印度洋——中共「珍珠鏈戰略」之剖析〉，《海軍學術雙月刊》，第45卷，第5期（台北：海軍司令部，2011年10月），頁35。

起，中共海軍更積極造訪印度洋、東南亞和地中海周邊國家，除從事敦睦外訪等活動外，透過艦艇外訪的機會，展現中共海軍的能力和影響力。2013年中共提出「21世紀海上絲綢之路」的政策，它不僅涵蓋過去珍珠鏈戰略的範疇，更大幅宣示擴展至非洲和歐洲布局的雄心。若沒有亞丁灣護航編隊經歷多年訪問、建立邦誼、間接促使海外港埠的拓展，中共想在短時間建立「21世紀海上絲綢之路」，恐怕僅淪為紙上談兵。中共於重要航道上設立港埠作為運輸「節點」，以海軍護航編隊外訪與交流做為「線」，將海上絲路沿線的國家一一串連起來。慢慢編織出一帶一路的交通網，以「海上絲綢之路」取代當年遙不可及的「珍珠鏈戰略」。

（二）未來預判

一帶一路政策不僅僅只是一個龐大的經濟戰略布局，更是中共西進戰略的藍圖。有鑑於美國及其盟國與中共因經濟與安全問題所產生的複雜爭端，短時間內尚無法尋求有效的解決，中共開始將戰略目標轉向印度洋和歐洲，以避開敵方握有絕對優勢的壓力。趁隙打擊美國在中東及非洲逐漸失去的影響力，這招「避『實』擊『虛』」的策略，反而幫助中共開拓新的戰場，不致陷入膠著的泥淖中。索馬利亞海盜事件，打亂了該地區的權力結構，一向藉由軍事力量掌控中東、非洲地區的美國，由於自身的財政困難和國力下滑等問題，無法發揮過去的影響力穩定區域情勢，中共因而得以趁著打擊索馬利亞海盜的機會，進入美國長期屯兵的中東和非洲地區，慢慢建立話語權與影響力。未來中共海軍在一帶一路的規劃中，將持續扮演著穩定區域和保護海上交通線的角色。位於吉布地的軍事基地，也將擔負海上絲綢之路重要交通樞紐與補給據點的關鍵使命。在職能轉換的過程中，具備應處緊急事態能力的中共海軍護航編隊，將持續扮演海上絲綢之路重要的守護者。

六、開啟國際軍事行動之門

亞丁灣的護航成果，提高中共對國際事務參與的意願。

（一）現況總結

中共過去未曾執行過海外軍事行動，也未曾參與任何聯合國領導下的軍事任務。唯一積極參與的國際行動，是派遣軍、警人員參與「聯合國維和部隊」，在全球各個安全危機熱點協助聯合國執行維和行動。這不但突顯中共對在國際事務的參與上抱持著較為保守的態度，也暴露出中共的軍事力量尚無法使其涉足海外事務的事實。亞丁灣護航任務是中共參與的首次國際軍事行動，除視為中共參與國際事務政策轉變的徵候外，更被視為中共在國力提升後積極建構國際影響力及話語權的戰略布局。

亞丁灣護航在初始階段，因考量海軍實力和國家能力等因素，在派兵護航意向上明顯躊躇不前。經歷多批次護航的考驗後發現，其成效不但超乎預期地好，甚至衍生出許多意外的收穫。這樣的成果加深中共對海外用兵的信心和意願，也提升中共自2008年起陸續派遣空軍前往東南亞國家，協助國際重大災害中的搜救、物資運補及重建等工作之意願，除顯示中共開始透過運用軍事力量，在國際非傳統安全領域建立「影響力」並積極爭奪「話語權」外，更透過對非傳統安全議題的參與，建立與各國間的合作。中共期望藉由軍事力量的轉化，消弭「中國威脅論」對國際社會的衝擊與招致的批評。2013年12月中共海軍參與化武銷毀船的護航任務，是中共參與聯合國授權軍事行動的分水嶺。此次行動不僅是繼亞丁灣護航任務後，中共再次參與的聯合國軍事行動，更是中共、俄羅斯及美國首次共同執行的聯合軍事行動，除突顯中共已不再排斥身為大國必須承擔國際責任的事實，也意味著中共開始將國際軍事行動，轉化為其展現影響力的重要場域。

從亞丁灣護航到化武銷毀，再到派遣空運機從事救災任務，中共已逐漸從一個軍事孤立的國家轉為與國際接軌。雖然之中仍可發現其積極在國際戰略布上局的影子，但亞丁灣護航的成果是促使中共跨出第一步的源頭，這是不可否認的事實。2016年1月中共啟動新一波的軍事改革政策，中央軍委機關經過重新組建後作了大幅的調整。在改制後的中央軍委聯合參謀部（即原來的「總參謀部」）作戰局中，新成立了「海外行動處」來負責共軍海外行動事宜，此舉除顯示中共日益重視海外行動外，也為中共積極投入海外軍事任務埋下伏筆。從官方媒體的介紹中顯示，該處為中共海外軍事行動的主管單位，專責指導、協調共軍在海外的軍事行動。中共官方更定調，該處不但需具備「作戰指揮能力」，更要具備「政策能力」。所謂「政策能力」，泛指軍事行動以外的安全局勢、中共與周邊國家的雙邊關係建立、對任務執行時的環境評估等政策性問題，都在其業管範疇中。[14]「海外行動處」的成立，除代表中共已將海外軍事行動「常態化」，也代表中共對海外軍事行動的規劃與管制已提升至聯合參謀部統一調度，不再是由軍種階層獨自操作，更說明了中共對海外軍事行動的重視。

（二）未來預判

隨著共軍海外軍事行動逐漸增加，到軍改後成立「海外行動處」來統一海外軍事行動的運籌，顯示中共對海外軍事行動的態度已走出過往的保守和孤立，未來在「海外行動處」的領導下，中共將更積極投入海外非戰爭軍事行動的操作。隨著首座海外軍事基地「吉布地保障基地」的啟用，中共海軍在印度洋、東非地區的操作將更加靈活。中共可能在吉布地興建大型機場的計畫，也隱約透露出未來將吉布地作為共軍前進基地的企圖。

2015年9月28日中共國家主席習近平在第70屆聯合國大會上發表演說時，首度提出：「中共將組建常備的維和警察部隊，來支持聯合國維和能力的待命機制。中共將率先建立一支約8,000人的維和待命部隊，供聯合國（UN）維和使團隨時部署。」[15]除顯示中共將擴大長期以來投入聯合國維和任務上的成果，並深化「中國是負責任大國」的形象外，同時也是積極爭奪聯合國維和任務話語權的表現。未來中共將透過「非傳統安全任務」及「國際維和行動」的操作，積極參與國際行動，以更加靈活的手段建立大國責任感與形象。

---

14 〈揭秘解放軍「海外行動處」強化境外快反職能〉，《人民網》。檢索日期：2016.6.20。http://military.people.com.cn/BIG5/n1/2016/0325/c1011-28226523.html

15 〈中國將建立8000人的維和待命部隊〉，《金融時報中文網》。檢索日期：2016.6.20。http://big5.ftchinese.com/story/001064208#adchannelID=2000

七、未來觀察方向

本文研究範圍自2008年首批護航編隊出航起探討至2021年第三十九批編隊駛返駐地歸建，前後13年時間內中共海軍在亞丁灣護航任務執行上的種種變化。中共對護航編隊的運用、操作、定位及發展的具體模式與架構皆已成形，惟仍有持續提升與形塑的空間。隨著國際情勢的轉變與國家政策的指導，中共亞丁灣護航編隊還有更多的發展與可能性。未來的研究可朝向任務轉型的演變、海軍外交操作與變化、中共與歐盟更進一步合作關係，以及海外基地建設完成後，後續駐軍與一帶一路發展的關聯性等，作更深入的探討。尤其不可忽視中共利用亞丁灣護航編隊保障海外利益時，如何透過有別於傳統殖民主義及炮艦外交手段，在互惠與「雙贏」的前提下達到戰略目標？而這樣的「雙贏」政策是新的互利共生模式？抑或是新殖民主義的樣態？最後則需觀察在索馬利亞海盜威脅逐漸消弭及聯合國對打擊海盜政策轉變後，中共如何「名正言順」繼續駐軍在吉布地和亞丁灣海域，為得來不易的海軍及外交成果尋求延續的正當理由，進而完成其全球戰略布局。

附錄　護航歷史與背景

在人類漫長的文明史中，海洋的重要性僅次於生物賴以維生的土地。早期的人們從海洋獲取自然資源，以自給自足的方式生活。當商業活動逐漸由陸地擴展至海洋，人們走出陸地邊界的束縛後，海洋成為貿易往來的重要舞台與通路。隨著文明與科技的發達，海上貿易活動從內海走向遠洋進而環繞世界。在感受到海外經貿所帶來的恩澤後，資本家乃至於政府開始致力於海外資源的取得、經貿據點的拓展。在競爭者環伺的時空下，身處無法有效占領與擁有的廣闊海洋上，如何確保海上通路及物資運送的安全，成為主事者最難掌控的風險。海軍的形成與護航制度的建立，也悄悄地登上海洋史的舞台。

一、海上貿易與護航

人類海洋貿易的歷史最早可追朔至西元前14、15世紀的腓尼基人時代。15世紀大航海時代後，歐洲的商人與貴族透過海外殖民地的探索與擴張獲取龐大的資源與利益，更擴大了海洋貿易的版圖。海洋商務的高經濟利益縱然帶來了繁榮與富庶，但海洋貿易也存在著莫大的風險。除必須面對大自然的挑戰外，更須面對人為的競爭者與海盜的掠奪及挑戰。自羅馬帝國建立後，西方富商、貴族與皇室為取得東方生產的絲綢、瓷器、茶葉和香料等商品，大多藉由路上的貿易通道來獲得這些昂貴的商品，這條道路也就是我們熟知的「絲路」。十字軍東征失敗後，伊斯蘭勢力在中世紀的亞、非大陸迅速崛起。到了阿拔斯王朝（西元750-1258年）時期，[1]伊斯蘭商人已經建立了西至伊比利半島，東至東南亞與中國，北至俄羅斯，南至非洲和印度的巨大貿易圈。伊斯蘭人掌控了東、西方貿易往來的通路與市場後，歐洲人若想獲得東方的商品，就不得不透過和「伊斯蘭帝國」這個宗教與政治上的強敵交易。除需要面對價格和稅金由對方漫天喊價，且商品流通數量全數由伊斯蘭商人自行決定的現實外，[2]還須忍受因十字軍東征而興起的義大利城邦「威尼斯」（Venezsia）及「熱那亞」（Genova）商人對通路與市場的控制。商品無論透過「草原絲路」、「綠洲絲路」或是「海上絲路」[3]進入歐洲，都必須面對貿易壟斷與層層剝削，使東方商品的價格不斷攀升。因此，歐洲貴族若想要跳過伊斯蘭及義大利商人的控制，直接與東方國家進行直接貿易，就必須跳脫地中海、中東陸路貿易圈的侷限。

在東方商品供不應求，而歐洲貴族與富商又急需貨源的情況下，急欲尋求新貿

---

1 阿拔斯王朝（Abbasid Dynasty）是哈里發帝國的一個王朝，也是阿拉伯帝國的第二個世襲王朝（第一個為「伍麥雅王朝」）。西元750年，什葉派的反伍麥亞運動開始發酵，受到群眾擁戴的阿布·阿拔斯推翻了伍麥雅王朝，建立了全新的阿拔斯王朝，史稱伊斯蘭帝國。西元762年阿拔斯王朝建設巴格達並將其定為首都。巴格達從此作為伊斯蘭世界的中心，並開始急速發展，頓時躍升為足以與唐朝長安並列的世界大都市。資料來源：橫井祐介著，黃聖怡譯，《圖解大航海時代大全》（新北，楓樹林出版事有限公司，2015），頁11-12。

※特別說明，哈里發（Caliph），是伊斯蘭教中對領袖的一種稱謂，意思是「真主使者（先知）的繼承人或代理人」，其中的先知是指穆罕默德，是真主派遣到人間的使者以及天啟的傳達者，其後在麥地那成為最高的統領，並集宗教、司法、軍事、行政權力於一身。因此，哈里發繼承了穆罕默德在伊斯蘭世界的角色，是穆斯林烏瑪（社群）中政教合一的領袖，也是「安拉所定之法律的捍衛者」。

資料來源：〈宗教知識——哈里發〉，《全國宗教資訊網》。檢索日期：2015.04.28。http://religion.moi.gov.tw/Knowledge/Content?ci=2&cid=504

資料來源：《圖解大航海時代大全》，頁11-12。

2 橫井祐介著，黃聖怡譯，《圖解大航海時代大全》，頁16。

3 「草原絲路」是從中國往北，經由蒙古語哈薩克草原，繞過鹹海（死海）與裏海北側後，通往黑海的路線。這是絲路當中歷史最悠久的一條，由紀元前5世紀左右居住於沿路的遊牧民族開闢而成；「綠州絲路」即一般所指的絲路，這條路線是從前漢時期（紀元前2世紀左右）開始將絹絲運往西方的重要貿易道路，因連結了零星坐落於沙漠內的綠洲城市而得此名。起點為漢朝和唐朝的首都長安（西安），在敦煌分岔成多道路線、穿越中亞後在波斯東部的商業都市梅爾夫（Merv）交匯，繼續往西直達敘利亞的安條克，最後再通過其他道路前往地中海；「海上絲路」又可稱為南方絲路；從紅海或波斯灣出發，經過印度、東南亞再抵華南（廣州、泉州等地），始於紀元前4世紀。這條路線直到伊斯蘭商人勢力崛起的7至8世紀才開始大幅發展，他們駕駛單桅帆船，開闢了從阿拉伯半島通往廣州、東非的航路。資料來源：橫井祐介著，黃聖怡譯，《圖解大航海時代大全》，頁16-17。

易通路的歐洲人開始將視野轉向非洲大陸與大西洋。西元1415年葡萄牙的恩里克王子（Infante D. Henrique）在休達戰役（Capture of Ceuta）後，開始投入航海事業的發展。他帶領著葡萄牙率先展開的海外探險活動，使歐洲的航海視野由地中海轉向大西洋與印度洋，也開啟了大航海時代的序幕。眼看葡萄牙開始發展航海事業，鄰近的西班牙也緊追在後，全力投入海外殖民地與資源的開發，伊比利半島也逐漸取代義大利半島的各個商業重鎮，成為歐洲的政治與經濟中心。受到西、葡兩國投身航海事業帶來富庶與發展的影響，荷蘭、英國及法國等歐洲強國也陸續投入航海活動與資源奪取。到了17世紀，各國紛紛設立特許公司，從事海外市場的拓展與資源開發。這些特許公司在各國政府的授權下，從最初的海外貿易據點建立和享有專買專賣權利，到後期具有協助管理海外殖民地，甚至直接參與海外殖民地實質統治的權力，均顯示特許公司在16至19世紀的帝國主義風潮中，所扮演的舉足輕重地位。

當航海事業為殖民母國帶來可觀的財政收益時，特許公司開始面臨國內、外商業競爭者的挑戰與威脅。各國政府為保障該國的海外勢力與經濟利益安全，陸續授予特許公司籌組武裝力量的權力，以保護公司貿易據點及船舶航行安全。當授予籌組私人武力的權利後，特許公司不再僅是擁有壟斷市場優勢的經濟體，而是具有小型國家般的商業組織。當時全歐洲勢力最龐大、海外據點最多的特許公司，非荷蘭「聯合東印度公司」與大英帝國「大不列顛東印度公司」莫屬。

（一）荷蘭「聯合東印度公司」

荷蘭「聯合東印度公司」（Vereenigde Oostindische Compagnie，簡稱：荷蘭東印度公司）設立於1602年3月，是荷蘭為拓展亞洲地區市場而成立的特許公司。除了具有專買及專賣的權利外，政府也對該公司挹注了極具規模的資金作為長期投資。為保護公司資產與商業利益，政府批准該公司有自組傭兵、管轄殖民地及簽訂條約與宣戰等權利。荷蘭東印度公司於1669年的鼎盛時期商業據點遍及東南亞各地，且同時具有相當規模的武裝力量，旗下擁有商船超過150艘、戰艦約40餘艘、員工約20,000多人，另擁有約10,000多名由殖民地區居民所組成的傭兵部隊。[4]

從荷蘭實質統治台灣的歷史中，我們可以看出荷蘭東印度公司具備的實力。1624年到1662年期間荷蘭東印度公司占領台灣實施殖民統治，將台灣建設為其東亞重要的商業據點，期間在台南興建熱蘭遮城和普羅民遮城，使台南成為統治台灣的指揮中心。1642年荷蘭人趁著西班牙人逐漸削減北台灣軍力時，出兵占領雞籠（即今「基隆」）、滬尾（即今「淡水」），取得北台灣的控制權。1644年更揮軍南下連結了南、北陸路交通，將台灣西部地區完全納入統治版圖中。[5]荷蘭東印度公司雖為荷蘭政府設立的特許公司，但其資金、軍隊皆由公司自行籌組而非政府提供。1661至1662年鄭成功率軍攻打台南的戰役中，駐紮台灣的荷蘭守軍和自荷蘭本土前來馳援的艦隊都是荷蘭東印度公司下轄的武裝力量，而非荷蘭政府的正規部隊。由此可證明，荷蘭東印度公司的財力與當時在各海外據點的軍力，早已接近一個小型國家的規模。

（二）大英帝國「大不列顛東印度公司」

除了歐陸的海商強國荷蘭外，擁有「日不落國」之稱的大英帝國，其授權的特許公司實力也不容小覷。大英帝國（以下簡稱：英國）所授權成立的「大不列顛東印度公司」（British East India Company，簡稱：英國東印度公司）創立於西元1600年。與荷蘭東印度公司的情況相仿，該公司設立的主要目的為拓展亞洲貿易。在政府賦予的權利不斷增加下，英國東印度公司逐漸擁有指揮軍隊、締結盟約、宣戰與簽訂和平條約等特殊權利。[6]這些權利的賦予，使該公司從一個商業組織躍升為具有協助統治和軍事職能的政治、經濟複合體。當印度地區的商業利益被定調為核心發展重點區域後，英國政府更進一步授權該公司為印度的實際統治者。[7]

---

4 〈全球第一個股份公司　荷屬東印度公司商會城市之旅〉，《大紀元》。檢索日期：2015.04.28。http://www.epochtimes.com.tw/8/2/23/78025.htm全球第一個股份公司-荷屬東印度公司商會城市之旅

5 〈台灣歷史－西班牙荷蘭統治時期〉，《中華文化產業創新發展協會》。檢索日期：2015.04.28。http://si.secda.info/my00_sbir/?p=1111

6 〈一間公司滅了一個國家！關鍵在這裡〉，《中時電子報》。檢索日期：2015.04.28。http://photo.chinatimes.com/20160620003598-260812

7 R. C. Majumdar, H. C. Raychaudhuri, Kalikinkar Datta著，李志夫譯，〈英國東印度公司〉，《印度通

由於英國東印度公司擁有具備軍事力量的特權，在與敵對國家和商業對手競爭的過程中可藉由維護國家權益之名，不惜以發動戰爭來維護公司利益。以敲開中國百年鎖國大門的「第一次鴉片戰爭」為例：1839年10月英國政府為解決英國東印度公司因中國禁煙政策導致的商業利益損失，以及長期以來中、英貿易失衡問題，而決定向中國出兵。1840年2月，在總司令兼英國全權代表海軍上將喬治・懿律（Admiral Sir George Elliot）的率領下，「東方遠征軍」啟程前往中國，企圖以武力逼迫滿清政府開放通商口岸並改善商業環境。其中值得注意的是，這隻擁有60艘軍艦、28艘運輸艦、4艘武裝汽船及40,000名士兵的遠征軍，即是由英國皇家海軍與英國東印度公司下轄的艦船與士兵共同所組成。[8]由此可見特許公司在維護商業利益的過程中，常常憑藉著自身武力甚至是聯合政府的軍事力量，來作為獲取公司和國家利益的手段。

當各國特許公司在政府授權下逐漸擁有專屬私人武力後，除用於商業據點爭奪及事業版圖的拓展外，更重要的還是用於保護公司往來各地的船隻安全和維護海上交通線[9]的暢通。在海洋經貿發達的殖民時代，海外貿易是個投資報酬率高，但風險相對極高的事業。根據格勞秀斯（Hugo Grotius）在《海洋自由論》（*Mare Liberum*）中主張：「海洋不得為任何國家所占有而是開放的，應為各國自由利用」[10]；著名的海軍戰略家馬漢在其所撰寫的《海權對歷史的影響1660~1783》一書中更提出：「從政治和社會的觀點來看，海洋使其本身成為最重要和最惹人注目的，是其可以充分利用的海上航線。或者更確切些說，海洋是人們藉以通往四面八方的廣闊公有地」。[11]換言之，格勞秀斯和馬漢都認為海洋並無國界之分，是個自由共享的公共資源。由於海洋本質上具備「開放性」和「無法占領性」等特質，使

史下冊》（台北：國立編譯館出版，1981），頁957。

8 〈鴉片戰爭中的英國艦隊〉，《外國在華軍艦集》，第11期。檢索日期：2015.04.28。http://60-250-180-26.hinet-ip.hinet.net/theme/theme-47/47-index.html

9 海上交通線：亦稱「海上運輸線」。海上交通運輸的航行路線，由沿海岸（島嶼）裝卸港口、中間港口和海上航線構成，是國際、國內交流的通道，並成為一些國家經濟命脈。戰時是機動兵力、運輸補給的戰略通道。按海洋地理空間可分為：遠洋交通線、近海交通線和沿岸交通線。張序三主編，《海軍大辭典》，頁13。

10 王冠雄，《全球化、海洋生態與國際漁業法發展之新趨勢》（台北：秀威資訊，2011），頁1。

11 馬漢著，安常容、成忠勤譯，《海權對歷史的影響1660~1783》，頁34。

船隻航行於各大洋時無法和往來陸路交通一般由各國政府在所屬領地內給予安全保障與庇護。海上的航行者一方面要面對恣意劫掠的海盜襲擾，另一方面還須提防敵對國家「私掠船」與海軍進行的掠奪和攻擊。而特許公司擁有的軍事力量，正好為其提供物資與海上交通線的安全與保障。

這種以武力為船隻從事護衛與伴護的作法即為今日護航制度的濫觴，其目的就是在確保貨品運送與海上貿易線的安全。以英國殖民時期的印度為例，印度海軍的前身就是英國殖民時期的「英國皇家印度海軍」（Royal Indian Navy）。印度殖民時期最早的海上力量，是英國商人為了商船的安全和海上航道的暢通，於1613年招募印度人組建的武裝護航船隊。1615年這支船隊遷往孟買後改稱「孟買船隊」，並持續活動至19世紀中葉。1892年「孟買船隊」改稱「皇家印度船隊」，到了20世紀初英國政府又將該船隊改命名為「皇家印度護航船隊」。後因大英帝國在印度洋的利益逐漸受到歐洲其他國家建立殖民地的威脅，遂於1934年將「皇家印度護航船隊」正式更名為「英國皇家印度海軍」，總兵力約1,000人，主要使命乃是海上護航和沿海的警戒任務。[12]

歐洲因航海事業的發展，將海洋貿易版圖跨出地中海走向世界。隨著資源的取得、貿易據點的開拓與海外殖民地的建立，為維護海外商業利益的優勢及船舶往來安全，各國政府陸續授權特許公司組建的私人武裝力量，為商務船舶從事航運安全維護的工作。這種透過武裝力量保護所屬船舶，使其免於海盜或私掠船攻擊之作法，正是早期「護航」概念的濫觴。

二、海軍的護航任務

隨著大航海時代的落幕，私掠船制度隨著克里米亞戰爭（Crimean War）的結束走入歷史，特許公司也因為漸漸失去商業壟斷地位和競爭力而陸續倒閉。當19世紀中葉末期特許公司完全走入歷史後，私人武裝力量的護航行為也隨之終止。直到

[12] 阮光峰等著，《印度海上力量——挺進大洋》（北京：海洋出版社，1999），頁17。

第一次世界大戰爆發後，國家因「總體戰」的需求而衍生出了「艦隊護航」任務，才使「護航行為」再次躍上舞台。

（一）艦隊護航制度興起

1914年第一次世界大戰爆發後，德國海軍不斷尋求挑戰英國海上霸權的機會，希望能取代英國掌控大西洋上的制海權。經過多次交戰後，德國海軍在1916年「日德蘭海戰」[13]中遭英國皇家海軍擊敗，德國公海艦隊[14]被英國艦隊封鎖在港內，再也不敢主動出擊與協約國海軍正面交鋒。英國在此次戰役中獲得決定性勝利後，完全掌握了北海與英吉利海峽的海上主動權，協約國海軍也確保了大西洋的制海權。受到封鎖的德國公海艦隊在無法取得制海權的情況下，遂將目標轉向破壞協約國海上交通線。德國海軍司令部針對英國本土的運補船隻採取「無限制潛艇」[15]政策，企圖藉由封鎖英國對外海上交通線，使英國因缺乏物資而被迫投降。

英國雖然採取了各種反制措施，包含在大型商船上加裝武裝、增加水雷、深水炸彈等武器，甚至加強水面艦與飛機對潛艦偵巡、攻擊的力度，仍無法阻止潛艇對商船造成的損失。自1915年2月至1916年底德國潛艇平均每個月擊沉150艘船隻，英國政府對此情形可說是一籌莫展。光是1917年2至3月期間，英國損失的船隻就高達100萬噸。[16]當各國船隻因封鎖政策損失慘重時，唯有法國因採取有效的護航措施，在其2,600個航次中只有5艘運補船隻遭到擊沉。有鑑於此，英國海軍部接受了

13 日德蘭海戰（Naval Battle of Jutland）：是第一次世界大戰期間，英德兩國艦隊在丹麥日德蘭半島以西海域進行的大規模海戰。英國損失艦船14艘、受損6艘、人員傷亡約6,800名；德國損失艦船11艘、重傷4艘、人員傷亡約3,100名。雙方都宣稱自己是勝利者，這場海戰為改變原先海上的態勢，英國人保持在該海域的制海權。張序三主編，《海軍大辭典》，頁1112。

14 公海艦隊（High Sea Fleet）：指的是第一次世界大戰結束前的德意志帝國海軍所屬的水面艦隊。由德意志帝國皇帝威廉二世下令建立以對抗英國本土艦隊，1897年威廉二世任命鐵必制（Alfred von Tirpitz）為海軍總司令，1900年帝國通過鐵必制的海軍建軍方案，德意志公海艦隊正式成立，公海艦隊下轄3支戰列艦分隊。資料來源：〈無法突圍的存在艦隊：德意志公海艦隊〉，《鳳凰網》。檢索日期：2015.05.10。http://news.ifeng.com/a/20140727/41326443_0.shtml

15 無限制潛艇（Unrestricted submarine warfare）：無視國際法規定對海上攻擊目標不加限制的潛艇作戰。第一次世界大戰中，德國無視國際協定和國際法準則，於1917年1月8日決定展開「無限制潛艇戰」，允許潛艇在英倫三島周圍海域內擊沉所發現的任何船隻；即使對中立國船隻也不按國際法準則事先發出警告，即行攻擊，企圖以此嚴密封鎖英國，迫使英國退出戰爭。《海軍大辭典》，頁22。

16 劉一建，《制海權與海軍戰略》（北京：國防大學出版社，2000），頁66。

採取護航制度的建議，自1917年7月起開始對進出英國港口的船隻實施護航。商船受到海軍艦艇層層的護衛，勢單力薄的德國潛艇無法突破驅逐艦建立的防衛屏障，不得不放棄對商船的攻擊行動。雖然德國決定派出更多的潛艇實施游獵，但擊沉的商船數量卻急遽下降。當11月護航制度擴大到地中海地區並殲滅了更多的德國潛艇時，沉船的數量幾乎和護航制度的擴大成為反比。[17]二戰期間曾擔任納粹德國潛艦部隊司令及海軍總司令的卡爾・鄧尼茲（Karl Dönitz）元帥在回憶錄《十年與二十天》（*Zehn Jahre und Zwanzig Tage*）一書中亦指出一戰時期英國護航政策的成效：

> 第一次世界大戰中德國潛艇戰曾取得了巨大的戰果，但自從1917年英國採用護航運輸隊的編隊方法之後，潛艦戰便失去了其決定性的作用。由於有了護航艦隊，海上很少遇到貨船；德國潛艇單艘地在海上遊弋，長期一無所獲。有時遇到一大批商船，約30~50艘以上，但其周圍有各種軍艦擔任強而有力的護航，因此無法對其實施攻擊。[18]

英國在戰爭後期能突破德國海軍封鎖，支撐到戰爭結束並獲得勝利，「護航制度」可謂功不可沒。海軍為商船實施「護航」政策獲得豐碩的戰果，促使海軍護航任務與護航制度的建立。這份光榮的戰果維持到第二次世界大戰，直至納粹德國潛艇部隊採取新的戰術戰法後，才使護航制度再次受到嚴峻的挑戰。

（二）護航制度的強化

1939年第二次世界大戰爆發，德國國防軍最高指揮部在同年8月31日發布的國防軍最高指揮部一號軍事行動指令，[19]仍規定海軍的主要任務是「對敵人的商業航運進行消耗戰，主要集中打擊英國」。[20]然而戰爭初期因海軍司令埃里希・約翰・

---

17 劉一建，《制海權與海軍戰略》，頁66-67。

18 Karl Dönitz著，王星昌譯，《鄧尼茲元帥戰爭回憶錄》（北京：解放軍出版社，2005），頁3。

19 又稱：白色方案（The Campaign Series: Fall Weiss），即指德國入侵波蘭的軍事行動。

20 Bernard Ireland著，李雯、劉慧娟譯《1914-1945年的海上戰爭》（上海：上海人民出版社，2005），頁131。

阿爾伯特・雷德爾（Erich Johann Albert Raeder）元帥率領的水面艦隊無法有效截擊同盟國海上交通線，加上耗費巨資建造的海軍主力艦「俾斯麥號」戰艦於1941年遭英國擊沉。希特勒不得不放棄水面艦隊後續的建設與發展，轉而支持潛艇部隊破壞盟軍海上交通線的計畫。在時任海軍潛艇部隊司令的卡爾・鄧尼茲少將策劃下，德國海軍建立了龐大的潛艇（U-Bot）部隊，並於德國地面部隊占領法國後在法國西部沿岸建立起多處潛艇基地，以利潛艇能更迅速投入大西洋戰場中。鄧尼茲為解決第一次世界大戰時，潛艇勢力單薄的缺陷。遂透過「謎」密碼機（Enigma）複雜的轉子加密、解密結構，搭配有效的密碼密鑰更新程序，組成完美的通信指揮體系。透過通信系統的傳遞與指揮，完成集結的潛艇群在黑夜的掩護下，對英國與同盟國運輸船團實施比無限制潛艇更具威脅性的「狼群戰術」（Rudeltaktik）[21]攻擊。德國企圖透過對海上交通線的封鎖與破壞，斷絕英國所有民生和工業物資的進口，使過度依賴海上運補的英國因缺乏物資而被迫投降。

自戰爭爆發到1939年底，英國依據上次戰爭的經驗在戰爭爆發後立即實行護航制度，為近5,800艘商船提供保障。期間僅有4艘商船遭德國潛艇擊沉，但獨立航行的商船中卻有高達120艘被擊沉，顯示戰爭初期護航度仍具有相當的成效。然而自1940年6月到1943年德國開始採用「狼群戰術」後，僅1942年全年內，德國海軍就以64艘潛艇的代價換取擊沉同盟國1,000多艘艦船，總損失估計達600多萬噸的戰績。[22]由於商船的損失過大，英國不得不動員所有的力量展開大規模的反潛護航行動，除將大西洋兩岸計8個基地租借給美國99年的使用權，換取美國在一戰後封存的50艘驅逐艦實施全面護航外，更聯合美、加兩國一同從事北大西洋的護航任務。1943年5月至1943年底，在英國情報部門的努力下，成功破解了「謎」密碼機的運作模式與編碼原理，逐漸能夠解讀德軍潛艇部隊指令，讓護航船團能及早獲得預警

---

21 狼群戰術：使用集群潛艇對護航運輸隊實施攻擊的戰法，為第二次世界大戰期間，實施潛艇戰的主要戰法。通常每群由10艘左右潛艇編成，艇間保持10-20海浬的間隔，部署在垂直於敵方護航運輸隊必經航線的區域。首先發現目標的潛艇，立即向岸上指揮所報告目標位置、航向、航速和編成等，並持續跟監及報告。指揮所則引導艇群駛至目標航線前方某一海域集結，利用夜間從水面同時實施魚雷攻擊。另外，美國潛艇在太平洋海域也曾使用過狼群戰術。張序三主編，《海軍大辭典》，頁71。

22 劉一建，《制海權與海軍戰略》，頁70。

情報並作出應對。為應對德國的攻擊，英國政府除投入更多艦艇實施護航外，更納編了航母與遠程偵察機參與護航行動，才逐步扭轉戰場態勢。隨著護航艦船陸續加裝新式雷達與反潛武器值勤後，德國潛艇遭擊沉的數量急速攀升；到了戰爭後期，德國潛艇已無力對同盟國運補船團造成威脅，護航行動再次幫助英國逃離瀕臨投降的危機。

第一次及第二次世界大戰中，德國因欠缺優勢的水面艦艇爭奪制海權，而改採潛艇破壞對手海上交通線、封鎖對方物資運補的方式期藉以迫使英國投降。在攸關國家生存的情況下，「護航制度」為英國帶來一線生機，也成功建立起現代護航任務的典範。為商船從事「護航」以確保海上交通線順暢，也成為了日後海軍重要的核心任務之一。

三、結語

從早期為保障特許公司的商業資產，進而保障國家專屬經濟利益，政府授權公司組建私人武裝力量，保護船隻往來安全所形成的護航制度，隨著海洋競爭規模逐漸擴大、海上交通線觀念逐漸被重視。第一次、第二次世界大戰海上交通線的破壞與保護戰爭中，確立了護航制度是維護海上交通線重要的手段之一。時至今日，被保護的目標已不侷限於商船，護航制度也已成為海軍主要作戰任務之一。護航最重要的目的被定位為「保障己方艦艇或艦船編隊的安全，使其免遭敵方海軍兵力襲擊」。[23]這也為長時間演變下來的護航制度，做出更加明確的定義與詮釋。

[23] 張序三主編，《海軍大辭典》，頁50。

謝辭

自少壯志衛海疆，惜難進入後學堂
物換星移入驚聲，文武門下登廟堂

在2016年7月的炙熱艷陽下，低頭寫下論文最後一個字，為4年戰略所碩士班的生活畫下一個完美的句點。回想起那個懷抱著雄心壯志，一心嚮往海上生活的熱血青年，在經歷一次又一次的失望與失落後，卻意外踏入戰略與國際關係的領域中，開啟了截然不同的人生和旅程。雖然2012年考上戰略所至2016年畢業僅4年的時光，但與戰略所的淵源卻可追朔至2005年的旁聽歲月。當年跟著學長一同修習所上的專業科目、撰寫報告及參與學術研討會，奠定了對戰略研究的興趣和目標。幾經波折後，終於在2012年如願考上淡江戰略所，成為這個大家庭的一分子，更在諸多巧合的安排下，以「中共亞丁灣護航」為論文主題進行深入研究。似乎在冥冥中，讓未能成為海軍軍官的我，開闢了新的戰場與希望。

在漫長的求學過程中，首先要感謝我的指導教授林中斌老師。老師廣泛蒐集、細膩觀察、嚴謹分析的治學特質與風範，深深影響著我的學術生涯。自2005年旁聽老師開設的專業課程起，無論是在課堂上的授課與討論、課後研究室裡的心得分享，還是在論文撰寫中的指導，老師每一次的教導與叮嚀，都成為我撰寫論文時的基石與動力。在論文的催生過程中，從選題、架構擬定到撰寫，沒有老師的指導與協助，我的研究無法成形。接著要感謝另一位指導教授沈明室老師。沈老師在我求學及論文撰寫的過程中，給予的教導與協助，使我在學術研究的路程上，能用更寬廣而嚴謹的視角來進行戰略研究與分析。沒有兩位指導老師的費心，我的論文無法如此順利完成。同時要感謝黃介正老師和林穎佑老師在論文撰寫的過程中給予的諸多建議及指導，讓我的論文能以更精確、宏觀和專業的角度論述研究主題，更使論文能精確地切重要點並呈現出研究的成果。另外，還要特別感謝楊念祖老師在日理萬機中，仍抽空對我的論文提出專業的指點，使本論文能更臻完善。

此外，也要感謝在戰略所求學期間，王高成老師、李大中老師、翁明賢老師、施正權老師、何思因老師及陳文政老師在各個專業領域的課程中給予的指導，讓我能夠跳出軍事思維的狹隘視野，以更多元的觀點與辯證進行研究與分析。另外，更要感謝劉榮傳老師、張育英老師及各級長官在我入學修讀前給予的支持與鼓勵，沒有他們的支持，今日我恐怕仍在戰略研究的領域外徘徊，無法投身戰略所這個大家庭中。同時也要感謝趙連弟中將、李志誠教官、梁正綱學長、孫亦韜學長、宋振亞學長、趙國正學長、周道斌學長及曾國政學長等諸位海軍前輩與先進，在海軍實務經驗、航海知識及海軍戰術與戰略等專業領域給予的協助與指導，以及在求學過程中諸位先進，羅慶生教官、陳國銘學長、張明睿學長、滕昕雲學長、楊順利學長、邱子軒學長、陳奕偉學長、趙翌達學長、桂斌學長、李仁傑學長的鼓勵與幫助。同時也要感謝在學習歷程中的各位好友，詩雲、秉宥、承中、彥齊、英志、宗翰、萬斌、冠群、湘華、智懷、啟帆、昌瑋、仁祺、淑傑、博正、以杰、竑廷、韋聿、陳果、信淳、九安、凱蒂、靖茵、乙茜及哲睿在各方面的支持，讓我在最艱困的時候仍然能夠義無反顧地走下去。另外要感謝淡江戰略所碩士在職專班101級同甘共苦的夥伴們，這一路上有大家的相互扶持與照顧，我才能順利走完這一段充滿挑戰與冒險的旅程。當然，更不能忘記感謝永遠的戰略所之花秀真姊。因為有她的「後勤支援」，我們才能在漫長的求學過程中，無後顧之憂地學習與研究。

這本書在歷經重重波折後能順利出版，要特別感謝秀威資訊科技的主任編輯尹懷君小姐。沒有她的大力支持與協助，這篇文章將會隱沒在歷史的浪濤中。最後要感謝我的爸爸、媽媽、姑姑、妹妹及一直支持著我的太太，因為他們在背後默默的支持與包容，我才能在孤立無援的艱困環境中堅持自己的道路與信念，也才能有今天微小的成果。因此，我要將這一切歸功於陪伴在我身邊、愛我的家人，並將此微薄的成果，獻給在天上的爺爺、外公和外婆。

黃丞佑

2022年3月12日

參考文獻

中文參考書目

專書

1. 世界知識出版社編輯，《國際條約集・1948-1949》（北京：世界知識出版社，1959）。
2. 王立東，《國家海上利益論》（北京：國防大學出版社，2007）。
3. 王宏斌，《晚清海防：思想與制度研究》（北京：商務印書館，2005）。
4. 王冠雄，《全球化、海洋生態與國際漁業法發展之新趨勢》（台北：秀威資訊，2011）。
5. 朱艶方、謝復剛，〈國防實務的研究文獻探討的目的〉，《國防實務研究方法》（台北：前程文化事業，2005）。
6. 江啟臣，《國際組織與全球治理概論》（台北：五南圖書出版股份有限公司，2011）。
7. 李菁菁主編，《鄭和下西洋：海上史詩》（台北市：經典雜誌，1999）。
8. 李隆生，《清代的國際貿易：白銀流入、貨幣危機和晚清工業化》（台北市：秀威資訊，2010）。
9. 阮光峰等，《印度海上力量——挺進大洋》（北京：海洋出版社，1999）。
10. 林宗達，《中共海軍現代化》（新北市：晶采文化事業出版社，2013）。
11. 柏子、靳航，《護航亞丁灣——沉思錄》（北京：華藝出版社／浙江文藝出版社，2013）。
12. 倪樂雄，《文民的轉型與中國海權》（北京：新華出版社，2010）。
13. 家鑄，《海權與中國》（上海：上海三聯書店，2008）。
14. 張序三主編，《海軍大辭典》（上海：上海辭書出版社，1993）。
15. 張亞中、左正東主編，《國際關係總論》（新北市：揚智文化事業股份有限公司，2012）。
16. 張煒、鄭宏，《影響歷史的海權論——馬漢《海權對歷史的影響（1660-1783）》淺說》（北京：軍事科學出版社，2000年）。
17. 陳偉華，《軍事研究方法論》（桃園，國防大學，2003）。
18. 黄忠成，《海軍與國際海洋法》（台北市：海軍總司令部，1996）。
19. 葉至誠，《社會科學概論》（台北：揚智文化，2000）。
20. 壽曉松、徐經年主編，《軍隊應對非傳統安全威脅研究》（北京：軍事科學出版社，2009）。
21. 劉一建，《制海權與海軍戰略》（北京：國防大學出版社，2000）。
22. 劉華清，《劉華清回憶錄》（北京：解放軍出版社，2005）。
23. 鄭欽模，〈北約的過去、現在與未來〉，《國際關係》（台北市：五南圖書出版股份有限公司，2006）。
24. 霍小勇主編，《軍種戰略學》（北京：國防大學出版社，2006年）。
25. 謝啟美、王杏芳主編，《中共與聯合國——聯合國成立五十週年》（北京：世界知識出版社，1995）。
26. 羅文俊，《不能說的秘密：中共國防報告書之戰略意涵（1998-2010）》（台北市：致知學術出版社，2013）。
27. 譚傳毅，《現代海軍手冊——理論與實務》（台北：時英出版社，2000）。
28. 蘇冠群，《中國的南海戰略》（台北：秀威資訊，2013）。
29. 易君博，《政治學理論與研究方法》（台北：三民書局，1991）。

專書譯著

1. Bernard Ireland著，李雯、劉慧娟譯，《1914-1945年的海上戰爭》（上海：上海人民出版社，2005）。
2. Karl Dönitz著，王星昌譯《鄧尼茲元帥戰爭回憶錄》（北京：解放軍出版社，2005）。
3. R. C. Majumdar, H. C. Raychaudhuri, & Kalikinkar Datta著，李志夫譯，〈英國東印度公司〉，《印度通史下冊》（台北：國立編譯館出版，1981），頁957。
4. 山弟・伍華德（Sandy Woodward）著，曾祥穎譯，《福克蘭戰爭一百天》（台北：麥田出版社，1994）。
5. 伯德納・柯爾（Bernard D. Cole）著，李永悌譯，《亞洲怒海戰略》，（台北市：國防部政務辦公室，2015）。
6. 伯德納・柯爾（Bernard D. Cole）著，吳奇達、高中一、黃俊彥譯，〈中共的海軍戰略〉，《下下一代的共軍》（台北：國防部史政編譯局，2001）。
7. 伯德納・柯爾（Bernard D. Cole）著，蘿莉・勃奇克、施道安、伍爾澤、李育慈譯，〈半世紀後之中共海軍：北京記取之教訓〉，《解放軍75周年之歷史教訓》（台北：國防部史政編譯室，2004）。
8. 哈特尼特（Daniel M. Hartnett）、維魯西（Frederic Vellucci）著，李勇悌譯，〈邁向海洋安全戰略：九〇年代初期至今的中共觀點分析〉，《中共海軍：能力跨大・角色演進》（台北市：國防部政務辦公室，2013）。
9. 馬漢（Alfred Thayer Mahan）著，安常容、成忠勤譯，《海權對歷史的影響1660~1783》（北京：解放軍出版社，1998）。
10. 傑佛瑞・提爾（Geoffrey Till）著，李永悌譯，《21世紀海權》（台北市：國防部史政編譯室，2012）。
11. 萊恩・克拉克（Ryan Clarke）著，陳清鎮譯，《中共海軍與能源安全》（台北市：國防部史政編譯室，2012）。
12. 橫井祐介著，黃聖怡譯，《圖解大航海時代大全》（新北，楓樹林出版事有限公司，2015）。
13. 龔培德（David C. Gompert）著，高一中譯，《海西太平洋海權之爭》（台市：國防部政務辦公室，2015）。
14. Colin S. Gray. & Roger W. Barnett著，陳崇廉譯，《海權與戰略》（台北：海軍學術月刊社，1992）。
15. 謝啟美、王杏芳主編，《中共與聯合國——聯合國成立五十周年》（北京：世界知識出版社，1995），頁88。

期刊

1. 曾祥裕、朱宇凡，〈印度海軍外交：戰略、影響與啟示〉，《南亞研究季刊》，第160期，2015年（成都：四川大學南亞研究所，2015年）。
2. 〈解放軍海軍走入藍海不再是夢想〉，《亞太防務》，2010年7月。http://cnrn.tw/doc/1011/1/6/5/101116510.html?coluid=4&kindid=18&docid=101116510&mdate=1027150612
3. 〈鴉片戰爭中的英國艦隊〉，《外國在華軍艦集》，第11期。http://60-250-180-26.hinet-ip.hinet.net/theme/theme-47/47-index.html
4. P. K. Ghosh、古知新、閻洪，〈海事安全、海盜和貨櫃安全〉，《海事洞察》，第2卷，第3期，2014年（香港：香港董浩雲國際海事研究中，2014）。
5. 王金麗，〈亞丁灣護航行動中的心理管理〉，《軍隊政工理論研究》，第13卷，第5期，2012年10月

（上海：中國人民解放軍南京政治學院，2012）。
6. 王威，〈中國海軍第一批護航編隊任務總結報告〉，《現代艦船》，第5期B版，2009年（北京：現代艦船雜誌社，2009）。
7. 王高成、王信力，〈東亞權力變遷與美中關係發展〉，《全球政治評論》，第39期，2012年7月（台中市：國立中興大學國際政治研究所，2012.7）。
8. 王崇武、楊穎堅，〈海洋環境與反潛作戰專輯——序言〉，《海洋及水下科技季刊》，第14卷，第4期（台北市：中華民國海下技術協會，2005年2月）。
9. 王崑義，〈非傳統安全與台灣軍事戰略的變革〉，《台灣國際研究季刊》，第6卷，第2期，2010年／夏季號，（台北市：台灣國際研究學會，2010年6月）。
10. 王維源，〈亞丁灣護航行動油料保障問題芻議〉，《中國儲運》，2012年第8期（天津：中國儲運雜誌社，2012）。
11. 巫靜宜，〈探險・海盜・貿易瓷——淺繪十七世紀荷蘭東印度公司轉運的中國貿易瓷地圖〉，《故宮文物月刊》，第21卷，第8期，2013年11月（台北市：國立故宮博物院，2013.11）。
12. 姜家雄、楊仕樂，〈快速反應部隊的理念與實踐：「歐盟快速反應部隊」與「北約反應部隊」之初探〉，《國際關係學報》，第20期，2005年7月（台北市：政治大學外交學系，2005年）。
13. 張在元，〈索馬里、亞丁灣水域防抗海盜及護航編隊實操程式〉，《科技致富向導》，2010年第02期（下）（濟南：山東省科學技術協會，2010年）。
14. 許世楷，〈看日本集體自衛權的過去、現在與未來的發展——談安倍首相推動新安保法案的戰略意涵〉，《新世紀智庫論壇》，第71期，2015.9.30（新北市：財團法人台灣新世紀文教基金會，2015）。
15. 陳貞如，〈歐盟對於國際海洋法秩序之影響及其實踐〉，《歐美研究》，第46卷，第1期，2016年3月（台北市：中央研究院歐美研究所，2016年3月）。
16. 陸儒德，〈遠征亞丁灣的理由〉，《東北之窗》，第002期（大連市：大連報業集團，2009）。
17. 童振源，〈中國經濟發展之全球風險與挑戰〉，《九鼎月刊》，第22期（澳門：九鼎傳播有限公司，2009.8）。
18. 黃一哲，〈上海合作組織的現況與發展〉，《國防雜誌》，第24卷，第3期，2009.6（桃園：國防大學，2009年6月1日）。
19. 劉軍，〈索馬里海盜問題探析〉，《現代國際關係》，2009年第01期（北京：現代國際關係雜誌編輯部，2009）。
20. 劉衛東，〈索馬里護航，中國海軍的得與失〉，《黨員幹部之友雜誌》，2011年第12期（山東濟南：黨員幹部之友雜誌編輯部，2011年）。
21. 邊子光，〈索馬利亞海盜：國家與國際組織之因應〉，《海洋事務與政策評論》，創刊號，2010.12.30（高雄市：中華民國海洋事務與政策協會，2010年12月）。
22. 嚴震生，〈當前中國對非洲的能源戰略與外交〉，《國際關係學報》，第24期（台北市：國立政治大學外交學系，2007）。
23. 殷衛濱，〈困局與出路：海盜問題與中國海上戰略通道安全〉，《南京政治學院學報》，2009年第2期，第25卷，（江蘇：中國人民解放軍南京政治學院，2009）。
24. 黃汀，〈論中國軍艦赴索馬里護航的國際合法性〉，《湘潭師範學院學報》，第31卷，第35期（湖南：湘潭師範學院學報（社會科學版）雜誌編輯部，2009年9月）。
25. 翟文中，〈海軍外交與危機處理〉，《問題與研究》，第35卷，第11期（1996年11月）（台北市：國立政治大學國際關係研究中心，1996），頁35。
26. 韓雪晴，〈全球公域戰略與北約安全新理念〉，《國際安全研究》，2014年4期（北京：國際關係學院，2014年4月），頁70。
27. 陳弈成，〈中共海軍「機動6號」演習之分析及其戰略意涵〉，《海軍學術雙月刊》，第15卷，第1期（台北：海軍司令部，2016年2月），頁131-132。

28. 劉啟文，〈前進印度洋——中共「珍珠鏈戰略」之剖析〉，《海軍學術雙月刊》，第45卷，第5期（台北：海軍司令部，2011年10月），頁35。

研討會論文

1. 沈明室、林文龍，〈我國海上安全與反恐機制發展與策進〉，《第四屆「恐怖主義與國家安全」學術研討會，2008年》（桃園：中央警察大學恐怖主義研究中心，2008）。
2. 李春益，〈印度海軍戰略發展對亞太安全的影響〉，《國防大學八十六週年校慶基礎學術研討會論文集》（桃園：國防大學，2011）。
3. 林穎佑，〈當代海軍外交的轉變〉，《第四屆海權與國防研討會論文集》（桃園：國防大學，2012年12月）。
4. 張福昌，〈歐洲聯盟反海上恐怖主義之研究——以Atalanta行動為例〉，《第六屆「恐怖主義與國家安全」學術暨實務研討會》（桃園：中央警察大學恐怖主義研究中心，2010）。
5. 蔡萬助、陳冠宇，〈海盜治理與亞丁灣海上安全合作機制〉，《第五屆「恐怖主義與國家安全」學術暨實務研討會論文集》（桃園：中央警察大學恐怖主義研究中心，2009）。

學位論文

1. 王藍輝，〈日本麻生政府打擊索馬利亞海盜政策之研究——以環境模型探討〉（台中市：中興大學國際政治研究所，2013）。
2. 林清玉，〈就海盜防制議題論亞太地區合作機制〉（台北：開南大學，2012）。
3. 葉錦娟，〈歐盟軍事干預與新干預主義之檢證〉，（新北市：淡江大學歐洲研究所，2011年6月）。
4. 林穎佑，〈解放軍海軍現代化下的戰略〉（新北市：淡江大學國際事務與戰略研究所，2008）。
5. 陳世軒，〈防制海盜行為之國際合作與實踐——比較分析麻六甲海峽與索馬利亞沿岸〉（台北市：臺灣大學政治系，2011年1月）。

新聞資料

1. 〈中遠擴大在非航運業務〉，《國際金融報》2006年4月25日，第03版。
2. 〈中國護航特戰隊訓練探秘〉，《大公報》2012年12月25日。
3. 〈無法突圍的存在艦隊：德意志公海艦隊〉，《鳳凰網》http://news.ifeng.com/a/20140727/41326443_0.shtml
4. 〈索馬里國家概況〉，《中國新聞網》http://big5.chinanews.com/gj/zlk/2014/01-17/488.shtml
5. 〈索馬利亞海盜年收入7.9萬美元〉，《大紀元報》http://www.epochtimes.com/b5/11/4/18/n3231406.htm
6. 〈與索國海盜斡旋1年半，台漁船旭富一號獲釋〉，《大紀元報》http://www.epochtimes.com/b5/12/7/18/n3637927.htm%E8%88%87%E7%B4%A2%E5%9C%8B%E6%B5%B7%E7%9B%9C%E6%96%A1%E6%97%8B1%E5%B9%B4%E5%8D%8A-D%B2%E9%87%8B.html
7. 〈印度洋海嘯救災船遭海盜劫持〉，《BBC新聞網》http://news.bbc.co.uk/chinese/trad/hi/newsid_4630000/newsid_4638200/4638241.stm
8. 〈海盜猖獗劫軍火，俄美戰艦急赴索馬里「剿匪」〉，《新華網》http://news.xinhuanet.com/mil/2008-10/03/content_10143763.htm
9. 〈海盜所劫巨型油輪「天狼星號」已接近索馬里〉，《中新網》http://www.chinanews.com/gj/fz/news/2008/11-18/1454137.shtml

10. 〈索馬里海盜劫30萬噸油輪〉，《BBC新聞網》http://www.bbc.com/zhongwen/trad/world/2009/11/091130_somali_pirates_tanker
11. 〈被海盜擄走11個月穩發161號回來了〉，《自由時報》http://news.ltn.com.tw/news/society/paper/377399
12. 〈聯合國安理會授權延長打擊索馬里海盜行動〉，《新華網》http://big5.huaxia.com/zt/js/08-069/2668763.html
13. 〈中國向聯合國通報海軍艦艇赴索馬里海域護航決定〉，《新華網》http://news.xinhuanet.com/world/2008-12/23/content_10544918.htm
14. 〈鄧小平留下豐富外交遺產　「韜光養晦」至今仍有現實意義〉，《國際線上》http://big5.cri.cn/gate/big5/gb.cri.cn/42071/2014/08/22/2225s4662911.htm
15. 〈佐利克訪華呼籲中國承擔國際責任〉，《中評社》http://www.zhgpl.com/crn-webapp/doc/docDetailCreate.jsp?coluid=0&kindid=0&docid=100089487
16. 〈大國形象：「威脅」已過時　「責任」領風騷〉，《文匯報》http://paper.wenweipo.com/2011/12/21/ED1112210015.htm
17. 〈西班牙首相提議中國海軍參與打擊索馬里海盜〉，《環球網》http://mil.huanqiu.com/china/2008-05/102392.html
18. 〈德國海軍司令邀請中國聯手打海盜〉，《人民網》http://military.people.com.cn/BIG5/8221/72028/135250/8438346.html
19. 〈索馬里駐華大使：「我們歡迎中國海軍打擊海盜」〉，《中廣網》http://fan.cnr.cn/gate/big5/www.cnr.cn/military/tebie/smlhd/smlztmtpl/200812/t20081226_505188501.html
20. 〈俄海軍總司令說俄近期將參與打擊索馬里海盜〉，《環球網》http://mil.huanqiu.com/world/2008-09/235077.html
21. 〈美派戰艦追蹤遭劫軍火船　俄派軍艦打擊海盜活動〉，《人民網》http://military.people.com.cn/BIG5/42969/58519/8120709.html
22. 〈索馬里海盜劫軍火震驚國際　歐美俄出兵包圍〉，《中評社》http://www.zhgpl.com/doc/1007/5/8/1/100758100.html?coluid=7&kindid=0&docid=100758100&mdate=0929105151
23. 〈印度海軍在亞丁灣挫敗海盜襲擊油輪〉，《新華網》http://news.xinhuanet.com/world/2009-12/08/content_12607795.htm
24. 〈印度向索馬里海盜宣戰　增派飛彈驅逐艦赴亞丁灣〉，《中新網》http://big5.cri.cn/gate/big5/gb.cri.cn/19224/2008/11/21/3525s2333513.htm
25. 〈中國參與聯合國維和大事記〉，《新華網》http://news.xinhuanet.com/ziliao/2003-04/02/content_810710_5.htm
26. 〈俄軍將參與打擊索馬里海盜〉，《中國青年報》http://zqb.cyol.com/content/2008-09/24/content_2369946.htm
27. 〈中國非洲投資踢到大鐵板　自利比亞大規模撤僑三・六萬人只是開始〉，《財訊快報》http://www.investor.com.tw/onlineNews/freeColArticle.asp?articleNo=471
28. 〈韓國漁船被海盜劫持　3名中國船員被扣留〉，《騰訊網》http://news.qq.com/a/20060406/000055.htm
29. 〈中國船員憶述索馬里遭劫半年　常被推上甲板當肉盾〉，《中國網》http://www.china.com.cn/news/txt/2007-11/16/content_9240751.htm
30. 〈載有24名中國船員的香港貨輪在索馬里遭劫持〉，《中評社》http://hk.crntt.com/doc/1007/4/9/3/100749379.html?coluid=7&kindid=0&docid=100749379
31. 〈去年被海盜劫持的「天裕8號」漁船已安全獲救〉，《新華社》http://news.xinhuanet.com/mil/2009-02/09/content_10784946.htm
32. 〈中國考慮近期派遣軍艦赴索馬里海域參加護航活動〉，《新華社》http://news.xinhuanet.com/world/2008-12/17/content_10515441.htm
33. 〈港媒呼籲中國海軍依法出兵打擊索馬里海盜〉，《易網新聞中心》http://www.timesk.com/portal.

php?mod=view&aid=7326
34. 〈國防報告書：中共2020年具全面犯台能力〉，《ETtoday東森新聞》http://www.ettoday.net/news/20131008/279693.htm
35. 〈國防白皮書首提海外利益攸關區　維權鬥爭將長期存在〉，《人民網》http://military.people.com.cn/n/2015/0527/c1011-27061467.html
36. 〈第22艘054A型導彈護衛艦「湘潭艦」正式入列東海艦隊〉，《ETtoday東森新聞》http://www.ettoday.net/news/20160225/652429.htm
37. 〈中國海軍在第一島鏈頻繁活動〉，《中評社》www.zhgpl.com/doc/1014/6/3/1/101463110.html?coluid=7&kindid=0&docid=101463110&mdate=1002082853
38. 〈從民主黨之辯看日本的中國威脅論〉，《中評社》http://www.chinareviewnews.com/doc/1000/7/4/3/100074374.html?coluid=0&kindid=0&docid=100074374
39. 〈鄧聿文：北京的外交變革與不結盟政策〉，《中評社》http://www.zhgpl.com/crn-webapp/mag/docDetail.jsp?coluid=0&docid=102812014
40. 〈亞丁灣上　海納百川——中國海軍第三批護航編隊護航期間對外交流紀實〉，《新華網》http://news.xinhuanet.com/mil/2009-12/03/content_12583027.htm
41. 〈中國海軍亞丁灣護航路線簡介〉，《鐵血網》http://m.toutiaojunshi.com/Home/ArtDetailed/194517
42. 〈海軍第十四和十五批護航編隊執行聯合護航任務〉，《鳳凰網》http://news.ifeng.com/mil/bigpicture/detail_2013_08/23/28937654_0.shtml#p=1
43. 〈中國第二批赴索馬里護航編隊與「微山湖」艦會合〉，《中國網》http://www.china.com.cn/military/txt/2009-04/12/content_17589698.htm
44. 〈中國最大戰艦搭載新型氣墊艇在亞丁灣海域巡邏警戒〉，《新華網》http://news.xinhuanet.com/world/2010-09/03/c_12516017.htm
45. 〈中國海軍第二十批護航編隊開始環球訪問〉，《新華網》http://news.xinhuanet.com/mil/2015-08/24/c_128157730.htm
46. 〈護航亞丁灣〉，《北京週報》http://www.beijingreview.com.cn/2009news/tegao/2013-08/06/content_559527.htm
47. 〈外國商船放棄國際推薦航道尋求中國海軍保護〉，《華夏經緯網》http://big5.huaxia.com/zt/js/08-069/3146879.html
48. 〈第十九批護航編隊特戰隊員隨船護衛商船安全〉，《人民網》http://military.people.com.cn/BIG5/n/2015/0418/c172467-26864636.html
49. 〈可疑快艇追中國商船　中國護航軍艦夜間應召支援〉，《中新網》http://www.chinanews.com/gn/news/2009/01-18/1532332.shtml
50. 〈海軍完成832批護航任務　第20批編隊接力護航〉，《中央人民廣播電台網》http://military.cnr.cn/kx/20150424/t20150424_518392894.html
51. 〈專家：中國貨輪被海盜劫持凸顯護航盲區〉，《中評社》http://cnrn.tw/doc/1011/1/6/5/101116510.html?coluid=4&kindid=18&docid=101116510&mdate=1027150612
52. 〈中國海軍亞丁灣展開首次遠海醫療救護演練〉，《中評社》http://cnrn.tw/doc/1014/6/7/0/101467078.html?coluid=154&kindid=0&docid=101467078
53. 〈海軍第二十批護航編隊組織遠海醫療救護演練〉，《華夏經緯網》http://big5.huaxia.com/zt/js/08-069/4426797.html
54. 〈中國第四批護航編隊直升機組驅趕5批可疑目標〉，《中評社》http://www.chinatw.tw/doc/1012/4/0/5/101240533.html?coluid=4&kindid=16&docid=101240533&mdate=0225093827
55. 〈中國護航行動進入常態化　多港口成休整基地〉，《中評社》http://www.zhgpl.com/doc/1010/5/5/3/101055341_2.html?coluid=7&kindid=0&docid=101055341&mdate=0823091732
56. 〈中國第二十一、二十二批護航編隊在亞丁灣分航〉，《中新網》http://www.chinanews.com/tp/

hd2011/2016/01-04/597540.shtml
57. 〈中國海軍護航編隊首次護航世界糧食計畫署船隻〉，《中新網》http://www.chinanews.com/gn/2011/03-23/2925023.shtml
58. 〈海軍第17批護航編隊完成護航世界糧食計畫署船〉，《中新網》http://www.chinanews.com/mil/2014/05-26/6211224.shtml
59. 〈銷毀敘化武行動19日開始　中國海軍將赴地中海護航〉，《中評社》http://www.chinanews.com/mil/2013/12-20/5644417.shtml
60. 〈銷毀敘化武艦船準備就緒　中國隱身艦出征〉，《中評社》http://hk.crntt.com/doc/1029/6/1/8/102961869.html?coluid=7&kindid=0&docid=102961869&mdate=010
61. 〈中國海軍艦艇已赴地中海為運輸敘化武船隻護航〉，《中評社》http://hk.crntt.com/doc/1029/5/5/4/102955483.html?coluid=7&kindid=0&docid=102955483
62. 〈索馬利亞海盜襲擊事件頻繁　分區護航做法聰明〉，《華夏經緯網》http://hk.crntt.com/doc/1029/5/5/4/102955483.html?coluid=7&kindid=0&docid=102955483
63. 〈亞丁灣護航國際合作協調會議在北京召開〉，《新華網》http://news.xinhuanet.com/mil/2009-11/06/content_12400008.htm
64. 〈中國海軍護航進入輪戰狀態〉，《中評社》http://www.zhgpl.com/crn-webapp/search/siteDetail.jsp?id=10205
65. 〈解放軍奪島演練戰　重裝備亮相〉，《文匯網》http://news.wenweipo.com/2013/03/23/IN1303230032.htm
66. 陶慕劍，〈海外護航　中國最大的6艘驅逐艦不合適〉，《鳳凰網——防務短評》http://news.ifeng.com/mil/forum/detail_2011_02/25/4852404_0.shtml
67. 陶慕劍，〈若沒有補給艦　中國航母只是短途客輪〉，《鳳凰網——防務短評》http://news.ifeng.com/mil/forum/detail_2011_05/25/6618213_0.shtml?_from_ralated&_from_ralated
68. 〈中國海軍第十一批護航編隊啟航北海艦隊首次派艦執行護航任務〉，《鳳凰網》http://news.ifeng.com/gundong/detail_2012_03/01/12894952_0.shtml
69. 陶慕劍，〈中國最大補給艦首次投入護航一線〉，《鳳凰網——防務短評》http://news.ifeng.com/mil/forum/detail_2011_07/01/7377445_0.shtml?_from_ralated&_from_ralated
70. 〈海軍護航艦隊「微山湖」艦完成首次停靠外港補給〉，《中新網》http://www.chinanews.com/gn/news/2009/02-24/1577099.shtml
71. 〈中國護航編隊創海上持續不靠港124天紀錄〉，《中評社》http://gb.chinareviewnews.com/doc/1011/0/6/0/101106093.html?coluid=4&kindid=16&docid=101106093
72. 〈海軍第九批護航編隊停靠沙特阿拉伯吉達港補給休整〉，《人民網》http://military.people.com.cn/BIG5/15583970.html
73. 〈「跛足的海軍」站起來　陸「高郵湖號」補給艦元月入役〉，《ETtoday東森新聞》http://www.ettoday.net/news/20160109/627388.htm?feature=88&tab_id=89
74. 〈中國海軍又一萬噸巨艦將入列　艦載機型號曝光〉，《中評社》http://gb.chinareviewnews.com/doc/1039/7/2/1/103972103.html?coluid=196&kindid=8780&docid=103972103&mdate=1021082811
75. 〈中俄軍演練搶灘登陸：071艦投放14輛兩棲戰車〉，《新浪軍事》http://mil.news.sina.com.cn/2015-08-25/1605837816.html
76. 〈陸第4艘071登陸艦　部署東海艦隊〉，《中時電子報》http://www.chinatimes.com/newspapers/20160127000808-260301
77. 〈海軍三大艦隊演兵西太平洋　遠海訓練常態化實戰化〉，《人民網》http://military.people.com.cn/n/2015/0107/c1011-26338970.html
78. 〈軍中之軍劍指何方？中國海軍陸戰隊建軍35週年〉，《新浪網——「出鞘」專刊2015.5.11》http://slide.mil.news.sina.com.cn/h/slide_8_62085_35673.html?img=419015#p=17

79. 〈我軍十大特種部隊公開：東方神劍號稱皇牌部隊〉，《環球網》http://mil.huanqiu.com/china/2014-12/5249897_5.html
80. 〈海軍臨沂艦艦長高克：戰火中率艦葉門撤離中外公民〉，《華夏經緯網》http://big5.huaxia.com/zt/js/2004-74/hjxgbd/4513830.html
81. 〈中國海軍特種部隊：蛟龍突擊隊〉，《新華網》http://news.xinhuanet.com/mil/2010-02/05/content_12935956.htm
82. 〈中國軍方派四艦艇參加「環太平洋」聯合軍演〉，《BBC中文網》http://www.bbc.com/zhongwen/trad/china/2014/06/140609_china_army_us
83. 〈中國海軍獨立護航不受外國指揮〉，《中評社》http://www.nanzao.com/tc/national/14d8e47e5666d51/zhong-guo-jun-shi-zhan-lve-bai-pi-shu-hai-shang-wei-quan-chang-qi-cun-zai-jian-jue-wei-hu-guo-jia-zhu-quan
84. 〈中國海軍護航行動大事記〉，《中國軍網》http://www.81.cn/big5/2014hjhh/2014-12/23/content_6281269_2.htm
85. 〈中俄兩國海軍聯合軍演回顧〉，《新華網》http://news.xinhuanet.com/world/2015-08/15/c_1116264568.htm
86. 〈中國3艘軍艦參演「和平－13」多國海上聯合軍演〉，《中國新聞網》http://www.chinanews.com/mil/2013/03-05/4617986.shtml
87. 〈「和平－07」海上多國聯合軍演拉開序幕〉，《人民網》http://military.people.com.cn/GB/42962/5455224.html
88. 〈參加聯合軍演的中國驅逐艦抵達巴基斯坦喀拉蚩〉，《人民網》http://military.people.com.cn/BIG5/1076/52965/8914933.html
89. 〈中俄「海上聯合－2015（Ⅰ）」軍事演習　正式開始〉，《中時電子報》http://www.chinatimes.com/realtimenews/20150511004386-260409l
90. 〈中俄8月20日起舉行海上軍演　地點包括日本海海空域〉，《人民網》http://military.people.com.cn/BIG5/n/2015/0730/c52936-27387539.html
91. 〈地中海軍演展露俄中新戰略〉，《BBC中文網》http://www.bbc.com/zhongwen/trad/china/2015/05/150511_analysis_markus_china_mediterranean
92. 〈中俄地中海軍演　5月中登場〉，《聯合新聞網》http://udn.com/news/story/7331/874609-%E4%B8%AD%E4%BF%84%E5%9C%B0%E4%B8%AD%E6%B5%B7%E8%BB%8D%E6%BC%94-5%E6%9C%88%E4%B8%AD%E7%99%BB%E5%A0%B4
93. 〈中國海軍第十八批護航編隊抵達法國訪問〉，《人民網》http://world.people.com.cn/n/2015/0209/c157278-26535394.html
94. 〈我護航軍艦趕赴利比亞附近海域保護中國人撤離〉，《新華網》http://news.xinhuanet.com/mil/2011-02/25/c_121121915.htm
95. 〈葉門之戰無功而返9國聯軍停止空襲〉，《風傳媒》http://www.storm.mg/article/46952
96. 〈中國海軍暫停亞丁灣護航　專家：或赴葉門參加撤僑〉，《環球網》http://big5.cri.cn/gate/big5/gb.cri.cn/42071/2015/03/28/2225s4916085.htm
97. 〈中國海軍圓滿完成葉門撤僑任務〉，《國際在線》http://big5.cri.cn/gate/big5/gb.cri.cn/42071/2015/03/31/8011s4918705.htm
98. 〈馬來西亞宣布馬航370航班失事〉，《新華社》http://news.xinhuanet.com/world/2015-01/29/c_1114184078.htm
99. 〈專家：中國海軍參與敘化武海運護航彰顯負責任大國形象〉，《中國新聞網》http://www.chinanews.com/mil/2013/12-19/5641113.shtml
100. 〈中國戰艦撤僑為何載外國人？海軍最初為何沉默？〉，《環球網》http://mil.huanqiu.com/observation/2015-04/6075583.html

101. 〈日本自衛隊護衛艦開始參與多國部隊在索馬里護航〉，《華夏經緯網》http://big5.huaxia.com/zt/js/08-069/3655615.html
102. 〈中美特戰隊在亞丁灣聯演反海盜〉，《新華網》http://news.xinhuanet.com/mil/2012-09/19/c_123733613.htm
103. 〈美軍少將訪問中國海軍舟山號護航軍艦〉，《環球網》http://mil.huanqiu.com/china/2009-11/620796.html
104. 〈第十四批護航編隊指揮員談中美海上聯演亮點〉，《中國廣播網》http://fan.cnr.cn/gate/big5/native.cnr.cn/news/201308/t20130826_513412389.shtml
105. 〈中美海軍在亞丁灣舉行聯合反海盜演練〉，《中國新聞網》http://www.chinanews.com/mil/2014/12-11/6868547.shtml
106. 〈美韓成立聯合師團　軍事同盟關係重整〉，《青年日報》http://news.gpwb.gov.tw/news.aspx?ydn=026dTHGgTRNpmRFEgxcbfTZFpwNJsTJB%2fW2cQuLeJ029c4Foyuh50ruXho0bpiFUnCBoQNIWjp2QkpFuywgpvJHogVn4T1bzjxIZHrLgYC0%3d
107. 〈日本海自參謀長將首次訪華　或談海盜及航母話題〉，《人民網》http://military.people.com.cn/BIG5/1077/52987/9613991.html
108. 〈海軍第五批護航編隊指揮員訪問日本護航艦艇〉，《新華網》http://big5.xinhuanet.com/gate/big5/news.xinhuanet.com/mil/2010-05/24/content_13552263.htm
109. 〈中日防空識別區重疊　中國後發制人？〉，《BBC中文網》http://www.bbc.com/zhongwen/trad/china/2013/11/131125_china_japan_east_sea
110. 〈日本自衛隊首次向海外派指揮官　加入多國籍部隊〉，《中新網》http://www.chinanews.com/gj/2015/02-03/7029973.shtml
111. 〈北約海軍508護航編隊指揮官訪問中國「舟山」艦〉，《中國網》http://www.gov.cn/jrzg/2009-10/12/content_1436609.htm
112. 〈中國和烏克蘭首次舉行海軍演習：演練海上臨檢〉，《環球網》http://military.china.com/news/568/20131115/18150899.html
113. 〈中國海軍護航編隊與北約508編隊舉行聯合反海盜演練〉，《新華網》http://www.chinanews.com/mil/2015/11-26/7643338.shtml
114. 〈解讀中歐首次反海盜聯演：多國參與　擴大安全合作〉，《新華網》http://news.xinhuanet.com/mil/2014-03/24/c_126304953.htm?prolongation=1
115. 〈中俄護航編隊將舉行「和平藍盾－2009」聯合演習〉，《中國網》http://big5.gov.cn/gate/big5/www.gov.cn/jrzg/2009-09/17/content_1420059.htm
116. 〈中俄海軍完成第二次聯合護航〉，《新華網》http://news.xinhuanet.com/mil/2009-09/21/content_12090575.htm
117. 〈中國海軍或協助歐盟護航世界糧食署船隻〉，《香港新聞網》http://www.hkcna.hk/content/2010/1209/79141.shtml
118. 〈中國歐盟發表《中歐合作2020戰略規劃》〉，《中新網》http://www.chinanews.com/gn/2013/11-23/5539024.shtml
119. 〈中國艦隊抵達法國訪問　將與法軍進行海上演習〉，《新浪軍事》http://mil.news.sina.com.cn/2015-02-10/1709821209.html
120. 〈一仗打出中國在南沙的「基本盤」：314海戰28週年紀念〉，《鐵血網》http://bbs.tiexue.net/post2_11318427_1.html
121. 〈杜景臣任海軍副司令　曾參與大連空難救援〉，《中評社》http://www.zhgpl.com/crn-webapp/doc/docDetailCNML.jsp?coluid=91&kindid=2710&docid=103319792
122. 〈21艦新上陣　海軍迎巨艦時代〉，《聯合新聞網》http://udn.com/news/story/7331/1496068-21%E8%89%A6%E6%96%B0%E4%B8%8A%E9%99%A3-%E6%B5%B7%E8%BB%8D%E8%BF%8E%E5%

B7%A8%E8%89%A6%E6%99%82%E4%BB%A3
123. 〈中國海軍22批護航編隊赴亞丁灣　大慶艦首次執〉，《新浪軍事》http://mil.news.sina.com.cn/2015-12-07/0737845793.html
124. 〈「和平－11」多國海上聯合軍演開始舉行〉，《中國網》http://www.china.com.cn/photochina/2011-03/09/content_22093260_4.htm
125. 〈國防部證實潛艇赴亞丁灣護航並停靠科倫坡港補給〉，《中國網》http://big5.china.com.cn/military/2014-09/25/content_33615614.htm
126. 〈央視曝光中國核潛艇亞丁灣遠航〉，《文匯網》http://news.wenweipo.com/2015/04/27/IN1504270074.htm
127. 〈原任海軍副司令員杜景臣中將退出現役，已年滿64歲〉，《彭湃新聞》http://www.thepaper.cn/newsDetail_forward_1428058
128. 〈傳中共海軍少將因洩漏軍事機密跳樓身亡〉，《大紀元報》http://www.epochtimes.com/gb/14/9/4/n4240251.htm
129. 〈美國中央司令部——安定中東的關鍵軍力〉，《青年日報》http://news.gpwb.gov.tw/news.aspx?ydn=026dTHGgTRNpmRFEgxcbfcCSN9Fhd8KFbqLRgMWauV%2fFtSQpuaMr3AQ2abYBDQsf4Zno3EqxhP%2bgu3b7SegMGVCV2zuSWdY0LsMaZQ%2bvids%3d
130. 丘山，〈稱霸海灣地區的死而復生的美海軍第5艦隊〉，《人民網》http://www.people.com.cn/BIG5/junshi/192/6605/20011101/595031.html
131. 〈亞丁灣的多國聯合艦隊〉，《鳳凰網》http://news.ifeng.com/mil/special/intnavy/
132. 〈美國海軍宣布牽頭新組一支國際反海盜部隊〉，《中國網》http://big5.china.com.cn/military/txt/2009-01/10/content_17085823.htm
133. 〈美法日駐兵吉布地現狀〉，《大公報》http://news.takungpao.com.hk/paper/q/2016/0125/3272502.html
134. 〈解禁集體自衛權，武力脫韁的日本在走向海外的道路上漸行漸遠〉，《中國軍網》http://www.81.cn/big5/jwgz/2014-07/09/content_6041645.htm
135. 〈護航非洲之角　俄羅斯海軍動手了〉，《中評社》http://wwww.cn-rn.com/doc/1008/0/4/1/100804167_3.html?coluid=4&kindid=16&docid=100804167&mdate=1118152430
136. 〈俄羅斯呼籲國際聯合行動打擊索馬里沿海海盜〉，《中國網》http://big5.china.com.cn/international/txt/2008-10/04/content_16565025.htm
137. 〈日本護衛艦根據「海盜對策法」開始在索馬里護航〉，《人民網》http://world.people.com.cn/GB/9746698.html
138. 〈中日護航編隊指揮員會面探討情報等方面合作〉，《新華網》http://news.xinhuanet.com/mil/2010-04/29/content_13442305.htm
139. 〈美國批評中國設東海防空識別區破壞穩定〉，《BBC中文網》http://www.bbc.com/zhongwen/trad/china/2013/11/131124_us_china_japan
140. 〈俄羅斯軍艦將長期駐紮亞丁灣打擊索馬里海盜〉，《華夏經緯網》http://big5.huaxia.com/zt/js/08-069/1273705.html
141. 〈俄羅斯太平洋艦隊編隊抵達亞丁灣打擊索馬里海盜〉，《中國新聞網》http://big5.china.com.cn/military/txt/2009-04/28/content_17685532.htm
142. 〈美盟151編隊指揮官訪問我第17批護航編隊〉，《人民網》http://military.people.com.cn/n/2014/0711/c1011-25269984.html
143. 〈俄羅斯黑海艦隊成功制止海盜劫持俄油輪事件〉，《國際線上》http://big5.cri.cn/gate/big5/gb.cri.cn/27824/2010/08/04/5005s2943407.htm
144. 〈俄羅斯海軍命令所有軍艦打擊沿途所遇海盜〉，《人民網》http://military.people.com.cn/BIG5/1077/52986/8389420.html

145. 〈俄羅斯海軍將派彼得大帝號前往亞丁灣索馬里海域護航〉，《新華網》http://news.xinhuanet.com/mil/2009-01/05/content_10605448.htm
146. 〈索馬里海盜向俄羅斯直升機開火遭重創〉，《環球在線》http://big5.cri.cn/gate/big5/gb.cri.cn/27824/2010/05/07/782s2842968.htm
147. 〈俄護航軍艦停靠吉布提港口進行補給修整〉，《中評社》http://www.sgs.cnrn.tw/doc/1013/2/4/9/101324901.html?coluid=4&kindid=16&docid=101324901
148. 〈俄打算保留敘海軍基地〉，《澳門日報》http://mpaper.org/Story.aspx?ID=317053
149. 〈俄羅斯海軍艦隊謀劃重返海外基地　瞄印度洋要道〉，《中國網》http://www.china.com.cn/military/txt/2008-10/30/content_16689565.htm
150. 〈國際海事局說印度海軍擊沉的可能是一艘泰國遭劫船隻〉，《人民網》http://military.people.com.cn/BIG5/1077/57992/8416609.html
151. 〈印度海軍將派軍艦在亞丁灣執行反海盜巡邏任務〉，《人民網》http://military.people.com.cn/BIG5/8189497.html
152. 〈中印海軍正探討聯合打擊索馬里海盜〉，《中評社》http://www.cnrn.tw/doc/1009/8/4/2/100984239.html?coluid=4&kindid=16&docid=100984239
153. 〈陳舟代表：中國沒有霸權野心，只有擔當情懷〉，《中國軍網》http://www.81.cn/big5/jwgz/2016-03/12/content_6956699.htm
154. 〈美國海軍少將高度評價在南海的中國海軍：非常專業！〉，《環球網》http://world.huanqiu.com/exclusive/2016-04/8823934.html
155. 葉長城，〈從「茉莉花革命」到「狂人末路」：近期中東及北非地區政經情勢與影響研析〉，《全球台商e焦點電子報》http://twbusiness.nat.gov.tw/subscribe.do
156. 〈科爾號遇襲事件〉，《國際在線》http://big5.cri.cn/gate/big5/gb.cri.cn/8606/2006/02/06/1166@885516.htm
157. 〈胡錦濤考察南海艦隊駐三亞部隊　強調推進海軍建設〉，《新華網》http://news.xinhuanet.com/photo/2008-04/11/content_7959698.htm
158. 陳建瑜，〈過去4年　解放軍新服役軍艦破百〉，《中時電子報》http://www.chinatimes.com/newspapers/20160214000630-260301
159. 〈中國證實：首艘國造航母建造中〉，《自由時報》http://news.ltn.com.tw/news/world/paper/945379
160. 〈「艦在亞丁灣」開播　海軍國威制服海盜〉，《北京新浪網》http://dailynews.sina.com/bg/ent/tv/sinacn/file/20140902/19056053698.html
161. 〈搜救馬航失聯客機　中國投入最強力量〉，《中評社》http://hk.crntt.com/doc/1030/7/8/8/103078871.html?coluid=7&kindid=0&docid=103078871&mdate=0318123958
162. 〈中國空軍3架飛機赴馬搜救失聯客機〉，《中國軍網》http://www.81.cn/mlxyjy/2014-03/21/content_5821406.htm
163. 趙磊，〈維和正在成為中國外交名片〉，《金融時報中文網》http://big5.ftchinese.com/story/001064211#adchannelID=2000
164. 中國新聞組，〈解放軍「挺進」吉布提〉，《世界新聞網》http://www.worldjournal.com/3824553/article-%E8%A7%A3%E6%94%BE%E8%BB%8D%E3%80%8C%E6%8C%BA%E9%80%B2%E3%80%8D%E5%90%89%E5%B8%83%E5%9C%B0/
165. 蕭爾編譯，〈吉布提總統：中國將很快開始海軍基地修建工作〉，《BBC中文網》http://www.bbc.com/zhongwen/trad/world/2016/02/160203_djibouti_china_militarybase
166. 〈美質疑中國兩棲艦赴亞丁灣：成本大於戰略收益〉，《中華網》http://www.bbc.com/zhongwen/trad/world/2016/02/160203_djibouti_china_militarybase
167. 〈中國海軍第五批護航編隊調整亞丁灣東口會合點〉，《中國政府網》http://big5.gov.cn/gate/big5/www.gov.cn/jrzg/2010-07/02/content_1643959.htm

168. 〈中國海軍第六批護航編隊抵達沙特阿拉伯吉達港〉，《中國政府網》http://big5.gov.cn/gate/big5/www.gov.cn/jrzg/2010-11/28/content_1755136.htm
169. 〈大陸中軍事戰略白皮書：海上維權長期存在，堅決維護國家主權〉，《南早中文網》http://www.nanzao.com/tc/national/14d8e47e5666d51/zhong-guo-jun-shi-zhan-lve-bai-pi-shu-hai-shang-wei-quan-chang-qi-cun-zai-jian-jue-wei-hu-guo-jia-zhu-quan
170. 〈我海軍第七批護航編隊接力護航驅離多批可疑小艇〉，《中國政府網》http://www.gov.cn/gzdt/2010-12/13/content_1764368.htm
171. 〈揭秘解放軍「海外行動處」強化境外快反職能〉，《人民網》http://military.people.com.cn/BIG5/n1/2016/0325/c1011-28226523.html
172. 〈中國在海外拿下10個大專案　要做整整一百年〉，《新華網》http://104541899.home.news.cn/blog/a/0101008883230D1AFBE47CBF.html
173. 〈大陸活躍印度後院　形成戰略包圍〉，《中時電子報》http://www.chinatimes.com/newspapers/20140930001021-260309
174. 〈全球第一個股份公司　荷屬東印度公司商會城市之旅〉，《大紀元》http://www.epochtimes.com.tw/8/2/23/78025.htm%E5%85%A8%E7%90%83%E7%AC%AC%E4%B8%80%E5%80%8B%E8%82%A1%E4%BB%BD%E5%85%AC%E5%8F%B8-%E8%8D%B7%E5%B1%AC%E6%9D%B1%E5%8D%B0%E5%BA%A6%E5%85%AC%E5%8F%B8%E5%95%86%E6%9C%83%E5%9F%8E%E5%B8%82%E4%B9%8B%E6%97%85
175. 〈PCT公司高管：中遠比雷埃夫斯港3號碼頭擴建繼續〉，《大公財經》http://finance.takungpao.com.hk/gscy/q/2015/0129/2905197.html
176. 〈瓜達爾港——中國石油生命線的重要通道〉，《每日頭條》https://kknews.cc/world/38xj33.html
177. 〈神秘中企接管瓜達爾港〉，《中評社》http://hk.crntt.com/crn-webapp/search/allDetail.jsp?id=102453305&sw=%E5%89%AF
178. 〈解放軍獲准使用大馬亞庇港　或增強南海控制力〉，《博聞社》http://bowenpress.com/news/bowen_42603.html
179. 〈美媒：中國在印度洋有六大補給港〉，《中評社》http://hk.crntt.com/crn-webapp/search/allDetail.jsp?id=101402757&sw=%E8%81%94%E9%85%8B
180. 〈中國自產大型軍用運輸機撥交部隊服役〉，《BBC中文網》http://www.bbc.com/zhongwen/trad/china/2016/07/160706_china_aircraft_y20
181. 〈一間公司滅了一個國家！關鍵在這裡〉《中時電子報》http://photo.chinatimes.com/20160620003598-260812
182. 〈澳軍方高層關注中企獲達爾文港99年租賃權〉，《BBC中文網》http://www.bbc.com/zhongwen/trad/world/2015/10/151016_australia_darwin_port_chinese_deal
183. 〈嵐橋集團斥資1.23億擴建澳洲達爾文港〉，《每日頭條》https://kknews.cc/finance/n5zoaq.html
184. 〈中國海軍艦艇首次參加德國「基爾週」活動〉，《新華網》http://news.xinhuanet.com/politics/2016-06/18/c_129073377.htm
185. 〈專家稱中國海軍應在非洲建基地用於補給〉，《新浪網》http://news.sina.com.cn/c/sd/2010-01-04/105119394623.shtml
186. 〈解放軍進駐吉布提基地〉，《文匯報》http://paper.wenweipo.com/2017/08/02/CH1708020013.htm
187. 〈陸首座海外軍事基地已在吉布地動工〉，《中央通訊社》http://www.cna.com.tw/news/acn/201602250426-1.aspx
188. 〈袁譽柏出任南部戰區司令　打破陸軍戰區首長大一統〉，《環球網》http://mil.huanqiu.com/china/2017-01/10001171.html
189. 〈反海盜多國部隊司令　日人首次出任〉，《自由時報》http://m.ltn.com.tw/news/world/paper/853079

190.〈奧運開幕式被白岩松調侃的索馬里海盜的背後故事〉，《環球——每日頭條》https://kknews.cc/zh-tw/world/5x533k.html
191.〈索馬里議會批准政府遷回首都〉，《新華網》http://news.xinhuanet.com/world/2007-03/13/content_5837458.htm
192.〈海軍第十一批護航編隊指揮員與北約508特混編隊指揮官互訪交流〉，《中國日報》http://www.chinadaily.com.cn/micro-reading/mil/2012-04-28/content_5788873.html
193.〈中國海軍護航編隊與歐盟編隊達成反海盜合作共識〉，《中國新聞網》http://www.chinanews.com/mil/2012/11-03/4299415.shtml
194.〈中國決定派軍艦赴索馬里執行護航任務26日啟航〉，《中國政府網》http://www.gov.cn/jrzg/2008-12/20/content_1183652.htm
195.〈中國向聯合國通報海軍艦艇赴索馬里海域護航決定〉，《新華網》http://news.xinhuanet.com/world/2008-12/23/content_10544918.htm
196.〈西班牙首相提議中國海軍參與打擊索馬里海盜〉，《環球網》http://mil.huanqiu.com/china/2008-05/102392.html
197.〈俄海軍總司令說俄近期將參與打擊索馬里海盜〉，《環球網》http://mil.huanqiu.com/world/2008-09/235077.html
198.〈索馬里海盜劫軍火震驚國際　歐美俄出兵包圍〉，《中評社》http://www.zhgpl.com/doc/1007/5/8/1/100758100.html?coluid=7&kindid=0&docid=100758100&mdate=0929105151
199.〈俄軍將參與打擊索馬里海盜〉，《中國青年報》http://zqb.cyol.com/content/2008-09/24/content_2369946.htm
200.〈韓國漁船被海盜劫持3名中國船員被扣留〉，《騰訊網》http://news.qq.com/a/20060406/000055.htm
201.〈中國船員憶述索馬里遭劫半年常被推上甲板當肉盾〉，《中國網》http://www.china.com.cn/news/txt/2007-11/16/content_9240751.htm
202.〈挪威軍方公布首批敘利亞化武離境照片〉，《中新網》http://www.chinanews.com/tp/hd2011/2014/01-11/289432.shtml
203.〈中遠集團獲希臘比雷埃夫斯港管理經營權〉，《BBC中文網》http://www.bbc.com/zhongwen/trad/world/2016/08/160810_china_greece_port
204.〈中國將在吉布提建首個海外軍事基地〉，《FT中文網》http://big5.ftchinese.com/story/001066929
205.〈新一代導彈護衛艦湘潭艦正式加入海軍戰鬥序列〉，《人民網》http://military.people.com.cn/BIG5/n1/2016/0224/c1011-28146724.html
206.〈第23批護航編隊起航赴亞丁灣　湘潭艦首次執行護航任務〉，《人民網》htt://military.people.com.cn/BIG5/n1/2016/0408/c1011-28259678.html
207.〈陸第一艘自製航空母艦正式成軍　命名山東艦〉，《中時電子報》https://www.chinatimes.com/realtimenews/20191217003237-260409?chdtv
208.〈海軍陸戰隊首次成建制赴東北跨區機動訓練〉，《國際在線》http://big5.cri.cn/gate/big5/gb.cri.cn/42071/2015/01/14/2225s4841315.htm
209.〈海軍陸戰隊赴新疆沙漠戈壁開展多兵種協同演練〉，《人民網》http://pic.people.com.cn/BIG5/n1/2016/0121/c1016-28074465.html
210.曾偉，〈習近平「治軍」關鍵詞：從嚴　實戰　轉型〉，《人民網》http://cpc.people.com.cn/BIG5/n/2014/0619/c64094-25170727.html
211.〈中國在非洲之角籌建海軍後勤設施〉，《金融時報》http://big5.ftchinese.com/story/001065057
212.〈航拍吉布提中國軍港建設：辦公樓已初具規模〉，《中國台灣網》http://m2.chinaiiss.com/html/20163/8/a9dc70.html
213.〈中國將建立8000人的維和待命部隊〉，《金融時報中文網》http://big5.ftchinese.com/story/001064208#adchannelID=2000

官方資料

1. 〈聯合國海洋法公約〉，《聯合國官網》http://www.un.org/zh/law/sea/los/article7.shtml
2. 〈第1897（2009）號決議〉，《聯合國安全理事會》http://www.un.org/zh/sc/documents/resolutions/08/s1851.htm
3. 〈索馬利亞聯邦共和國〉，《中華民國外交部全球資訊網》http://www.mofa.gov.tw/CountryInfo.aspx?CASN=D33B55D537402BAA&n=1C6028CA080A27B3&sms=26470E539B6FA395&s=5B78EEBCE18CBE9F
4. 〈第1744（2007）號決議〉，《聯合國安全理事會》http://www.un.org/zh/sc/documents/resolutions/07/s1744.htm
5. 〈International Maritime Bureau〉，《國際海事局官網I》https://icc-ccs.org/icc/imb
6. 〈第1816、1838、1846、1851（2008）、1897（2009）號決議〉，《聯合國安全理事會》http://www.un.org/zh/sc/documents/resolutions/08/s1816.htm
7. 〈中國與非洲的經貿合作〉，《中華人民共和國國務院新聞辦公室》http://www.gov.cn/zwgk/2010-12/23/content_1771638.htm
8. 〈航經亞丁灣和索馬里海域的中國船舶向中國船東盟會提交護航申請辦法〉，《中國船東網》http://www.csoa.cn/huhangzl/haijunhh/201601/t20160101_1970508.html
9. 〈中國在安理會建議在索馬里沿海實施「分區護航」〉，《聯合國官方網頁》http://www.un.org/chinese/News/story.asp?NewsID=12565
10. 〈全球中遠－中遠西亞公司〉《中國遠洋運輸集團》http://www.cosco.com/art/2012/11/2/art_264_56.html
11. 〈中國海軍護航編隊「馬鞍山」號抵達吉布提港進行補給〉，《中華人民共和國駐吉布提共和國大使館》http://dj.chineseembassy.org/chn/xwdt/t653660.htm
12. 〈中國海軍護航編隊「巢湖」號抵達吉布提港補給休整〉，《中華人民共和國駐吉布提共和國大使館》http://dj.china-embassy.org/chn/xwdt/t657509.htm
13. 〈海軍護航編隊「溫州」艦抵達吉布提港〉，《中華人民共和國駐吉布提共和國大使館》http://dj.china-embassy.org/chn/xwdt/t654689.htm
14. 〈中國海軍第十八批護航編隊結束訪問希臘〉，《中共國防部官方網站》http://news.mod.gov.cn/big5/headlines/2015-02/20/content_4571185.htm
15. 〈海將補　伊藤弘〉，《海上自衛隊第4護衛隊群——歷代群司令》http://www.mod.go.jp/msdf/4el/cf4_info.html
16. 〈中歐合作2020戰略規劃〉，《中華人民共和國商務部歐洲司》http://ozs.mofcom.gov.cn/article/hzcg/201601/20160101233963.shtml
17. 〈中俄海軍首次在亞丁灣海域開始執行聯合護航任務〉，《中國政府網》http://big5.gov.cn/gate/big5/www.gov.cn/jrzg/2009-09/11/content_1415653.htm
18. 〈《中國的軍事戰略》白皮書〉，《中華人民共和國國務院新聞辦公室》http://www.scio.gov.cn/zfbps/gfbps/Document/1435341/1435341.htm
19. 〈「大洋一號」船前往西北印度洋調查作業區〉，《國家海洋局》http://www.soa.gov.cn/xw/dfdwdt/jsdw_157/201211/t20121108_16432.html
20. 〈李四光船〉，《地質力學研究所——李四光紀念館》http://www.geomech.ac.cn/lisiguang/jignshen/5468.htm
21. 〈2015年10月到11月日本海軍護航編隊〉，《中國船東網》http://www.csoa.cn/huhangzl/guowaihh/201510/t20151014_1900530.html
22. 〈2015年12月－2016年1月俄羅斯海軍護航編隊〉，《中國船東網》http://www.csoa.cn/huhangzl/

guowaihh/201512/t20151218_1949804.html
23. 〈2015年11-12月印度海軍護航編隊〉，《中國船東網》http://www.csoa.cn/huhangzl/guowaihh/201511/t20151119_1929403.html
24. 〈中遠簡介〉，《中遠集團》http://www.cosco.com.cn/col/col21/index.html
25. 〈中國決定派軍艦赴索馬里執行護航任務26日啟航〉，《中國政府網》http://www.gov.cn/jrzg/2008-12/20/content_1183652.htm
26. 〈中國第二批赴索馬里護航編隊與「微山湖」艦會合〉，《中國網》http://www.china.com.cn/military/txt/2009-04/12/content_17589698.htm
27. 〈AIS自動辨識系統〉，《交通部航港局》https://transport-curation.nat.gov.tw/portAuthority/ais.html
28. 〈「和平-11」多國海上聯合軍演開始舉行〉，《中國網》http://www.china.com.cn/photochina/2011-03/09/content_22093260_4.htm
29. 〈駐吉布提使館經商參處組織參觀考察多哈雷新多功能碼頭建設工地並與項目負責人座談〉，《中華人民共和國駐吉布提共和國大使館經濟商務處》http://dj.mofcom.gov.cn/article/jmxw/201504/20150400939292.shtml

網路資料：

1. 〈中國萬分感謝馬國解救其輪船〉，《吉隆玻安全評論》http://www.klsreview.com/HTML/2008Jul_Dec/20081219_03.html
2. 〈093型商級核能攻擊潛艦／094型晉級核能彈道導彈潛艦〉，《MDC》http://www.mdc.idv.tw/mdc/navy/china/plan_sub.htm
3. 〈青海湖號油彈補給艦〉，《MDC》http://www.mdc.idv.tw/mdc/navy/china/aoe885.htm
4. 〈江凱-II級護衛艦〉，《MDC》http://www.mdc.idv.tw/mdc/navy/china/054a.htm
5. 〈三軍未發，糧草先行〉，《教育部重編國語辭典修訂本》http://pedia.cloud.edu.tw/Entry/Detail/?title=%E4%B8%89%E8%BB%8D%E6%9C%AA%E7%99%BC%EF%BC%8C%E7%B3%A7%E8%8D%89%E5%85%88%E8%A1%8C
6. 〈福池級油彈補給艦／904型定點補給艦〉，《MDC》http://www.mdc.idv.tw/mdc/navy/china/navy-china.htm
7. 〈亞丁港〉，《港口大全－世界港口查詢》http://gangkou.51240.com/YEADN_3079__gk/
8. 〈塞拉萊港／阿曼〉，《唯一郵輪網》http://www.weiyiyoulun.com/port-1107149797249738
9. 胡克勇，〈中共遠洋艦隊與海外休補〉，《台北論壇》http://140.119.184.164/print/P_76.php
10. 〈非洲港口介紹大匯總（北非西非篇）〉，《中非社》http://www.afbiz.info/zixun/article5962.html
11. 〈C站是什麼意思？什麼是海事衛星C站專用接續碼，C站使用方法〉.，《海員網》http://www.ycseaman.com/bencandy.php?fid-65-id-15516-page-1.htm
12. 〈071玉昭級綜合登陸艦〉，《MDC》http://www.mdc.idv.tw/mdc/navy/china/071.htm
13. 〈杭州級導彈驅逐艦〉，《MDC》http://mdc.idv.tw/mdc/navy/china/ddg136.htm
14. 陳錫蕃、謝志傳，〈中國威脅論面面觀〉，《國政分析》http://www.npf.org.tw/3/11248
15. 〈台灣歷史——西班牙荷蘭統治時期〉，《中華文化產業創新發展協會》http://si.secda.info/my00_sbir/?p=1111
16. 〈PIRAEUS比雷埃夫斯〉，《外貿B2B平台：世界主要港口介紹》http://article.bridgat.com/big5/guide/trans/port/PIRAIEVS.html
17. 〈瓜達爾港〉，《全球港口查詢》http://gangkou.51240.com/PKGWA_2469__gk/
18. 〈DARWIN達爾文〉，《外貿B2B平台：世界主要港口介紹》http://article.bridgat.com/big5/guide/trans/port/DARWIN.html
19. 〈KOTA KINABALU哥打基納巴盧〉，《外貿B2B平台：世界主要港口介紹》http://article.bridgat.

com/big5/guide/trans/port/KOTA_KINABALU.html
20. 〈KARACHI卡拉奇〉，《外貿B2B平台：世界主要港口介紹》http://article.bridgat.com/big5/guide/trans/port/KARACHI.html
21. 〈COLOMBO可倫坡〉，《外貿B2B平台：世界主要港口介紹》http://article.bridgat.com/big5/guide/trans/port/COLOMBO.html
22. 〈氏族、軍閥與海賊：非洲之角的三國演義〉，《洞見國際事務評論網》http://www.insight-post.tw/insight-report/20140812/8812
23. 〈中國擬組建海軍陸戰隊並獨立成軍〉，《世界之聲》http://trad.cn.rfi.fr/%E4%B8%AD%E5%9C%8B/20170530-%E4%B8%AD%E5%9C%8B%E7%B5%84%E5%BB%BA%E6%B5%B7%E8%BB%8D%E9%99%B8%E6%88%B0%E9%9A%8A%E4%B8%A6%E7%8D%A8%E7%AB%8B%E6%88%90%E8%BB%8D
24. 〈吉布地基地　陸首度海外駐軍〉，《中時電子報》http://www.chinatimes.com/newspapers/20170713000396-260102
25. 曾復生、林文隆，〈中華民國參與國際海上安全合作的行動方案〉，《財團法人國家政策研究基金會》http://www.npf.org.tw/2/9347
26. 許家翎著，〈失敗國家索馬利亞的和平序章？〉，《台灣非洲研究論壇》。http://africataiwan.org/opinion/detail1.php?o_id=35&o_country=Somalia
27. 〈IMB Piracy Reporting Centre〉，《國際海事局》https://icc-ccs.org/piracy-reporting-centre
28. 〈中共海軍走入藍海不再是夢想〉，《亞太防務》http://cnrn.tw/doc/1011/1/6/5/101116510.html?coluid=4&kindid=18&docid=101116510&mdate=1027150612
29. 《ReCAAP ISC》http://www.recaap.org/AboutReCAAPISC.aspx
〈宗教知識——哈里發〉，《全國宗教資訊網》http://religion.moi.gov.tw/Knowledge/Content?ci=2&cid=504

英文參考書目

專書

1. Ole R. Holsti, "Content Analysis," in Gardner Lindzey and Elliot Aronson ed., *The Handbook of Social Psychology* (Reading Mass: Addison-Wesley, 1968).

期刊

1. The Economist Intelligence Unit, "Playing The Long Game: China's Investment in Africa", *Mayer Brown report*, 2014.10.20, p.9.
2. Hsiao, L. C. Russell, "China Expands Naval Presence through Jeddah Port Call", *China Brief,* Volume,10 Issue 25, December 17, 2010, pp.1-2.

官方資料

1. ReCAAP ISC. http://www.recaap.org/AboutReCAAPISC.aspx

2. IMB Piracy Reporting Centre. https://icc-ccs.org/piracy-reporting-centre
3. Internationally Recommended Transit Corridor, NATO Shipping Centre. http://www.shipping.nato.int/operations/OS/Pages/GroupTransit.aspx
4. About CMF, Combined Maritime Forces - U.S. 5th FLEET: Combined Maritime Forces. https://combinedmaritimeforces.com/about/
5. CTF 151: Counter-piracy, Combined Maritime Forces - U.S. 5th FLEET: Combined Maritime Forces. https://combinedmaritimeforces.com/ctf-151-counter-piracy/
6. CTF 150: Maritime Security, Combined Maritime Forces - U.S. 5th FLEET: Combined Maritime Forces. https://combinedmaritimeforces.com/ctf-150-maritime-security/
7. "NATO and Maritime Piracy: Counter-piracy operations", *NATO: Maritime Command Marcom.* http://www.mc.nato.int/about/Pages/NATO%20and%20Maritime%20Piracy.aspx
8. Operation Ocean Shield, NATO: Maritime Command Marcom. http://www.mc.nato.int/about/Pages/Operation%20Ocean%20Shield.aspx
9. Standing NATO Maritime Group 1. https://en.wikipedia.org/wiki/Standing_NATO_Maritime_Group_1
10. Standing NATO Maritime Group 2. https://en.wikipedia.org/wiki/Standing_NATO_Maritime_Group_2
11. Security Advisory: Piracy-Revision of BMP 4 High Risk Area, The Baltic and International Maritime Council. BIMCO. https://www.bimco.org/News/2015/10/08_Security_Advisory_Piracy_BMP4_Revision.aspx
12. "Cooperation between NATO Allied Maritime Command and Ukraine", *NATO: Maritime Command Marcom.* http://www.mc.nato.int/about/Pages/Cooperation%20between%20NATO%20Allied%20Maritime%20Command%20and%20Ukraine%20deepens.aspx
13. MISSION, EUNAVFOR. http://eunavfor.eu/mission/

新聞

1. Helene Cooper, "Patrolling Disputed Waters, U.S. and China Jockey for Dominance", *The New York Times.* http://www.nytimes.com/2016/03/31/world/asia/south-china-sea-us-navy.html?_r=0
2. "Ukraine Joins NATO's Counter-Piracy Operation", *Sputnik News.* http://sputniknews.com/military/20130222/179631923/Ukraine-Joins-NATOs- Counter-Piracy-Operation.html

Do觀點73　PF0314

「天朝」艦隊：

亞丁灣護航鍛鍊出的21世紀中共海軍

作　　者／黃丞佑
責任編輯／尹懷君
圖文排版／黃莉珊
封面設計／吳咏潔

出版策劃／獨立作家
發 行 人／宋政坤
法律顧問／毛國樑　律師
製作發行／秀威資訊科技股份有限公司
地址：114 台北市內湖區瑞光路76巷65號1樓
電話：+886-2-2796-3638　傳真：+886-2-2796-1377
服務信箱：service@showwe.com.tw
展售門市／國家書店【松江門市】
地址：104 台北市中山區松江路209號1樓
電話：+886-2-2518-0207　傳真：+886-2-2518-0778
網路訂購／秀威網路書店：https://store.showwe.tw
國家網路書店：https://www.govbooks.com.tw

出版日期／2022年11月　BOD一版　定價／550元

|獨立|作家|
Independent Author

寫自己的故事，唱自己的歌

讀者回函卡

「天朝」艦隊：亞丁灣護航鍛鍊出的21世紀中共海軍 / 黃丞佑著. -- 一版. -- 臺北市：獨立作家, 2022.11
面；　公分. -- (Do觀點 ; 73)
BOD版
ISBN 978-626-96328-3-1 (平裝)

1.CST: 海軍 2.CST: 海洋戰略 3.CST: 軍事戰略 4.CST: 中國

597.92　　　　111012758

國家圖書館出版品預行編目